轨道交通装备制造业职业技能鉴定指导丛书

气 焊 工

中国北车股份有限公司 编写

U0309160

中国铁道出版社

２０１５年·北京

图书在版编目(CIP)数据

气焊工/中国北车股份有限公司编写 . —北京：
中国铁道出版社,2015.3
(轨道交通装备制造业职业技能鉴定指导丛书)
ISBN 978-7-113-19425-3

Ⅰ.①气… Ⅱ.①中… Ⅲ.①气焊—职业技能—
鉴定—教材 Ⅳ.①TG446

中国版本图书馆 CIP 数据核字(2014)第 245538 号

	轨道交通装备制造业职业技能鉴定指导丛书
书　名:	**气焊工**
作　者:	中国北车股份有限公司

策　划:	江新锡　钱士明　徐　艳
责任编辑:	冯海燕　　　　　　　编辑部电话:010-51873371
封面设计:	郑春鹏
责任校对:	龚长江
责任印制:	郭向伟

出版发行:中国铁道出版社(100054,北京市西城区右安门西街 8 号)
网　址:http://www.tdpress.com
印　刷:河北新华第二印刷有限责任公司
版　次:2015 年 3 月第 1 版　2015 年 3 月第 1 次印刷
开　本:787 mm×1092 mm　1/16　印张:14.5　字数:360 千
书　号:ISBN 978-7-113-19425-3
定　价:46.00 元

序

在党中央、国务院的正确决策和大力支持下，中国高铁事业迅猛发展。中国已成为全球高铁技术最全、集成能力最强、运营里程最长、运行速度最高的国家。高铁已成为中国外交的新名片，成为中国高端装备"走出国门"的排头兵。

中国北车作为高铁事业的积极参与者和主要推动者，在大力推动产品、技术创新的同时，始终站在人才队伍建设的重要战略高度，把高技能人才作为创新资源的重要组成部分，不断加大培养力度。广大技术工人立足本职岗位，用自己的聪明才智，为中国高铁事业的创新、发展做出了重要贡献，被李克强同志亲切地赞誉为"中国第一代高铁工人"。如今在这支近5万人的队伍中，持证率已超过96%，高技能人才占比已超过60%，3人荣获"中华技能大奖"，24人荣获国务院"政府特殊津贴"，44人荣获"全国技术能手"称号。

高技能人才队伍的发展，得益于国家的政策环境，得益于企业的发展，也得益于扎实的基础工作。自2002年起，中国北车作为国家首批职业技能鉴定试点企业，积极开展工作，编制鉴定教材，在构建企业技能人才评价体系、推动企业高技能人才队伍建设方面取得明显成效。为适应国家职业技能鉴定工作的不断深入，以及中国高端装备制造技术的快速发展，我们又组织修订、开发了覆盖所有职业（工种）的新教材。

在这次教材修订、开发中，编者们基于对多年鉴定工作规律的认识，提出了"核心技能要素"等概念，创造性地开发了《职业技能鉴定技能操作考核框架》。该《框架》作为技能人才评价的新标尺，填补了以往鉴定实操考试中缺乏命题水平评估标准的空白，很好地统一了不同鉴定机构的鉴定标准，大大提高了职业技能鉴定的公信力，具有广泛的适用性。

相信《轨道交通装备制造业职业技能鉴定指导丛书》的出版发行，对于促进我国职业技能鉴定工作的发展，对于推动高技能人才队伍的建设，对于振兴中国高端装备制造业，必将发挥积极的作用。

中国北车股份有限公司总裁：

2015.2.7

前　言

　　鉴定教材是职业技能鉴定工作的重要基础。2002年，经原劳动保障部批准，中国北车成为国家职业技能鉴定首批试点中央企业，开始全面开展职业技能鉴定工作。2003年，根据《国家职业标准》要求，并结合自身实际，组织开发了《职业技能鉴定指导丛书》，共涉及车工等52个职业（工种）的初、中、高3个等级。多年来，这些教材为不断提升技能人才素质、适应企业转型升级、实施"三步走"发展战略的需要发挥了重要作用。

　　随着企业的快速发展和国家职业技能鉴定工作的不断深入，特别是以高速动车组为代表的世界一流产品制造技术的快步发展，现有的职业技能鉴定教材在内容、标准等诸多方面，已明显不适应企业构建新型技能人才评价体系的要求。为此，公司决定修订、开发《轨道交通装备制造业职业技能鉴定指导丛书》（以下简称《丛书》）。

　　本《丛书》的修订、开发，始终围绕促进实现中国北车"三步走"发展战略、打造世界一流企业的目标，努力遵循"执行国家标准与体现企业实际需要相结合、继承和发展相结合、坚持质量第一、坚持岗位个性服从于职业共性"四项工作原则，以提高中国北车技术工人队伍整体素质为目的，以主要和关键技术职业为重点，依据《国家职业标准》对知识、技能的各项要求，力求通过自主开发、借鉴吸收、创新发展，进一步推动企业职业技能鉴定教材建设，确保职业技能鉴定工作更好地满足企业发展对高技能人才队伍建设工作的迫切需要。

　　本《丛书》修订、开发中，认真总结和梳理了过去12年企业鉴定工作的经验以及对鉴定工作规律的认识，本着"紧密结合企业工作实际，完整贯彻落实《国家职业标准》，切实提高职业技能鉴定工作质量"的基本理念，在技能操作考核方面提出了"核心技能要素"和"完整落实《国家职业标准》"两个概念，并探索、开发出了中国北车《职业技能鉴定技能操作考核框架》；对于暂无《国家职业标准》、又无相关行业职业标准的40个职业，按照国家有关《技术规程》开发了《中国北车职业标准》。经2014年技师、高级技师技能鉴定实作考试中27个职业的试用表明：该《框架》既完整反映了《国家职业标准》对理论和技能两方面的要求，又适应了企业生产和技术工人队伍建设的需要，突破了以往技能鉴定实作考核中试卷的难度与完整性评估的"瓶颈"，统一了不同产品、不同技术含量企业的鉴定标准，提高了鉴定考核的技术含量，保证了职业技能鉴定的公平性，提高了职业技能鉴定工作质量和管理水平，将成为职业技能鉴定工作、进而成为生产操作者技能素质评价的新标尺。

　　本《丛书》共涉及 98 个职业(工种),覆盖了中国北车开展职业技能鉴定的所有职业(工种)。《丛书》中每一职业(工种)又分为初、中、高 3 个技能等级,并按职业技能鉴定理论、技能考试的内容和形式编写。其中:理论知识部分包括知识要求练习题与答案;技能操作部分包括《技能考核框架》和《样题与分析》。本《丛书》按职业(工种)分册,并计划第一批出版 74 个职业(工种)。

　　本《丛书》在修订、开发中,仍侧重于相关理论知识和技能要求的应知应会,若要更全面、系统地掌握《国家职业标准》规定的理论与技能要求,还可参考其他相关教材。

　　本《丛书》在修订、开发中得到了所属企业各级领导、技术专家、技能专家和培训、鉴定工作人员的大力支持;人力资源和社会保障部职业能力建设司和职业技能鉴定中心、中国铁道出版社等有关部门也给予了热情关怀和帮助,我们在此一并表示衷心感谢。

　　本《丛书》之《气焊工》由西安轨道交通装备有限责任公司《气焊工》项目组编写。主编李永军,副主编贾汝唐;主审韩志坚,副主审侯伟强;参编人员杨驰、王建红、朱维嘉。

　　由于时间及水平所限,本《丛书》难免有错、漏之处,敬请读者批评指正。

中国北车职业技能鉴定教材修订、开发编审委员会

二○一四年十二月二十二日

目　　录

气焊工(职业道德)习题

一、填 空 题

1. 职业道德是从事一定职业的人们在职业活动中应该遵循的( )的总和。
2. 社会主义职业道德的基本原则是( )。
3. 职业化也称"专业化",是一种( )的工作态度。
4. 职业技能是指从业人员从事职业劳动和完成岗位工作应具有的( )。
5. 加强职业道德修养要端正( )。
6. 强化职业道德情感有赖于从业人员对道德行为的( )。
7. 敬业是一切职业道德基本规范的( )。
8. 敬业要求强化( )、坚守工作岗位和提高职业技能。
9. 诚信是企业形成持久竞争力的( )。
10. 公道是员工和谐相处,实现( )的保证。
11. 遵守职业纪律是企业员工的( )。
12. 节约是从业人员立足企业的( )。
13. 合作是企业生产经营顺利实施的( )。
14. 奉献是从业人员实现( )的途径。
15. 奉献是一种( )的职业道德。
16. 社会主义道德建设以社会公德、( )、家庭美德为着力点。
17. 道德是靠舆论和人们内心信念来发挥和( )作用的。
18. 利用工作之便盗窃公司财产的,将依据国家法律追究( )。
19. 爱岗敬业既是职业道德的基本内容之一,也是焊工( )的基本内容之一。
20. 认真负责的工作态度能促进( )的实现。
21. 从焊工职业道德角度来说,吃苦耐劳是一种( )。
22. 刻苦学习是焊工职业守则的( )之一。
23. 团结协作应作为焊工日常工作的( )来执行。
24. 合作是从业人员汲取( )的重要手段。
25. 焊接从业人员应严格执行( )。
26. 焊接过程中,焊工及焊接辅助工必须佩戴好符合国家有关标准规定的( )。
27. 企业员工应树立( )、提高技能的勤业意识。
28. 道德是靠( )和内心信念来发挥和维护社会作用的。
29. 职业道德不仅是从业人员在职业活动中的行为要求,而且是本行业对社会所承担的( )和义务。
30. 文明生产是指在遵章守纪的基础上去创造整洁、( )、优美而又有序的生产环境。

31. （　　）、文明生产,是对产业工人职业道德的要求。

32. 社会主义职业道德的基本原则是（　　）,其核心是为人民服务。

33. 从业者的职业态度是既为（　　）,也为别人。

34. 道德是靠舆论和内心信念来发挥和（　　）作用的。

35. 既要热情待客,但不能泄露（　　）秘密。

36. （　　）、财经纪律和群众纪律是职业纪律的三个主要方面。

37. （　　）与职业活动的法律、法规是职业活动能够正常进行的基本保证。

38. 职业道德是促使人们（　　）的思想基础。

39. （　　）、提高技能,是企业员工应树立的勤业意识。

40. 在履行岗位职责时,应（　　）相结合。

二、单项选择题

1. 社会主义职业道德以（　　）为基本行为准则。

(A)爱岗敬业　　　　　　　　　　　　(B)诚实守信

(C)人人为我,我为人人　　　　　　　(D)社会主义荣辱观

2.《公民道德建设实施纲要》中,党中央提出了所有从业人员都应该遵循的职业道德"五个要求"是:爱岗敬业、（　　）、公事公办、服务群众、奉献社会。

(A)爱国为民　　　(B)自强不息　　　(C)修身为本　　　(D)诚实守信

3. 职业化管理在文化上的体现是重视标准化和（　　）。

(A)程序化　　　(B)规范化　　　(C)专业化　　　(D)现代化

4. 职业技能包括职业知识、职业技术和（　　）职业能力。

(A)职业语言　　　(B)职业动作　　　(C)职业能力　　　(D)职业思想

5. 职业道德对职业技能的提高具有（　　）作用。

(A)促进　　　(B)统领　　　(C)支撑　　　(D)保障

6. 市场经济环境下的职业道德应该讲法律、讲诚信、（　　）、讲公平。

(A)讲良心　　　(B)讲效率　　　(C)讲人情　　　(D)讲专业

7. 敬业精神是个体以明确的目标选择、忘我投入的志趣、认真负责的态度,从事职业活动时表现出的（　　）。

(A)精神状态　　　(B)人格魅力　　　(C)个人品质　　　(D)崇高品质

8. 以下不利于同事信赖关系建立的是（　　）。

(A)同事间分派系　　　　　　　　　　(B)不说同事的坏话

(C)开诚布公相处　　　　　　　　　　(D)彼此看重对方

9. 公道的特征不包括（　　）。

(A)公道标准的时代性　　　　　　　　(B)公道思想的普遍性

(C)公道观念的多元性　　　　　　　　(D)公道意识的社会性

10. 从领域上看,职业纪律包括劳动纪律、财经纪律和（　　）。

(A)行为规范　　　(B)工作纪律　　　(C)公共纪律　　　(D)保密纪律

11. 从层面上看,纪律的内涵在宏观上包括（　　）。

(A)行业规定、规范　　　　　　　　　　(B)企业制度、要求

(C)企业守则、规程　　　　　　　　　　(D)国家法律、法规

12. 以下不属于节约行为的是( )。

(A)爱护公物　　　(B)节约资源　　　(C)公私分明　　　(D)艰苦奋斗

13. 下列哪个选项不属于合作的特征( )。

(A)社会性　　　(B)排他性　　　(C)互利性　　　(D)平等性

14. 奉献精神要求做到尽职尽责和( )。

(A)爱护公物　　　(B)节约资源　　　(C)艰苦奋斗　　　(D)尊重集体

15. 机关、( )是对公民进行道德教育的重要场所。

(A)家庭　　　(B)企事业单位　　　(C)学校　　　(D)社会

16. 职业道德涵盖了从业人员与服务对象、职业与职工、( )之间的关系。

(A)人与人　　　(B)人与社会　　　(C)职业与职业　　　(D)人与自然

17. 下列哪些属于商业秘密范畴的技术信息和经营信息( )。

(A)产品配方　　　(B)产品名称　　　(C)产品质量证明　　　(D)单位地址

18. 以下哪种法律规定了职业培训的相关要求( )。

(A)专利法　　　(B)环境保护法　　　(C)合同法　　　(D)劳动法

19. 对待工作岗位,正确的观点是( )。

(A)虽然自己并不喜爱目前的岗位,但不能不专心努力

(B)敬业就是不能得陇望蜀,不能选择其他岗位

(C)树挪死,人挪活,要通过岗位变化把本职工作做好

(D)企业遇到困难或降低薪水时,没有必要再讲爱岗敬业

20. 以下哪种工作态度是焊工职业守则所要求的( )。

(A)好逸恶劳　　　(B)投机取巧　　　(C)拈轻怕重　　　(D)吃苦耐劳

21. 以下哪种思想体现了严于律己的思想( )。

(A)以责人之心责己　(B)以恕己之心恕人　(C)以诚相见　　　(D)以礼相待

22. 焊工应刻苦学习,钻研业务,努力提高( )素质。

(A)道德和文化　　　(B)科学和文化　　　(C)思想和文化　　　(D)思想和科学文化

23. 以下体现互助协作精神的思想是( )。

(A)助人为乐　　　(B)团结合作　　　(C)争先创优　　　(D)和谐相处

24. 保证焊接质量的环节不包括( )。

(A)设计环节　　　(B)加工环节　　　(C)检验环节　　　(D)铸造环节

25. 焊接工艺文件内容与实际工作不一致时,哪种做法是合适的( )。

(A)严格执行工艺文件,继续作业　　　(B)不执行工艺文件,但根据经验继续作业

(C)为不影响生产任务,根据经验继续作业　(D)停止作业,及时反映情况

26. 坚持( ),创造一个清洁、文明、适宜的工作环境,塑造良好的企业形象。

(A)文明生产　　　(B)清洁生产　　　(C)生产效率　　　(D)生产质量

27. 忠于职守,热爱本职是社会主义国家对每个从业人员的( )。

(A)起码要求　　　(B)最高要求　　　(C)全面要求　　　(D)局部要求

28. 职业道德是促使人们遵守职业纪律的思想基础和( )。

(A)工作基础　　　(B)动力　　　(C)结果　　　(D)源泉

29. 产业工人的职业道德的要求是(   )。

(A)廉洁奉公　　　　　　　　　　　(B)为人师表

(C)精工细作、文明生产　　　　　　(D)治病救人

30. 掌握必要的职业技能是(   )。

(A)每个劳动者立足社会的前提　　　(B)每个劳动者对社会应尽的道德义务

(C)竞争上岗的唯一条件　　　　　　(D)为人民服务的先决条件

三、多项选择题

1. 对从业人员来说,下列要素属于最基本的职业道德要素的是(   )。

(A)职业理想　　　(B)职业良心　　　(C)职业作风　　　(D)职业守则

2. 职业道德的具体功能包括(   )。

(A)导向功能　　　(B)规范功能　　　(C)整合功能　　　(D)激励功能

3. 职业道德的基本原则是(   )。

(A)体现社会主义核心价值观

(B)坚持社会主义集体主义原则

(C)体现中国特色社会主义共同理想

(D)坚持忠诚、审慎、勤勉的职业活动内在道德准则

4. 以下哪方面既是职业道德的要求,又是社会公德的要求(   )。

(A)文明礼貌　　　(B)勤俭节约　　　(C)爱国为民　　　(D)崇尚科学

5. 职业化行为规范要求遵守行业或组织的行为规范包括(   )。

(A)职业思想　　　(B)职业文化　　　(C)职业语言　　　(D)职业动作

6. 职业技能的特点包括(   )。

(A)时代性　　　(B)专业性　　　(C)层次性　　　(D)综合性

7. 加强职业道德修养有利于(   )。

(A)职业情感的强化　　　　　　　　(B)职业生涯的拓展

(C)职业境界的提高　　　　　　　　(D)个人成才成长

8. 敬业的特征包括(   )。

(A)主动　　　(B)务实　　　(C)持久　　　(D)乐观

9. 诚信的本质内涵是(   )。

(A)智慧　　　(B)真实　　　(C)守诺　　　(D)信任

10. 诚信要求(   )。

(A)尊重事实　　　(B)真诚不欺　　　(C)讲求信用　　　(D)信誉至上

11. 公道的要求是(   )。

(A)平等待人　　　(B)公私分明　　　(C)坚持原则　　　(D)追求真理

12. 平等待人应树立以下哪些观念(   )。

(A)市场面前顾客平等的观念　　　　(B)按贡献取酬的平等观念

(C)按资排辈的固有观念　　　　　　(D)按德才谋取职业的平等观念

13. 职业纪律的特征包括(   )。

(A)社会性　　　(B)强制性　　　(C)普遍适用性　　　(D)变动性

14. 节约的特征包括(   )。

(A)个体差异性   (B)时代表征性   (C)社会规定性   (D)价值差异性

15. 一个优秀的团队应该具备的合作品质包括(   )。

(A)成员对团队强烈的归属感   (B)合作使成员相互信任,实现互利共赢

(C)团队具有强大的凝聚力   (D)合作有助于个人职业理想的实现

16. 求同存异要求做到(   )。

(A)换位思考,理解他人   (B)胸怀宽广,学会宽容

(C)端正态度,纠正思想   (D)和谐相处,密切配合

17. 奉献的基本特征包括(   )。

(A)非功利性   (B)功利性   (C)普遍性   (D)可为性

18. 对从业人员来说,下列要素属于最基本的职业道德要素的是(   )。

(A)职业理想   (B)职业良心   (C)职业作风   (D)职业守则

19. 职业道德的具体功能包括(   )。

(A)导向功能   (B)规范功能   (C)整合功能   (D)激励功能

20. 下列哪些行为不利于社会和谐稳定(   )。

(A)交通肇事   (B)聚众闹事   (C)见义勇为   (D)互帮互助

21. 下列哪种行为违反相关法律、法规的(   )。

(A)伪造证件   (B)民间高利贷

(C)出售盗版音像制品   (D)贩卖毒品

22. 坚守工作岗位要做到(   )。

(A)遵守规定   (B)坐视不理   (C)履行职责   (D)临危不退

23. 下列哪种思想或态度是不可取的(   )。

(A)工作后不用再刻苦学习   (B)业务上难题不急于处理

(C)要不断提高思想素质   (D)要不断提高科学文化素质

24. 以下哪些是焊工职业守则的基本内容(   )。

(A)谦虚谨慎   (B)团结协作   (C)主动配合   (D)宽以待人

25. 焊接质量会对以下哪些方面带来影响(   )。

(A)产品的使用性能   (B)产品的使用寿命

(C)人身安全   (D)财产安全

26. 焊接生产现场安全检查的内容包括(   )。

(A)焊接与切割作业现场的设备、工具、材料是否排列有序

(B)焊接作业现场是否有必要的通道

(C)焊接作业现场面积是否宽阔

(D)检查焊接作业现场的电缆线之间,或气焊(割)胶管与电焊电缆线之间是否互相缠绕

27. 诚信要求(   )。

(A)尊重事实   (B)真诚不欺   (C)讲求信用   (D)信誉至上

28. 下列说法,不正确的是(   )。

(A)职业道德素质差的人,也可能具有较高的职业技能,因此职业技能与职业道德没有什么关系

(B)相对于职业技能,职业道德居次要地位

(C)一个人事业要获得成功,关键是职业技能

(D)职业道德对职业技能的提高具有促进作用

29. 下列关于职业道德与职业技能关系的说法,正确的是(　)。

(A)职业道德对职业技能具有统领作用

(B)职业道德对职业技能有重要的辅助作用

(C)职业道德对职业技能的发挥具有支撑作用

(D)职业道德对职业技能的提高具有促进作用

30. 关于严守法律法规,你认为不正确的说法是(　)。

(A)只要品德端正,学不学法无所谓

(B)金钱对人的诱惑力要大于法纪对人的约束

(C)法律是由人执行的,执行时不能不考虑人情和权力等因素

(D)严守法纪与职业道德要求在一定意义上具有一致性

四、判 断 题

1. 职业道德是企业文化的重要组成部分。(　)

2. 职业活动内在的职业准则是忠诚、审慎、勤勉。(　)

3. 职业化的核心层是职业化行为规范。(　)

4. 职业化是新型劳动观的核心内容。(　)

5. 职业技能是企业开展生产经营活动的前提和保证。(　)

6. 文明礼让是做人的起码要求,也是个人道德修养境界和社会道德风貌的表现。(　)

7. 敬业会失去工作和生活的乐趣。(　)

8. 讲求信用包括择业信用和岗位责任信用,不包括离职信用。(　)

9. 公道是确认员工薪酬的一项指标。(　)

10. 职业纪律与员工个人事业成功没有必然联系。(　)

11. 节约是从业人员事业成功的法宝。(　)

12. 艰苦奋斗是节约的一项要求。(　)

13. 合作是打造优秀团队的有效途径。(　)

14. 奉献可以是本职工作之内的,也可以是职责以外的。(　)

15. 社会主义道德建设以为人民服务为核心。(　)

16. 集体主义是社会主义道德建设的原则。(　)

17. 一个优秀的团队应该具备的合作品质是成员对团队强烈的归属感,团队具有强大的凝聚力。(　)

18. 适当的赌博会使员工的业余生活丰富多彩。(　)

19. 忠于职守就是忠诚地对待自己的职业岗位(　)

20. 爱岗敬业是奉献精神的一种体现。(　)

21. 严于律己宽以待人,是中华民族的传统美德。(　)

22. 工作应认真钻研业务知识,解决遇到的难题。(　)

23. 焊工思想素质的提高与多接触网络文学有直接关系。(　)

24. 工作中应谦虚谨慎,戒骄戒躁。(　　)

25. 安全第一,确保质量,兼顾效率。(　　)

26. 工作服主要起到隔热、反射和吸收等屏蔽作用。(　　)

27. 焊接过程中应打开厂房门窗,使焊接粉尘及有害气体排到室外,减少对焊工健康的危害。(　　)

28. 每个职工都有保守企业秘密的义务和责任。(　　)

29. "诚信为本、创新为魂、崇尚行动、勇于进取"是中国北车的核心价值观。(　　)

30. 市场经济条件下,首先是讲经济效益,其次才是精工细作。(　　)

气焊工(职业道德)答案

一、填空题

1. 行为规范
2. 集体主义
3. 自律性
4. 业务素质
5. 职业态度
6. 直接体验
7. 基础
8. 职业责任
9. 无形资产
10. 团队目标
11. 重要标准
12. 品质
13. 内在要求
14. 职业理想
15. 最高层次
16. 职业道德
17. 维护社会
18. 刑事责任
19. 职业守则
20. 个人价值
21. 敬业精神
22. 基本内容
23. 基本规范
24. 智慧和力量
25. 工艺文件
26. 防护用品
27. 钻研业务
28. 舆论
29. 道德责任
30. 安全、舒适
31. 精工细做
32. 集体主义
33. 自己
34. 维持社会
35. 商业
36. 劳动纪律
37. 职业纪律
38. 遵守职业纪律
39. 钻研业务
40. 强制性与自觉性

二、单项选择题

1. D
2. D
3. B
4. C
5. A
6. B
7. C
8. A
9. B
10. D
11. D
12. C
13. B
14. D
15. B
16. C
17. A
18. D
19. A
20. D
21. A
22. D
23. B
24. D
25. D
26. A
27. A
28. B
29. C
30. D

三、多项选择题

1. ABC
2. ABCD
3. ABD
4. ABCD
5. ACD
6. ABCD
7. BCD
8. ABC
9. BCD
10. ABCD
11. ABCD
12. ABD
13. ABCD
14. BCD
15. AC
16. ABD
17. ACD
18. ABC
19. ABCD
20. AB
21. ABCD
22. ACD
23. AB
24. ABC
25. ABCD
26. ABCD
27. ABCD
28. ABC
29. ACD
30. ABC

四、判断题

1. √
2. √
3. ×
4. √
5. √
6. √
7. ×
8. ×
9. √
10. ×
11. √
12. √
13. √
14. √
15. √
16. √
17. √
18. ×
19. √
20. √
21. √
22. √
23. ×
24. √
25. √
26. √
27. ×
28. √
29. √
30. ×

气焊工(初级工)习题

一、填空题

1. 在物质内部,凡是原子作有序、有规则排列的称为( )。

2. 表示原子在晶体中排列规律的空间格架叫( )。

3. 在物质内部,凡是原子呈无序堆积的状况称为( )。

4. 金属由液态转变为固态的过程叫( )。

5. 金属在固态下随温度的改变,由一种晶格转变为另一种晶格的现象叫( )。

6. 金属从固态向液态转变时的温度称为( )。

7. 表面淬火的目的是提高铸铁的( )和耐磨性。

8. 焊后立即进行消氢处理的焊件,即可避免或减少( )的产生。

9. 灰铸铁低温石墨化退火可使共析渗碳体球化和分解析出( )。

10. 金属在外力作用时表现出来的性能是指( )。

11. 铜及铜合金的线膨胀系数比低碳钢( )。

12. 铝合金按其成分和工艺特点,可分为( )和铸造铝合金两类。

13. 耐热钢是指在高温下具有一定的( )性的钢。

14. 焊缝基本符号是表示焊缝( )的符号。

15. 焊缝辅助符号是表示焊缝( )的符号。

16. 焊缝辅助符号中的"一"是表示( )。

17. 焊缝符号一般由( )和指引线组成。

18. 钝边的作用是防止根部( )。

19. 装配图的作用是表达机器或零、部件的工作原理、结构形状和( )的图样。

20. 乙炔的自燃点是( )℃。

21. 乙炔在 0.15 MPa,( )℃时,遇火即会爆炸。

22. 乙炔在 0.15 MPa 时,温度超过( )℃时,会自行爆炸。

23. 乙炔储存在毛细管中,则爆炸性大大地降低,乙炔能大大地溶于( )溶液中。

24. 乙炔中含有的杂质主要是硫化氢和磷化氢,易使焊缝产生夹渣,降低焊缝的( )和耐蚀性能。

25. 液化石油气瓶不得充满液体,必须留出气化空间,不得靠近暖气片或炉火,严禁( )加热。

26. 氧气中大部分杂质是氮气,它不但降低( )还会与熔化的金属化合生成氮化铁,使塑性和冲击韧性大大降低。

27. 氧气本身是不能燃烧的,但能帮助其他( )燃烧。

28. 乙炔是可燃性气体,氧气是( )性气体。

29. 氧气不能燃烧,但能(　　　)。

30. 乙炔燃烧引起火灾时,绝对禁止使用(　　　)灭火器来灭火。

31. 乙炔爆炸的可能性与盛装容器的(　　　)有关。

32. 乙炔既是可燃性气体,又是易(　　　)气体。

33. 物质在极短的时间内完成化学反应,形成其他物质,同时放出大量的热和气体的现象叫(　　　)。

34. 可燃物质在混合物中能够发生爆炸的最高浓度叫(　　　)。

35. (　　　)是强烈的氧化反应,并伴随有热和光同时发生的化学现象。

36. 氧气切割是金属在切割氧射流中剧烈燃烧同时生成氧化物熔渣和产生大量的反应热,并利用切割氧的(　　　)吹除熔渣,使割件形成切口的过程。

37. 气焊是利用可燃气体和氧气混合燃烧所产生的(　　　)来熔化焊件和焊丝而进行焊接的一种方法。

38. 钢材的性能包括物理性能、化学性能、(　　　)和机械性能。

39. 金属材料的工艺性能包括铸造性、可锻性、切削性、(　　　)等。

40. 碳素钢按含碳量不同可分为低碳钢、(　　　)、高碳钢三种。

41. 按可燃气体与氧气混合方式的不同可将焊炬分为(　　　)和等压式两种。

42. 氧气瓶和氧气减压器表涂成(　　　)色,乙炔瓶和乙炔减压器表涂成白色。

43. 气焊气割盛装过易燃易爆物的容器时,首先将容器的开孔完全打开,用热碱水或(　　　)将容器内易燃易爆物彻底冲洗干净,然后才能动火。

44. 气割用电石一般分为四级,(　　　)级质量最好。

45. 瓶装乙炔的溶剂是(　　　)。

46. 焊接铝及铝合金的气焊溶剂为(　　　)。

47. 气焊是将(　　　)能转化为热能的一种焊接方法。

48. 乙炔瓶工作压力为(　　　)MPa,水压试验压力为 6 MPa。

49. 碳钢中,随着含碳量的增加,其塑性及冲击韧性降低,可焊性(　　　)。

50. 气焊时要等焊件被焊处熔化,形成(　　　)后才可填加焊丝。

51. 气焊焊接工艺参数是保证焊接质量的主要技术数据,它包括:焊丝成分和直径、(　　　)和能率、焊炬倾斜角度、焊接方向和焊接速度等参数。

52. 氧气切割规范包括切割氧压力、气割速度、(　　　)、割嘴与割件间的倾斜角度及割嘴与割件间表面距离等参数。

53. 氧-乙炔火焰分为氧化焰、中性焰、(　　　)三种。

54. 气焊设备包括氧气瓶、乙炔发生器或(　　　)、回火防止器和减压器等。

55. 左焊法的缺点是焊缝易氧化、冷却较快、热量利用率较低,因此适用于焊接(　　　)以下的薄板和低熔点金属。

56. 右焊法的缺点是操作不易掌握,对焊件没有预热作用,它只适用于焊接(　　　)的焊件。

57. 气割速度与焊件厚度及割嘴形状有关,气割速度的正确与否,主要根据割缝的(　　　)来决定。

58. 金属的焊接性能包括接合性能和(　　　)两方面内容。

59. 焊接接头的基本型式有对接接头、搭接接头、（　　）、T 型接头四种。

60. 射吸式普通焊炬有三种,其型号为 G01-30、（　　）和 G01-300。

61. 灰口铸铁中的碳以（　　）形式存在于金属基体中,其断面呈暗灰色。

62. 焊接场地应用良好的通风条件,以利于排除有害气体、灰尘、（　　）等。

63. 中碳钢焊接过程中产生 CO 较多,因而焊缝容易出现（　　）。

64. 火焰预热能率（　　）时,气割易中断,而且切割表面不整齐。

65. 在大型容器中使用氧-乙炔焰切割时,严禁将不使用的并且通有乙炔和氧气的（　　）和橡胶管长期放在容器内。

66. 气焊时为防止焊件烧穿,除要有合适的装配间隙外,还应合理选用火焰（　　）、速度。

67. 焊接变形的基本形式有角变形、（　　）、波浪变形、扭曲变形四种。

68. 钎焊用钎料的熔点要比母材熔点（　　）。

69. 可燃气体种繁多,但目前工业上应用除乙炔气外,最普遍的是（　　）或丙烷。

70. 电石非常容易（　　）,所以储存时应注意防潮。

71. 压缩气瓶在运输、储存和使用过程中,应避免瓶体受热、振动和冲击,尤其是在冬天,瓶体金属更容易发生（　　）爆炸。

72. 乙炔发生器是利用（　　）互相作用制取乙炔的设备。

73. 在焊接厚大件时,应更换较大的焊嘴来加大火焰能率,而不能用提高（　　）的办法来加大火焰能率。

74. 当金属在焊接时生成的氧化物绝大多数是碱性时,应使用（　　）熔剂。

75. 气焊丝的选用原则是:考虑母材（　　）、考虑焊接性和考虑焊件特殊要求。

76. 氧气具有很强的（　　）性,燃烧就是氧气和其他物质进行化学反应的结果。

77. 溶解乙炔是通过（　　）、脱硫、脱磷等工艺才压缩装瓶的,因此瓶装乙炔纯度高。

78. 氧气瓶在运送时,必须戴上瓶帽,不能与（　　）的气瓶、油料及其他可燃物同车运输。

79. 氧气皮管为蓝色,内径为 8 mm,乙炔皮管为（　　）色,内径 10 mm。

80. 乙炔发生器必须装有（　　）、泄压装置和安全阀。

81. 根据氧气和燃气的比值,燃烧的火焰按性质可分为中性焰、碳化焰、（　　）三种形式。

82. 中性焰由（　　）、内焰、外焰三部分组成。

83. 焊接接头可分为焊缝、（　　）、热影响区三个区域。

84. 乙炔在氧气中的燃烧过程可分两个阶段,分别称为（　　）燃烧。

85. 火焰性质是根据母材（　　）来选择的。

86. 气焊冶金过程中发生的反应可分为（　　）和物理反应两种。

87. Q345 钢具有良好焊接性,但焊接时淬硬倾向和产生（　　）的倾向比 A3 钢大一些。

88. 气焊灰铸铁的加热和冷却都比电弧焊缓慢,这就可以有效地防止（　　）、裂纹和气孔的产生。

89. 金属过热的特征是金属表面发黑并起（　　）。

90. 射线探伤主要有（　　）、γ 射线探伤两种。

91. 钎剂可分为软钎剂及（　　）两大类。

92. 刀具钎焊后应立即将它埋入草木灰缓冷,以避免产生（　　）。

93. 气焊钢时,当起点处形成（　　）的熔池时,即可加入焊丝,并向前移动焊距进行正常焊接。

94. 焊嘴摆动有三个方向,即沿焊缝前进方向、垂直于焊缝方向作上下跳动和向( )方向作横向摆动。

95. 气焊收尾时的要领是( ),焊速增,加丝快,熔池满。

96. 右焊法在焊接过程中,焊矩从左向右,焊矩在焊丝的前面,焊接火焰指向( )已焊部位的操作方法。

97. 金属的气割过程是( )、燃烧、吹渣的过程。

98. 金属的气割过程其实质是金属在纯氧中( )的过程,而不是金属熔化的过程。

99. 扑灭电石火灾时,应用( )灭火器,不许用水及泡沫、酸碱灭火器。

100. 在一般情况下,( )试验可用来评定焊接性能,并可作为选用焊接方法、焊接材料及确定合理的工艺参数的依据之一。

101. 气焊熔剂应妥善保存,防止( )。

102. 气焊一般适用于薄钢板、( )和铸铁件的焊接。

103. 电渣焊可分为丝极电渣焊、( )和熔嘴电渣焊三种。

104. 埋弧焊一般适合( )结构或大直径管道焊接。

105. 焊接的接头型式可分为对接、搭接、( )和角接等四种。

106. 坡口的作用是保证焊缝( )、减小热影响和减小焊件的变形。

107. 金属材料的机械性能包括( )、塑性、韧性、硬度和疲劳等。

108. 强度极限根据外力的不同可分为( )、抗压、抗弯、抗扭和抗剪等。

109. 金属的工艺性包括铸造性、锻造性、( )、淬透性和切削加工性。

110. 焊接用的气体分助燃气体、( )和保护气体三种。

111. 焊剂按化学特性分( )两种。

112. 低碳钢焊接时选用高锰高硅焊剂,配合( )焊丝。

113. 耐热钢焊接时选用低锰中硅焊剂,配合( )焊丝。

114. 减压器的作用是将瓶内气体从高压降到工作压力,保持工作压力和( )基本稳定。

115. 焊炬的作用是使( )与氧气混合按一定比例混合形成合乎要求的焊接火焰。

116. 焊接接头的可靠性包括接头的( )、耐热、耐蚀、耐低温、抗疲劳和抗时效等特殊性能。

117. 中性焰氧与乙炔的比值为( )最高温度可达到 3 050~3 150℃无过剩氧和乙炔。

118. 中性焰适合焊接低碳钢和( )和有色金属材料。

119. 氧化焰中氧和乙炔比值大于 1~1.2,温度最高可达 3 100~3 300℃,适合焊接( )材料。

120. 氧气中大部分杂质是氮气,它不但降低火焰温度还会与熔化的金属化合生成氮化铁,使( )、冲击韧性大大降低。

121. 在气焊气割过程中发生的焊接火焰自焊炬、割炬向乙炔软管内倒燃的现象是( )。

122. 所谓后拖量就是在氧气切割过程中,在同一条割纹上,沿( )方向两点间的最大距离。

123. 焊缝金属中 C、P 和 S 等元素含量较多时,就会形成(   ),其偏聚于晶界处最后凝固,此时,晶界强度很低,在焊接应力作用下易形成热裂纹。

124. 焊缝金属中 C、P 和 S 等元素含量较多时,就会形成低熔点共晶物,其偏聚于晶界处最后凝固,此时,晶界强度很低,在焊接应力作用下易形成(   )。

125. 致密性试验主要用来检查不受压或受压很低的容器管道焊缝的(   )。

126. 利用金属热胀冷缩的特性,只加热焊件的某一部位,而使补焊区的应力大为减小,从而达到避免产生裂纹的焊接方法是(   )。

127. 火焰加热校正法常用的加热方式有点状加热、线状加热和(   )三种方式。

128. 气体在熔池结晶过程中来不及逸出,残留下来形成(   )缺陷。

129. 熔池中产生的气体的膨胀和冲击,会使熔池金属发生(   )。

130. 测定对接焊接接头的塑性和检查焊接缺陷是(   )试验。

131. 可以测定焊缝金属及焊接接头的抗拉强度、屈服点、伸长率和断面收缩率是(   )试验。

132. 可以测定对接焊接接头的塑性和检查焊接缺陷是(   )试验。

133. 热处理一般由加热、(   )、冷却三部分组成。

134. 主要检验焊缝金属断面上的裂纹、未熔合及气孔、夹渣等缺陷是(   )试验。

135. 压扁试验是为了测定管子焊接接头压扁时的(   )。

136. 从焊件或试件上切取试样,或以产品(或模拟件)的整体做破坏试验,以检查其各种力学性能的试验方法称为(   )试验。

137. 为了测定焊接接头各个部位(包括焊缝、热影响区和母材金属)的硬度值是(   )试验。

138. 气割厚 14～20 mm 钢板时,选用 G01-(   )型割炬。

139. 焊缝的化学成分分析是为了测定焊缝的(   )。

140. 气焊焊接接头的种类有(   )、卷边接头、搭接接头、角接接头。

141. 焊接接头(   )的目的是了解接头各部位的金相组织情况,晶粒度及热影响区的组织状态等,以评定焊接质量的好坏。

142. 锰在焊接过程中能减小焊缝的(   )倾向。

143. 物体在力的作用下发生的形状和尺寸的变化称为(   )。

144. 当外力去除后,能恢复原来的形状和尺寸的那部分变形称为(   )。

145. 当外力去除后,不能恢复的那部分变形称为(   )。

146. 焊后残留在焊缝中的熔渣称为(   )。

147. 由于焊接参数选择不当,或操作工艺不正确,沿焊趾的母材部位产生的沟槽或凹陷称为(   )。

148. 焊接过程中,熔化金属流淌到焊缝以外未熔化的母材上,所形成的金属瘤称为(   )。

149. 由于填充金属不足,在焊缝背面形成的连续或间断的沟槽称为(   )。

150. 被焊金属材料在采用一定的焊接工艺方法、工艺参数及结构型式条件下,获得优质焊接接头的难易程度称为(   )。

151. 产品生产过程中劳动力消耗的一种数量标准,它是在一定的生产技术组织条件下,生产一定产品所必需消耗的时间,或者一定的时间内生产合格产品的数量是(　　　)。

152. 焊接工艺方法可分为(　　　)、压焊、钎焊三大类。

153. 用新的变形去抵抗原来的变形是(　　　)。

154. 预热可以减慢焊缝及热影响区的冷却速度,有利于避免产生(　　　)。

155. 机械气割设备可分为移动式半自动气割机和(　　　)式自动气割机两种。

156. 气焊时应掌握火焰的喷射方向,使焊缝两边金属的(　　　)始终保持平衡。

157. 气焊低碳钢时宜采用(　　　)焰。

158. 球化退火可使材料硬度(　　　),便于切削加工。

159. 气孔主要分为氢气和(　　　)气孔两大类。

160. 火焰校正的方法通常有点加热、(　　　)和三角形加热三种。

161. 对钢材进行校正的方法有手工校正法、机械校正法和(　　　)校正法等。

162. 加热减应区法是常用焊接(　　　)的最经济而又有效的方法。

163. 氧气纯度对气割速度、气体消耗量及(　　　)有很大影响。

164. 焊接时常常会遇到平焊、立焊、(　　　)、仰焊等空间位置。

165. 焊接缺陷按焊缝中位置的不同可分为内部缺陷和(　　　)。

166. 割嘴倾角的大小主要根据割件的(　　　)来确定。

167. 氧气瓶、可燃气瓶与明火的距离应该大于(　　　)m。

二、单项选择题

1. 能够完整地反映晶格特征的最小几何单元称为(　　　)。
(A)晶粒　　　　(B)晶胞　　　　(C)晶体　　　　(D)晶核

2. 绝大多数钢在高温进行锻造和轧制时所要求的组织是(　　　)。
(A)渗碳体　　　(B)马氏体　　　(C)铁素体　　　(D)奥氏体

3. 淬火的目的是为了得到(　　　)组织。
(A)奥氏体　　　(B)铁素体　　　(C)马氏体或贝氏体　(D)渗碳体

4. 金属材料在无数次重复交变载荷作用下,而不致破坏的最大应力称为(　　　)。
(A)蠕变强度　　(B)抗拉强度　　(C)冲击韧性　　(D)疲劳强度

5. 零件工作时所承受的应力大于材料的屈服点时,将会发生(　　　)。
(A)断裂　　　　(B)塑性变形　　(C)弹性变形　　(D)以上都不对

6. 金属材料的磁性与(　　　)有关。
(A)成分和温度　(B)电阻率与成分　(C)导热率和成分　(D)导热率和温度

7. 下列金属中,以(　　　)的导电性最强。
(A)铜　　　　　(B)铝　　　　　(C)银　　　　　(D)铁

8. 不锈钢要达到不锈耐蚀的目的,必须使钢的含(　　　)量大于12%。
(A)铬　　　　　(B)镍　　　　　(C)钛　　　　　(D)锰

9. 按品质分含硫量不超过0.035%,含磷量不超过0.035%的钢称为(　　　)。
(A)优质钢　　　(B)高级优质钢　(C)碳素钢　　　(D)合金钢

10. 碳是钢中的主要合金元素,随着含碳量增加,钢的(　　　)提高。
(A)塑性　　　　(B)强度　　　　(C)耐腐蚀性　　(D)化学稳定性

11. 白铜是（　　　）。

(A)铜镍合金　　　　(B)铜铝合金　　　　(C)纯铜　　　　(D)铜锌合金

12. Q345 属于（　　　）。

(A)高碳钢　　　　(B)低合金钢　　　　(C)低碳钢　　　　(D)碳素钢

13. 含碳量低于（　　　）的碳素钢称为低碳钢。

(A)0.2%　　　　(B)0.25%　　　　(C)0.6%　　　　(D)1.2%

14. 含碳量大于（　　　）的碳素钢称为高碳钢。

(A)0.25%　　　　(B)0.6%　　　　(C)0.8%　　　　(D)1.2%

15. Q245R 钢属于（　　　）。

(A)优质低碳钢　　　　(B)优质中碳钢　　　　(C)合金钢　　　　(D)不锈钢

16. 表示焊缝余高的符号是（　　　）。

(A)h　　　　(B)p　　　　(C)H　　　　(D)e

17. 遇到有人触电时,应（　　　）。

(A)先救人　　　　(B)先断电　　　　(C)先报告　　　　(D)先开会

18. 一般成人的致命电流为（　　　）。

(A)50 μA　　　　(B)50 mA　　　　(C)0.5 A　　　　(D)1 A

19. 当乙炔与（　　　）长期接触后会产生一种爆炸性的化合物。

(A)铅　　　　(B)锌　　　　(C)铁　　　　(D)铜或银

20. 乙炔气是一种（　　　）。

(A)无色气体　　　　(B)有色气体　　　　(C)助燃气体　　　　(D)元素

21. 工业上常采用（　　　）来制取大量氧气。

(A)电解水法　　　　(B)液化空气分离法　　(C)压缩空气法　　　　(D)加热分解法

22. 低压乙炔发生器的乙炔压力为（　　　）。

(A)0.045 MPa 以下　　　　　　　　　(B)0.15 MPa 以下

(C)1.5 MPa 以下　　　　　　　　　(D)1.5 MPa 以上

23. 中压乙炔发生器的乙炔压力为（　　　）。

(A)0.045～0.15 MPa　　　　　　　　(B)0.15～1.5 MPa

(C)0.15～1 MPa　　　　　　　　　(D)0.15～15 MPa

24. 乙炔发生器的发气室温度达到（　　　）时应立即停止使用。

(A)40℃　　　　(B)60℃　　　　(C)100℃　　　　(D)90℃

25. 乙炔发生器内输出的乙炔气体温度不得高出周围温度（　　　）。

(A)5℃　　　　(B)5～10℃　　　　(C)10℃　　　　(D)15～20℃

26. 对于高碳钢焊件,可在焊后进行高温回火,回火温度为（　　　）℃。

(A)500～600　　　(B)700～800　　　(C)800～900　　　(D) 300～400

27. 电石和水接触能迅速生成（　　　）。

(A)乙炔和氧气　　(B)乙炔和碳酸钙　　(C)乙炔和氢氧化钙　　(D)乙炔和氢气

28. 一般结构的乙炔发生器,严禁使用粒度小于（　　　）的电石粉。

(A)2 mm　　　　(B)10 mm　　　　(C)20 mm　　　　(D)30 mm

29. 储存电石的库房必须建筑在距离明火（　　　）以外不受潮湿,不易浸湿的地方。

(A)1 m   (B)5 m   (C)10 m   (D)20 m

30. 电石桶和电石房起火后,可以用( )来灭火。

(A)泡沫灭火器   (B)水

(C)二氧化碳灭火剂   (D)四氯化碳

31. 焊工进行登高作业焊接和切割的规定高度是离地面( )m 以上称为登高作业。

(A)2   (B)3   (C)5   (D)7

32. 焊工登高作业的梯子要符合安全要求,与地面夹角不应大于( )度。

(A) 30   (B) 45   (C) 50   (D) 60

33. 氧气瓶阀拧不开时应用( )。

(A)榔头轻轻地敲松   (B)螺纹处滴加润滑油

(C)火焰烘烤   (D)加长柄板手

34. 气割时金属的燃烧是一个( )过程。

(A)放热   (B)吸热   (C)不吸热也不放热   (D)物理变化

35. 在水泥地板上切割时,应( )以免水泥伤人。

(A)提高工件高度   (B)浇湿水泥地面

(C)用垫板遮住水泥地面   (D)减少火焰速率

36. 下列缺陷中,属化学性的是( )。

(A)夹渣   (B)咬肉   (C)氧化   (D)气孔

37. 气焊用,氧气皮管的颜色为( )。

(A)白色   (B)黑色   (C)蓝色   (D)绿色

38. H08MnA 是属于( )焊丝。

(A)不锈钢   (B)碳素钢   (C)耐热钢   (D)铜

39. 按氧气和乙炔的混合比不同,氧炔焰可分为( )。

(A)焰心、内焰、外焰   (B)焰心、中性焰、外焰

(C)碳化焰、中性焰、氧化焰   (D)焰心、碳化焰、外焰

40. 浮桶式乙炔发生器主要优点是( )。

(A)冷却条件好,使用方便   (B)密封条件好,使用方便

(C)结构简单,移动方便   (D)冷却条件好

41. 氧气瓶冻结时,严禁用( )加热解冻。

(A)火焰   (B)蒸气   (C)热水   (D)40℃以下热水

42. 气焊时,( )易发生回火。

(A)氧气压力过高   (B)乙炔皮管堵塞   (C)乙炔压力过高   (D)氧气皮管堵塞

43. 焊接 Q345 钢时,宜选用下列焊丝中的( )。

(A)H08   (B)H08CrMoA   (C)H10MnNi   (D)H08MnA

44. 焊接紫铜所用的熔剂为( )。

(A)CJ301   (B)CJ401   (C) CJ201   (D)CJ101

45. 焊接铝及铝合金的气焊熔剂为( )。

(A)CJ201   (B)CJ301   (C)CJ401   (D)CJ101

46. 25A 号钢属于( )。

(A)优质中碳钢　　(B)优质高碳钢　　(C)合金钢　　(D)高级优质钢

47. 下列检验方法中,属于破坏性检验的是(　　)。

(A)X 射线探伤　　(B)拉伸实验　　(C)超声波探伤　　(D)着色探伤

48. 气焊低碳钢时宜采用(　　)。

(A)氧化焰　　(B)碳化焰　　(C)中性焰　　(D)一般常见火焰

49. 气焊铸铁时,宜采用(　　)焊丝。

(A)丝 221　　(B)丝 401　　(C)丝 301　　(D)丝 101

50. 下列材料中,气割性能最好的是(　　)。

(A)不锈钢　　(B)铜　　(C)低碳钢　　(D)中碳钢

51. 气焊时(　　)会引起回火。

(A)氧气不纯　　(B)乙炔压力过低　　(C)氧气压力过高　　(D)乙炔不纯

52. 焊后立即进行消氢处理的焊件,即可避免或减少(　　)的产生。

(A)冷裂纹　　(B)热裂纹　　(C)再热裂纹　　(D)层状撕裂

53. 当含碳量高于(　　)时,不宜气割。

(A)0.5%　　(B)1.2%　　(C)1.4%　　(D)0.70%

54. 氧化焰中,氧与乙炔比值为(　　)。

(A)大于 1.2　　(B)大于 1.5　　(C)大于 1.1　　(D)大于 1.7

55. 中性焰中氧与乙炔的比值为(　　)。

(A)1　　(B)1.1~1.2　　(C)1.2~1.5　　(D)1~0.7

56. 气焊和气割所用焊炬及割炬的材料为(　　)。

(A)纯铜

(B)含铜量不低于 70%的铜合金

(C)含铜量不高于 70%的铜合金

(D)铜合金

57. 氧气瓶中的氧气不能全部用完,最后要留(　　)MPa 的氧气。

(A)0.1~0.2　　(B)>0.2　　(C)>0.5　　(D)0.3~0.6

58. 乙炔瓶的瓶体温度不得超过(　　)。

(A)40℃　　(B)50℃　　(C)60℃　　(D)25℃

59. 焊接薄钢板宜采用卷边接头一般是指(　　)以下厚度。

(A)1 mm　　(B)1.5 mm　　(C)2 mm　　(D)1.5~2 mm

60. 焊丝直径应选择适当,过细则会造成(　　)。

(A)熔合不良　　(B)焊件过热　　(C)夹渣　　(D)烧穿

61. 焊剂的作用是(　　)。

(A)向熔池中加合金元素　　(B)防止氧化和消除氧化物

(C)增加母材润湿性　　(D)保护熔池

62. 金属被切割时,氧化物熔点必须(　　)。

(A)高于金属熔点　　(B)低于金属熔点

(C)等于金属熔点　　(D)高于金属燃点

63. 对钢材焊接性能影响的最大的元素是(　　)。

(A)碳　　(B)硫　　(C)磷　　(D)锰

64. 气焊气割时,发生变形的原因是(　　)。

(A)工艺不当　　　　　　　　　　　　(B)火焰能量高

(C)焊件不均匀受热和冷却　　　　　　(D)以上都不对

65. 角变形是由于焊缝的(　　)引起的。

(A)纵向收缩　　　(B)横向收缩　　　(C)不均匀收缩　　　(D)弯曲变形

66. 碳当量小于(　　)%时,淬硬倾向不明显,一般焊接性好。

(A)0.4　　　　　(B)0.5　　　　　(C)0.77　　　　(D)2.11

67. 钢材的焊接性能可由碳当量来(　　)。

(A)估评　　　　　(B)判断　　　　　(C)确定　　　　　(D)计算

68. 低碳钢的焊接性能(　　)。

(A)良好　　　　　(B)一般　　　　　(C)差　　　　　(D)很差

69. 奥氏体不锈钢焊接时最容易出现的缺陷是(　　)。

(A)气孔　　　　　　　　　　　　　　(B)冷裂纹

(C)晶间腐蚀和冷裂纹　　　　　　　　(D)晶间腐蚀和热裂纹

70. 普通低合金结构钢对淬硬和冷裂纹(　　)。

(A)不敏感　　　　(B)比较敏感　　　(C)影响不大　　　(D)影响相当大

71. 铸铁焊接时,一般需预热,这是因为(　　)。

(A)铸铁散热快　　(B)铸铁熔点高　　(C)铸铁塑性差　　(D)铸铁导热快

72. 铸铁焊接时最容易产生(　　)。

(A)夹渣　　　　　(B)气孔　　　　　(C)白口　　　　　(D)飞溅

73. 施工现场风太大时,应采取防风措施或停止焊接,否则易产生(　　)。

(A)裂纹　　　　　(B)夹渣　　　　　(C)焊瘤　　　　　(D)气孔

74. 空气潮湿或雨天,容易使焊缝产生(　　)。

(A)气孔　　　　　(B)夹渣　　　　　(C)咬边　　　　　(D)裂纹

75. HT150 是(　　)的牌号。

(A)灰口铸铁　　　(B)白口铸铁　　　(C)黄铜　　　　　(D)青铜

76. 氧气瓶和氧气减压器外表应涂成(　　)色。

(A)白色　　　　　(B)天蓝　　　　　(C)银灰　　　　　(D)绿

77. 最容易发生冻结的是(　　)减压器。

(A)单级　　　　　(B)双级　　　　　(C)正作用式　　　(D)反作用式

78. 低碳钢对接接头气焊时,当钢板厚度小于(　　)时,不必开坡口。

(A)2 mm　　　　 (B)3 mm　　　　 (C)5 mm　　　　 (D)6 mm

79. 下列属于压力焊的是(　　)。

(A)电渣焊　　　　(B)气体保护焊　　(C)点焊　　　　　(D)等离子焊

80. 等离子弧是一种(　　)。

(A)气体　　　　　　　　　　　　　　(B)气体燃烧的火焰

(C)高密度的电子和正离子　　　　　　(D)离子

81. 等离子弧是一种(　　)型电弧。

(A)扩散型　　　　(B)自由型　　　　(C)压缩　　　　　(D)高能

82. 等离子弧电源一般具有(　　)外特性。

(A)水平　　　　　　(B)陡降　　　　　(C)上升　　　　　　(D)缓降

83. 焊接时,氢能引起焊缝产生(　　)缺陷。

(A)夹渣　　　　　(B)热裂纹　　　　(C)咬边　　　　　　(D)冷裂纹

84. 目前等离子切割中常用的气体是(　　)。

(A)氮、氩及其混合物　　　　　　(B)氩、氦及其混合物

(C)氩、氢及其混合物　　　　　　(D)氮、氢及其混合物

85. 在焊接接头的四种基本形式中,疲劳强度最好的是(　　)。

(A)对接接头　　　(B)角接接头　　　(C)T型接头　　　　(D)卷边接头

86. 开坡口是为了防止焊接时出现(　　)。

(A)烧穿　　　　　(B)未焊透　　　　(C)咬边　　　　　　(D)成型美观

87. 焊缝余高太高,容易引起(　　)。

(A)强度太高　　　(B)气孔　　　　　(C)应力集中　　　　(D)夹渣

88. 气体保护焊中保护气体的喷射速度应(　　)。

(A)越快保护效果越好　　　　　　(B)太快时保护效果反而差

(C)随电流而定　　　　　　　　　(D)以上都不对

89. 用冷焊法补焊铸铁时,加热"减应区"的温度一般为(　　)℃。

(A)750~850　　(B)850~950　　(C)650~750　　(D)350~450

90. 焊接接头冷却到较低温度下(对于钢来说在 Ms 温度以下)时产生的焊接裂纹称为(　　)。

(A)再热裂纹　　　(B)层状撕裂　　　(C)冷裂纹　　　　　(D)热裂纹

91. 焊接过程中,焊缝和热影响区金属冷却到固相线附近的温度区产生的焊接裂纹称为(　　)。

(A)再热裂纹　　　(B)层状撕裂　　　(C)冷裂纹　　　　　(D)热裂纹

92. 灰口铸铁焊接适合于(　　)。

(A)平焊　　　　　(B)横焊　　　　　(C)仰焊　　　　　　(D)立焊

93. 现行的中压乙炔发生器工作压力极限,规定不得超过(　　)表压。

(A)0.25 MPa　　(B)0.15 MPa　　(C)0.5 MPa　　　(D)10 MPa

94. 灰口铸铁中的碳以(　　)形式分布于金属基体中。

(A)渗碳体　　　　(B)片状石墨　　　(C)团絮状石墨　　　(D)原子

95. 碳是钢中的主要合金元素,随着含碳量增加,钢的(　　)提高。

(A)塑性　　　　　(B)强度　　　　　(C)耐腐蚀性　　　　(D)化学稳定性

96. 乙炔和(　　)长时间接触后,其表面生成的化合物受到冲击时就会发生爆炸。

(A)铸铁、马口铁　　(B)铝、铝合金　　(C)铜、银　　　　　(D)铅、锌

97. 氧气瓶一般应(　　)放置,并必须安放稳固。

(A)水平　　　　　(B)倾斜45°　　　(C)竖直　　　　　　(D)倾斜60°

98. 在瓶阀上安装减压器时,和阀门连接的螺母,至少要拧上(　　)牙以上,以防开气时脱落。

(A)一　　　　　　(B)二　　　　　　(C)三　　　　　　　(D)四

99. 乙炔发生器使用前的准备工作是先向发生器结构内灌注清水,直至水从(　　)流出

为止。

(A)溢流阀　　　(B)安全阀　　　(C)水位阀　　　(D)调压阀

100. Q3-1型乙炔发生器的主要缺点是(　　)较高,每次电石不能加到太多。

(A)内部压力　　　(B)内部气温　　　(C)排气口　　　(D)进水压力

101. 经过试验比较,泄压膜的材料应选用(　　)。

(A)铝箔片　　　(B)紫铜片　　　(C)塑料片　　　(D)玻璃片

102. 中性焰是氧乙炔混合比为(　　)时燃烧所形成的火焰。

(A)1　　　(B)小于1.1　　　(C)大于1.2　　　(D)1.1～1.2

103. 气焊锡青铜时,应采用(　　)火焰进行焊接。

(A)中性焰　　　　　　　(B)轻微氧化焰

(C)轻微碳化焰　　　　　　　(D)碳化焰

104. 气焊低合金钢时,要求使用(　　)。

(A)氧化焰　　　　　　　(B)碳化焰

(C)中性焰　　　　　　　(D)轻微氢化焰

105. 气焊时,气焰焰心的尖端要距离熔池表面(　　)mm时,自始自终尽量保持熔池大小,形状不变。

(A)3～5　　　(B)1～3　　　(C)5～6　　　(D)1～4

106. 焊接过程中,若发现熔池突然变大,且有流动金属时,即表明焊件已(　　)。

(A)有气孔　　　(B)被烧穿　　　(C)有夹渣　　　(D)有裂纹

107. 气焊管子时,一般均用(　　)接头。

(A)对接　　　(B)角接　　　(C)卷边　　　(D)搭接

108. 火焰加热校正法主要有三种加热方式,下图是(　　)方式。

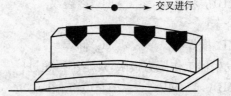

(A)点状加热　　　(B)线性加热　　　(C)三角形加热　　　(D)以上都对

109. 气焊低碳钢时,产生裂纹倾向是由于钢中(　　)较多。

(A)含氢量　　　(B)含硫、磷量　　　(C)含锰量　　　(D)含硅量

110. 中碳钢的含碳量在(　　)之间,由于其含碳量比低碳钢高,因而焊接性较差。

(A)0.3％～0.6％　　　　　　(B)0.25％～0.60％

(C)0.30％～0.50％　　　　　　(D)0.25％～0.5％

111. 气焊不锈钢时应尽量采用低碳不锈钢焊丝,这样不仅可以防止热裂纹,而且可以提高(　　)的性能。

(A)强度　　　(B)冲击韧性　　　(C)抗晶间腐蚀　　　(D)抗冷裂纹

112. 焊缝外形尺寸不符合要求,最大的危害是影响焊件的(　　)。

(A)成型　　　(B)致密性　　　(C)外形质量　　　(D)安全使用

113. 焊接时接头根部未完全熔透的现象称为(　　)。

(A)未熔合　　　　　(B)内凹　　　　　　(C)裂纹　　　　　　(D)未焊透

114. 在重要的焊接结构中,特别是不允许有(　　)气孔存在。

(A)椭圆形　　　　　(B)圆形　　　　　　(C)链状和蜂窝状　　(D)表面圆形

115. 检查非铁磁性材料焊缝表面或近表面的缺陷,可用(　　)法。

(A)磁粉探伤　　　　(B)渗透探伤　　　　(C)超声波探伤　　　(D)射线探伤

116. 能正确发现缺陷大小和形状的探伤方法是(　　)。

(A)X射线探伤　　　(B)磁粉探伤　　　　(C)渗透探伤　　　　(D)超声波探伤

117. 金相组织检查是用来检验焊接接头的(　　)。

(A)致密性　　　　　(B)抗拉强度　　　　(C)组织　　　　　　(D)组织及内部缺陷

118. 硬钎料的熔点在(　　)以上。

(A)350℃　　　　　(B)450℃　　　　　(C)550℃　　　　　(D)650℃

119. 焊件经化学侵蚀后应立即进行(　　),然后在冷水或热水中冲洗干净,并加以干燥。

(A)酸洗　　　　　　(B)咬边　　　　　　(C)中和处理　　　　(D)碱洗

120. 用氧-乙炔焰钎焊黄铜时,为防止锌的蒸发,应采用(　　)。

(A)碳化焰　　　　　(B)氧化焰　　　　　(C)中性焰　　　　　(D)中性焰或轻微碳化焰

121. 被割金属材料的燃点(　　)熔点,是保证切割过程顺利进行的基本条件。

(A)高于　　　　　　(B)等于　　　　　　(C)低于　　　　　　(D)低于或等于

122. G01-30型割炬是常用的一种(　　)割炬。

(A)射吸式　　　　　(B)等压式　　　　　(C)重型　　　　　　(D)以上都不对

123. GD1-100型割炬是(　　)割炬。

(A)射吸式　　　　　(B)等压式　　　　　(C)重型　　　　　　(D)以上都不对

124. 使用等压式割炬时,应保证乙炔有一定的(　　)。

(A)流量　　　　　　(B)纯度　　　　　　(C)工作压力　　　　(D)射吸能力

125. 割嘴斜角的大小,主要根据(　　)来定。

(A)割件的材料　　　(B)割件的厚度　　　(C)割嘴的形状　　　(D)割嘴的材料

126. 致密性试验主要用来检查不受压或受压很低的容器管道焊缝的(　　)。

(A)表面裂纹　　　　(B)未焊透　　　　　(C)穿透性缺陷　　　(D)表面缺陷

127. 我国规定安全电压最大值是(　　)。

(A)36 V　　　　　　(B)50 V　　　　　　(C)80 V　　　　　　(D)220 V

128. 造渣剂形成焊接熔渣,可以保护(　　),使焊缝成形好。

(A)熔滴　　　　　　(B)熔池　　　　　　(C)焊缝金属　　　　(D)电弧

129. 氧气瓶、可燃气瓶与明火距离应大于(　　)。

(A)5 m　　　　　　(B)10 m　　　　　　(C)15 m　　　　　　(D)20 m

130. 中碳钢焊接时预热温度应是(　　)℃。

(A)150～250　　　(B)250～350　　　(C)50～100　　　　(D) 5～50

131. 焊接镀锌铁皮时,采用(　　)焰。

(A)轻微碳化焰　　　(B)氧化焰　　　　　(C)中性焰　　　　　(D)轻微氧化焰

132. TB/T 1580—1995规定重要部位的焊缝咬边深度不应超过(　　)。

(A)0.5 mm　　　　(B)0.8 mm　　　　(C)1.0 mm　　　　(D)1.2 mm

133. 一般碳钢焊缝金属的合金元素主要从（　　）中过渡来的。
(A)燃气　　　　　(B)焊丝　　　　　　(C)母材金属　　　　(D)火焰

134. 造气剂形成保护气氛,可以对（　　）进行保护。
(A)熔滴　　　　　(B)焊缝金属　　　　(C)母材金属　　　　(D) 熔滴和熔池

135. 目前,不锈钢、铜、铝等有色金属常用的切割方法是（　　）。
(A)氧气切割　　　(B)电弧切割　　　　(C)碳弧切割　　　　(D)等离子弧切割

136. 为防止或减小焊接残余应力和变形,必须选择合理的（　　）。
(A)预热温度　　　(B)焊接材料　　　　(C)焊接顺序　　　　(D)火焰性质

137. 加热减应区法是常用焊接（　　）的最经济而又有效的方法。
(A)铝及铝合金　　(B)中碳钢　　　　　(C)铸铁　　　　　　(D)低碳钢

138. H1Cr19Ni9Ti 是属于（　　）焊丝。
(A)高碳钢　　　　(B)不锈钢　　　　　(C)耐热钢　　　　　(D)工具钢

139. 延迟裂纹又称（　　）。
(A)结晶裂纹　　　(B)火口裂纹　　　　(C)再热裂纹　　　　(D)冷裂纹

140. 工件和焊丝上的油、锈、水等易引起焊缝产生（　　）。
(A)咬边　　　　　(B)未熔合　　　　　(C)气孔　　　　　　(D)焊瘤

141. JB 3092《火焰切割面质量技术要求》对火焰切割面质量提出了（　　）项评定内容。
(A)10　　　　　　(B)7　　　　　　　(C)6　　　　　　　(D)5

142. 后拖量大,上下缘呈圆角,特别是上缘的下方咬边的缺陷,主要是由切割（　　）引起的。
(A)速度过慢　　　(B)速度过快　　　　(C)氧压太高　　　　(D)氧压太低

143. 焊接铜时,一般产生的气孔是（　　）。
(A)氢气孔　　　　(B)CO 气孔　　　　(C)氮气孔　　　　　(D)氧气孔

144. 高速切割切口表面的粗糙度与（　　）有关。
(A)材料　　　　　(B)气割速度　　　　(C)气体消耗量　　　(D)割炬

145. 氧气瓶、氢气瓶、液化石油气瓶、二氧化碳气瓶、熔解乙炔气瓶按规定每（　　）年应定期检查。
(A)2　　　　　　(B)3　　　　　　　(C)5　　　　　　　(D)1

146. CO_2 标准气瓶可以装入（　　）kg 的液态 CO_2。
(A)25　　　　　　(B)30　　　　　　　(C)40　　　　　　(D)50

147. 通常 CO_2 标准气瓶的容积为（　　）L。
(A)25　　　　　　(B)40　　　　　　　(C)50　　　　　　(D)35

148. CO_2 气瓶一般规定涂成（　　）颜色。
(A)白色　　　　　(B)黑色　　　　　　(C)黄色　　　　　　(D)蓝色

149. 氧气瓶内高压氧气的压力最高可达到（　　）MPa。
(A)0.1　　　　　(B)1.0　　　　　　(C)15　　　　　　(D)10

150. 氧气瓶内的气体不能完全用完,应留有（　　）MPa 的表压余气。
(A)0.1～0.2　　　(B)1.0～2.0　　　(C)10～20　　　　(D)2～10

151. 焊接铸铁、高碳钢、硬质合金应采用（　　）火焰。

(A)中性焰　　　　(B)氧化焰　　　　(C)碳化焰　　　　(D)弱氧化焰

152. 气焊纯铜时,最常用的接头为(　　)。

(A)对接接头　　　(B)搭接接头　　　(C)角接接头　　　(D)卷边接头

153. 气焊紫铜时,如熔剂采用市售硼砂,则往往在焊缝中出现(　　)。

(A)夹渣　　　　　(B)气孔　　　　　(C)裂纹　　　　　(D)未焊透

154. 在标准状态下,乙炔的密度为(　　)kg/cm^3。

(A)1.29　　　　　(B)1.43　　　　　(C)1.825　　　　　(D)1.179

155. 在标准状态下,氧气的密度为(　　)kg/cm^3。

(A)1.29　　　　　(B)1.43　　　　　(C)1.825　　　　　(D)1.179

156. 40 L 的氧气瓶在 15 MPa 的压力下可储存(　　)m^3 的氧气。

(A)5　　　　　　　(B)8　　　　　　　(C) 6　　　　　　　(D)7

157. 当液态钎料流入间隙后,火焰焰芯与焊件的距离应加大到(　　),以防钎料过热。

(A)5～10 mm　　　(B)10～20 mm　　　(C)20～30 mm　　　(D)35～40 mm

158. 钎焊温度过高会引起钎焊接头过热,故钎焊温度一般以高于钎料熔点(　　)为宜。

(A)10～15℃　　　(B) 20～30℃　　　(C) 30～40℃　　　(D) 40～50℃

159. BX3—300 型焊机是(　　)。

(A)旋转直流弧焊机　(B)交流弧焊机　　(C)弧焊整流器　　　(D)逆变焊机

160. 焊接灰铸铁时,经常会在(　　)生成一层白口组织。

(A)焊缝表面　　　(B)热影响区　　　(C)熔合区　　　　(D)母材

161. 乙炔瓶至少每(　　)年进行一次全面检验。检验项目包括外观检验、填料检查、瓶阀和易熔塞的检验,壁厚测定和耐压试验等。

(A)一　　　　　　(B)二　　　　　　(C)三　　　　　　(D)四

162. 钢中对焊接性影响最大的元素是(　　)。

(A)碳　　　　　　(B)锰　　　　　　(C)硅　　　　　　(D)镍

163. 所产生的焊接变形量最小的焊接方法是(　　)。

(A)氧-乙炔气焊　　(B)氩弧焊　　　　(C)电子束焊　　　(D)焊条电弧焊

164. 下图所示是气焊的(　　)。

(A)左向焊法　　　(B)右向焊法　　　(C)两种方法都不是　(D)两种方法都是

三、多项选择题

1. 紫铜气焊时,产生气孔的有害气体主要是(　　)。

(A)氢气　　　　　(B)氧气　　　　　(C)氮气　　　　　(D)CO_2

2. 奥氏体不锈钢气焊时产生气孔的原因是(　　)。

(A)焊粉回潮　　　　　　　　　　　(B)工件表面的铁锈吸附水分

(C)空气中有少量的氮进入熔池　　　　　(D)空气潮湿

3. 气焊中,氢对焊缝金属的有害作用主要表现在(　　)。

(A)易产生白点　　　(B)使焊缝脆化　　　(C)易产生气孔　　　(D)引起冷裂纹

4. 焊接不锈钢时,不适合用氧化焰,但在焊(　　)时,要用轻微的氧化焰。

(A)黄铜　　　　　(B)锡青铜　　　　　(C)铸铁　　　　　(D)钛合金

5. 铝及铝合金气焊时,产生气孔的主要原因是(　　)。

(A)乙炔气杂质多　　　　　　　　(B)焊速过快

(C)母材坡口焊前未清理净　　　　(D)气焊熔剂受潮

6. 气焊铝合金时,产生夹渣的因素主要是(　　)。

(A)氧化铝没清除干净　　　　　　(B) 气焊熔剂夹渣

(C)焊速过慢　　　　　　　　　　(D)火焰能率大

7. 气焊铝镁合金材料时,可采用(　　)焊丝。

(A)ER1100　　　　(B)ER5356　　　　(C)ER4043　　　　(D)ER5183

8. 铸铁焊接的主要应用(　　)。

(A) 铸造缺陷的修补

(B) 已损坏铸铁件的焊接

(C) 把铸铁件和其他金属件焊接起来作成零件生产

(D)重要结构件的焊接

9. 钎焊熔剂有何作用(　　)。

(A)改善钎料对母材的润湿性能　　　(B)向焊缝中过渡合金元素

(C)保护钎料及母材免于氧化　　　　(D) 清除液体钎料及母材表面氧化物

10. 气焊熔剂有何作用(　　)。

(A) 与熔池内的金属氧化物作用生成熔渣　(B) 提高接头质量

(C) 防止焊缝金属的氧化　　　　　　　(D)与熔池内的非金属夹杂物作用生成熔渣

11. 对气焊熔剂有何要求(　　)。

(A) 应具有很强的反应能力

(B) 能迅速熔解氧化物和高熔点的化合物,并生成新的低熔点和易挥发的化合物

(C) 气焊熔剂溶化后粘度要小,流动性要好,且比重小,熔化后易浮于熔池表面上

(D) 对焊件不应有腐蚀作用,生成的熔渣应易于清除

12. 使用减压阀应注意哪些(　　)。

(A)减压阀不得沾油脂

(B)减压阀结冻时可用热水或蒸汽解冻,严禁明火加热

(C)开启气瓶阀门时,不能站在瓶阀出气口前,以防高压气体冲出伤人

(D)氧气减压阀不能与乙炔减压阀互换使用

13. 电石在存放时应注意(　　)。

(A)开电石桶用专用工具,禁止用扁铲敲击

(B)电石必须装在金属桶内,并加以密封

(C)桶上应注明"电石"、"防潮"、"防火"字样

(D)电石桶应放在干燥通风的室内保存

14. 氧、乙炔压力过低对气焊质量有何影响（　　　）。

(A)焊接火焰变短　　(B)焊件加热时间长　(C)加热面积大　　　(D)热影响区宽

15. 焊缝符号一般由组成基本符号和指引线组成，必要时开可以加上（　　　）。

(A)辅助符号　　　　(B)补充符号　　　　(C)加工符号　　　　(D)焊缝尺寸符号

16. 劳动定额分（　　　）两种。

(A)额外定额　　　　(B)工时定额　　　　(C)产品定额　　　　(D)加班定额

17. 根据加热、冷却方法的不同，热处理可分为（　　　）等。

(A)退火　　　　　　(B)正火　　　　　　(C)淬火　　　　　　(D)回火

18. 表面淬火的目的是提高铸铁的（　　　）。

(A)表面硬度　　　　(B)抗氧化性　　　　(C)纯耐磨性　　　　(D)强度

19. 凡（　　　）都不随时间变化的电流为直流电，反之为交流电。

(A)导热性　　　　　(B)方向　　　　　　(C)大小　　　　　　(D)导电性

20. 异步电动机由（　　　）两个基本部分组成。

(A)主机　　　　　　(B)定子　　　　　　(C)转子　　　　　　(D)控制器

21. 根据 JB/4730—2005 标准，规定Ⅰ级焊缝内不准有（　　　）。

(A)裂纹　　　　　　(B)未熔合　　　　　(C)未焊透　　　　　(D)条状夹渣

22. 根据 JB/4730—2005 标准，规定Ⅱ级焊缝内不准有（　　　）。

(A)裂纹　　　　　　(B)未熔合　　　　　(C)未焊透　　　　　(D)条状夹渣

23. 根据试验的要求，冲击试验试样的缺口可开在（　　　）上。

(A)焊缝　　　　　　(B)熔合区　　　　　(C)热影响区　　　　(D)导母材

24. 压扁试验的试管分为（　　　）两种。

(A)环缝压扁　　　　(B)纵缝压扁　　　　(C)环缝拉伸　　　　(D)纵缝拉伸

25. 常用的层状撕裂试验方法有（　　　）。

(A) Y 向窗口试验　(B)Z 向窗口试验　　(C)Z 向拉伸试验　　(D)Y 向窗口试验

26. 磁粉探伤的方法有（　　　）。

(A)干法　　　　　　(B)湿法　　　　　　(C)喷雾法　　　　　(D)电磁法

27. 焊接接头的金相试验包括（　　　）两大类。

(A)宏观金相检验　　(B)组织金相检验　　(C)结构金相检验　　(D)微观金相检验

28. 磁粉探伤时，磁痕显示可分为（　　　）三类。

(A)表面缺陷　　　　(B)近表面缺陷　　　(C)伪缺陷　　　　　(D)内部缺陷

29. 根据角焊缝的外表形状，角焊缝可分（　　　）。

(A)凹形角焊缝　　　(B)T 形角焊缝　　　(C)纯凸形角焊缝　　D. 十字形角焊缝

30. 对接接头常用的坡口形式有（　　　）。

(A)X 型　　　　　　(B)V 型　　　　　　(C)I 型　　　　　　(D)U 型

31. 等离子弧切割，一般喷嘴距焊件的距离以（　　　）为佳。

(A)76.7 mm　　　　(B)50 mm　　　　　(C)40 mm　　　　　(D)100 mm

32. 等离子弧切割的工艺参数有（　　　）等。

(A)切割电流与电压　　　　　　　　　　(B)等离子气种类与流量

(C)切割速度　　　　　　　　　　　　　(D)喷嘴距焊件的距离

33. 当碳当量小于( )时,钢材的焊接性优良,淬硬倾向不明显,焊接时不必预热。
(A)0.1%   (B)0.2%   (C)0.3%   (D)0.4%

34. 利用碳当量来评定钢材的焊接性,只是一种近似的方法,因为它没有考虑到( )等一系列因素对焊接性的影响。
(A)技能水平   (B)焊接方法   (C)焊接结构   (D)焊件工艺因素

35. 与碳钢相比,18-8 型不锈钢具有( )。
(A)热导率低   (B)熔点高   (C)电阻率高   (D)线膨胀系数大

36. 铜与钢的焊接焊接方法有( )等。
(A)气焊   (B)熔化极气体保护焊
(C)钨极氩弧焊   (D)手工电弧焊

37. 纵向收缩变形即构件焊后在焊缝方向发生的收缩。焊缝的纵向收缩变形量是随( )的增加而增加。
(A)焊缝的长度   (B)焊缝的宽度
(C)焊缝熔敷金属面积   (D)坡口大小

38. 焊接变形的校正方法有( )两种。
(A)化学校正法   (B)机械校正法   (C)火焰加热校正法   (D)物理校正法

39. 火焰加热校正法的关键是应控制( )。
(A)温度   (B)时间   (C)加热的区域   (D)重复加热的次数

40. 火焰加热方式有( )。
(A)面加热   (B)点状加热   (C)线状加热   (D)三角形加热

41. 弯曲实验分( )三种。
(A)斜弯   (B)正弯   (C)背弯   (D)侧弯

42. 冷作构件常用的连接方法有( )。
(A)焊接   (B)铆接   (C)胀接   (D)粘接

43. 下列哪些气体有助燃作用( )。
(A)氧气   (B)乙炔   (C)二氧化碳   (D)空气

44. 常用冷焊接裂纹的间接评定方法有( )等三种。
(A)测碳当量法   (B)碘当量法
(C)根部裂纹敏感性评定法   (D)热影响区最高硬度法

45. 焊接常用的低碳钢有( )。
(A)Q235   (B)20 钢   (C)45 钢   (D)06Cr19Ni10

46. 用于钢材成形的设备有( )等。
(A)卷板机   (B)弯管机   (C)液压机   (D)摩擦压力机

47. 切削用量包括( )。
(A)刀具形状   (B)切削深度   (C)待加工进给量   (D)切削速度

48. 水压试验可用作对焊接容器进行( )检验。
(A)整体致密性   (B)韧性   (C)强度   (D)延伸率

49. 渗透探伤有( )两种方法。
(A)荧光法   (B)渗液法   (C)测压法   (D)着色法

50. 焊接接头力学性能试验包括( )等。

(A)抗拉强度试验　　(B)弯曲试验　　　　(C)冲击试验　　　　(D)硬度试验

51. 宏观金相检验是用( )直接进行观察检查。

(A)扫描仪　　　　　(B)肉眼　　　　　　(C)低倍放大镜　　　(D)高倍放大镜

52. 金属材料的机械性能包括( )。

(A) 强度　　　　　　(B) 塑性　　　　　　(C) 韧性　　　　　　(D) 硬度

53. 焊接接头由( )三个区域。

(A) 焊缝　　　　　　(B) 熔化区　　　　　(C) 热影响区　　　　(D) 预热区

54. 乙炔发生器有( )等三大安全装置。

(A)流量计　　　　　(B) 泄压膜　　　　　(C) 安全阀　　　　　(D) 压力表

55. 铜及其合金有( )。

(A) 紫铜　　　　　　(B) 黄铜　　　　　　(C) 白铜　　　　　　(D) 青铜

56. 弧光中的紫外线可造成对人眼睛的伤害,引起( )。

(A)畏光　　　　　　(B)眼睛剧痛　　　　(C)电光性眼炎　　　(D)眼睛流泪

57. 焊接生产现场安全检查的内容包括( )。

(A)焊接与切割作业现场的设备、工具、材料是否排列有序

(B)焊接作业现场是否有必要的通道

(C)焊接作业现场面积是否宽阔

(D)检查焊接作业现场电缆线之间,或气焊(割)胶管与电焊电缆线之间是否互相缠绕

58. 铸铁可分为( )。

(A) 灰口铸铁　　　　(B) 白口铸铁　　　　(C) 可锻铸铁　　　　(D) 球墨铸铁

59. 气割时材料变形的原因是( )产生的。

(A)自重　　　　　　(B) 加热　　　　　　(C) 冷却　　　　　　(D) 铆接

60. 乙炔即是( )气体。

(A) 阻燃　　　　　　(B) 自燃　　　　　　(C) 可燃性　　　　　(D) 易爆炸性

61. 氩气是一种( )的气体。

(A)惰性气体　　　　　　　　　　　　　(B)氧化性气体

(C)不与金属起化学反应　　　　　　　　(D)不溶解于金属中

62. 焊前预热的主要目的是( )。

(A)减少焊接应力　　　　　　　　　　　(B)提高焊缝强度

(C)有利于氢的逸出　　　　　　　　　　(D)降低淬硬倾向

63. 气焊主要应用于( )等材料的焊接,以及磨损、报废零件的补焊,构件变形的火焰校正等。

(A)薄钢板　　　　　(B)硬质合金刀具　　(C)高熔点材料　　　(D)铸铁件

64. 一般按氧气和乙炔的比值不同,可将氧-乙炔火焰分( )。

(A)过氧焰　　　　　(B)中性焰　　　　　(C)碳化焰　　　　　(D)氧化焰

65. 焊缝中夹杂物主要有( )。

(A)硫化物　　　　　(B)磷化物　　　　　(C)氧化物　　　　　(D)氮化物

66. 焊缝中的有害气体元素有( )。

(A)硫　　　　　　(B)磷　　　　　　(C)氢　　　　　　(D)氧

67. 焊缝金属中氢的危害有(　　)。

(A)氢脆　　　　　(B)白点　　　　　(C)产生气孔　　　(D)引起冷裂纹

68. 焊接变形主要有(　　)等几种。

(A)收缩变形　　　　　　　　　　　(B)弯曲变形(挠曲变形)

(C)角变形　　　　　　　　　　　　(D)波浪变形

69. 焊接变形的危害主要有(　　)。

(A)影响结构形状尺寸精度和美观　　(B)降低整体结构的组对装配质量

(C)校正变形要降低生产率,增加制造成本　(D)降低结构承载能力

70. 火焰校正法正变形适用于(　　)。

(A)低碳钢　　　　(B)中碳钢　　　　(C)奥氏体不锈钢　(D)低合金钢

71. 在焊缝中存在的焊接缺陷引起的危害是(　　)。

(A)减小了焊缝有效承载截面积　　　(B)削弱焊缝的强度

(C)产生很大的应力集中　　　　　　(D)造成材料开裂

72. 根据破坏事故的现场分析,焊接缺陷中危害最大的是(　　)。

(A)气孔　　　　　(B)咬边　　　　　(C)夹渣　　　　　(D)未焊透

73. 铁锈没清除干净会引起(　　)焊接缺陷。

(A)气孔　　　　　(B)热裂纹　　　　(C)再热裂纹　　　(D)冷裂纹

74. 焊接结构经过检验,当(　　)时,均需进行返修。

(A)焊缝内部有超过无损探伤标准的缺陷　(B)焊缝表面有裂纹

(C)焊缝表面有气孔　　　　　　　　(D)焊缝收尾处有大于 0.5 mm 深的坑

75. 焊接结构返修次数增加,会使(　　)。

(A)焊接应力减小　　　　　　　　　(B)金属晶粒粗大

(C)金属硬化　　　　　　　　　　　(D)引起裂纹等缺陷

76. 以下有关气焊操作中左向焊和右向焊的说法正确的是(　　)。

(A)左向焊火焰指向未焊部分,起到预热作用

(B)左向焊操作方便,易于掌握

(C)右向焊火焰指向熔池并始终笼罩着已焊的焊缝金属,使熔池缓慢冷却

(D)左向焊适于焊接厚度较大、熔点较高的焊件

77. 铸铁的气焊有哪些方法(　　)。

(A)热焊法　　　　(B)冷焊法　　　　(C)加热减应区法　(D)不预热焊法

78. 焊接接头在焊接过程中产生(　　)的现象称为焊接缺欠。

(A)焊接变形　　　(B)焊缝不连续　　(C)焊缝不致密　　(D)焊缝连接不良

79. 特种作业人员必须具备以下基本条件(　　)。

(A)年龄满 18 周岁,身体健康,无妨碍从事相应工种作业的疾病和生理缺陷

(B)年龄满 16 周岁,身体健康,无妨碍从事相应工种作业的疾病和生理缺陷

(C)初中以上文化程度,具备相应工种的安全技术知识,参加国家规定的安全技术理论和
实际操作考核并成绩合格

(D)符合相应工种作业特点需要的其他条件

80. 气焊有色金属时会产生(　　)有毒气体。

(A)氟化氢　　　　　(B)锰　　　　　　(C)铅　　　　　　(D)锌

81. 以下气体属于惰性气体的是(　　)。

(A)H_2　　　　　　(B)Ne　　　　　　(C)Ar　　　　　　(D)He

82. 以下气体属于活性气体的是(　　)。

(A)O_2　　　　　　(B)CO_2　　　　　(C)Ar　　　　　　(D)He

四、判 断 题

1. 凡晶体都具有固定的熔点,而非晶体则没有固定的熔点。(　　)。

2. 晶粒越粗,金属的强度越好,硬度越高。(　　)。

3. 固溶强化是提高金属材料力学性能的重要途径之一。(　　)

4. 球化退火可使材料硬度降低,便于切削加工。(　　)

5. 正火与退火两者的目的基本相同,但退火钢的组织更细,强度和硬度更高。(　　)。

6. 铸铁凝固时,不可避免地会产生内应力,所以,切削加工前,应进行消除内应力退火。

(　　)

7. 布氏硬度 HB 是测定压痕深度来求得的硬度。(　　)

8. 铝比铜导电性好。(　　)

9. 碳是钢材中最重要的一种元素。(　　)

10. 钢的品质是由钢中含有害杂质硫和磷的多少来区分的。(　　)

11. 按化学成份,钢可分为碳素钢和合金钢。(　　)

12. 工业纯铝的代号用"L＋顺序号"表示,顺序号越大,纯度越低。(　　)

13. 普通黄铜用"H＋数字"表示,顺序号越大,纯度越低。(　　)

14. 可锻铸铁一般用于锻造较复杂零件。(　　)

15. 低合金结构钢 09MnCuPTi 具有耐大气腐蚀性能,已广泛应用于铁路机车车辆产品中。(　　)

16. 焊缝基本符号是表示焊缝表面形状特征的符号。(　　)

17. 焊缝辅助符号是表示焊缝截面形状的符号。(　　)

18. 人的电阻很大,一般不会触电致死。(　　)

19. 触电 12 分钟后开始救治者,救活的可能性就很小,故对触电者要及时进行抢救。

(　　)

20. 遇到有人触电时,切不可用手去拉触电者,应迅速切断电源。(　　)

21. 使用手提工作行灯时,其电压应超过 36 V。(　　)

22. 乙炔是一种无色的碳氢化合物气体,其密度比氧气小。(　　)

23. 液化石油气与空气或氧气混合后不能形成爆炸性的气体,因此使用液化石油气没有危险性。(　　)

24. 含碳量小于 0.25％的钢称低碳钢。(　　)

25. 45 号钢属于中碳钢。(　　)

26. 氧气是可燃气体,它容易引起强烈的燃烧和爆炸。(　　)

27. 在通常情况下氧气为气态,当温度降至 −183℃时变为液态,当温度再降至 −218℃

时,又变为固态。(　　)

28. 乙炔发生器必须经常更换清水。(　　)

29. 乙炔发生器按工作压力可分为高压乙炔发生器、中压乙炔发生器和低压乙炔发生器三类。(　　)

30. 电石是一种矿石。(　　)

31. 使用电石越小分解越快,生产效率越高,应提倡。(　　)

32. 电石库着火,可用四氯化碳、干砂等灭火,严禁用水灭火。(　　)

33. 可燃物在混合物中能够发生爆炸的最低浓度称为爆炸极限。(　　)

34. 凡高空焊接者,必须使用标准的防火安全带,其长度不得超过 2 m。(　　)

35. 登高作业时,不能使用高频振荡焊接设备。(　　)

36. 氧气瓶阀、氧气减压器、焊炬、割炬、氧气胶管等应严禁沾染上易燃物质和油脂。

(　　)

37. 冬季要防止氧气瓶阀冻结,如果已经冻结,只能用明火加热。(　　)

38. 乙炔皮管和氧气皮管是可以互相代用的。(　　)

39. 为了保持环境卫生和节约,电石桶内的电石残渣和电石粉都应彻底用干净。(　　)

40. 焊接施工现场风速大于 2 m/s 不能施焊。(　　)

41. 焊炬点火时应先打开氧气阀门,然后开乙炔阀门,灭火时先关乙炔阀门,然后再关氧气阀门。(　　)

42. 气焊设备包括乙炔瓶、乙炔发生器或乙炔瓶、丙烷气瓶、回火防止器和减压器等。

(　　)

43. 熔剂是根据母材金属在焊接过程中所产生的氧化物的种类来选用的。(　　)

44. 冷作是将金属材料、管材及型材,在基本不改变其截面特征的情况下,加工成各种制品的综合工艺。(　　)

45. 当金属在焊接时所生成的氧化物绝大多数呈碱性时,应使用酸性熔剂;反之,应使用碱性熔剂。(　　)

46. 气焊熔剂按其所起的作用不同,可分为化学反应熔剂和物理溶解熔剂两大类。

(　　)

47. 因为液化石油气对普通胶管和衬垫有腐蚀作用,所以必须采用耐油性强的橡胶作胶管和衬垫。(　　)

48. 焊丝的熔点应略高于焊缝金属的熔点。(　　)

49. 焊缝金属的化学成分及其质量在很大程度上与气焊丝的化学成分和质量有关。

(　　)

50. 高质量的焊丝,在焊接过程中应有沸腾、喷射等现象。(　　)

51. 氧气瓶是一种储存和运输氧气用的高压容器,其外表涂成黑色,并用草稿漆写明"氧气"字样,以区别其他气瓶。(　　)

52. 焊条是由焊芯和药皮两部分组成的。(　　)

53. 氧气瓶在运输时,必须戴上瓶帽,不能和装有可燃气体的气瓶、油料及其他可燃物同车运输。(　　)

54. 乙炔发生器不需装回火保险器、泄压装置和安全阀。(　　)

55. 目前国产焊炬均为等压式,它不但适用于低压乙炔,也适用于中压乙炔。(　　)

56. 射吸式焊炬燃烧气体的原理是,靠氧气在喷射管里喷射、吸引乙炔气而得到的。

(　　)

57. 焊炬在使用过程中,如果发现焊炬没有射吸能力,这主要是由于射吸管孔处存在杂质或焊嘴被堵塞而造成的。(　　)

58. 由于乙炔瓶内装有浸满丙酮的多孔填料,所以乙炔才能储存于瓶内。(　　)

59. 在乙炔发生器上设置压力表的作用是,用于指示发生器内部的乙炔压力值。(　　)

60. 碳化焰具有较强的还原作用,也有一定的渗碳作用。(　　)

61. 无论焊接哪种金属,焊接火焰选用中性最为合适。(　　)

62. 焊嘴倾角大,散失热量少,焊件得到的热量多,升温快。(　　)

63. 气焊时的起焊点都应选择在定位点上。(　　)

64. 根据氧气和乙炔的比值,燃烧的火焰按性质可分为中性焰、碳化焰和氧化焰三种形式。(　　)

65. 气焊冶金过程中发生的反应,可分为化学反应和物理反应两种。(　　)

66. 一般低碳钢材料在焊接时不需要采用附加工艺措施,就能获得无缺陷和良好性能的焊接接头。(　　)

67. 预热是焊接中碳钢的主要工艺措施。(　　)

68. 气焊中碳钢的火焰能率要比低碳钢的大,施焊时应考虑采用左焊法。(　　)

69. 高碳钢 $W_c > 0.60\%$,所以焊接性差。(　　)

70. 热影响区有较大的淬硬倾向,这是低合金钢焊接的重要特点之一。(　　)

71. 用碳当量公式可以估算任何钢种的淬硬倾向。(　　)

72. 要精确地了解材料的焊接性,就必须通过焊接工艺评定或焊接试验来确定。(　　)

73. 气焊灰铸铁的加热和冷却都比电弧焊缓慢,这就可以有效地防止白口、裂纹和气孔的产生。(　　)

74. 液态的铸造铁流动性好,所以能在任意位置施焊。(　　)

75. 对于金属材料,其焊接性的好坏主要决定于材料的化学成分、结构的复杂程度、刚度和所选用的焊接材料,以及所采用的焊接方法和焊接工艺等。(　　)

76. 在一般情况下,抗裂性试验用来评定焊接性能,并可作为选用焊接方法、焊接材料及确定合理的焊接参数的依据之一。(　　)

77. 灰铸铁的焊接性较差,若工艺掌握不好,焊接接头往往易产生热应力裂纹、气孔、白口组织、难熔氧化物和只能在平焊位置上进行施焊。(　　)

78. 气焊时应掌握火焰的喷射方向,使焊缝两边金属的温度始终保持平衡。(　　)

79. 左焊法时,火焰指向焊缝,使熔池和周围的空气隔离,可增加熔深,提高生产率。

(　　)

80. 焊缝倾角就是焊缝轴线与水平面之间的夹角。(　　)

81. 气焊重要焊件时,在其接头处必须重叠 8~10 mm,这样才能得到满意的焊接接头。

(　　)

82. 当焊接处加热到红色时,就能加入焊丝,形成熔池。(　　)

83. 气割时,若金属燃烧是吸热反应,下层金属得不到预热,气割过程仍能进行。(　　)

84. 钎料的熔点应比母材金属的熔点高 40～60℃。（　　）

85. 钎料的线膨胀系数应与线材金属相近,以避免钎缝中产生裂纹。（　　）

86. 硬钎料一般用于钎焊工作温度和强度要求较高的焊件。（　　）

87. 由于铜磷钎料具有良好的漫流性,故可用于黑色金属的钎焊。（　　）

88. 钎焊接头间隙的大小,对钎缝的致密性和强度有着重要的影响。（　　）

89. 为了增加线材金属与钎料之间的溶解和扩散能力,接头最好没有间隙。（　　）

90. 钎焊温度太高,钎料的润湿性太好,往往会发生钎料的流散现象。（　　）

91. 用于火焰钎焊的硬钎料主要是银钎料、铜锌钎料和铜磷钎料等。（　　）

92. 钎焊金属表面被钎料侵蚀的缺陷称为腐蚀缺陷。（　　）

93. 气割厚 4 mm 以下的钢板时,割嘴应后倾 20°～30°。（　　）

94. 使用等压式割炬时,应首先将乙炔管拔下,检查割炬是否有射吸力。（　　）

95. 气割时发生回火现象,一般是由于割嘴过热和氧化铁熔渣飞溅堵住割嘴所致。（　　）

96. 气割过程中,割嘴离开割件表面的距离一般为 3～5 mm。（　　）

97. 气割厚 14～20 mm 钢板时,可选用 G01-30 型割炬。（　　）

98. 金属的气割过程中预热、燃烧和吹渣的过程。（　　）

99. 随着钢中含碳量的增加,熔点降低,燃点升高,则使气割容易进行。（　　）

100. 铜、铝及铸铁的燃点均比熔点高,所以不能采用普通氧气切割的方法进行切割。
（　　）

101. 切割速度与割件厚度和所使用割嘴的形状无关。（　　）

102. 切割速度的正确与否,主要根据后拖量来判断。（　　）

103. 割嘴与割件间的倾角,对切割速度和后拖量有着直接的影响。（　　）

104. 气割大厚度钢板时,由于割件上下受热不一致,下层金属的燃烧比上层金属慢,这样就使切口易形成较大的后拖量,甚至割不穿。（　　）

105. 气割大厚度钢板时,为确保氧气的充足供应,通常可采用氧气汇流排供气。（　　）

106. 机械气割设备可分为移动式半自动气割机和固定式自动气割机两种。（　　）

107. 咬边不仅削弱了焊接接头的强度,而且会引起应力集中,故焊接构件承载后有可能在咬边处产生裂纹。（　　）

108. 在弧坑中不仅容易产生气孔、夹渣和微小裂纹,而且会使该处焊缝的强度严重削弱。
（　　）

109. 焊缝中的氧化铁和硫化铁夹渣易使焊缝金属产生冷脆性。（　　）

110. 烧穿主要是由于接头处间隙过大,钝边太薄,火焰能率太大,所焊速度过慢而产生的。（　　）

111. 金属过烧的特征除晶粒粗大外,晶粒表面还被氧化,破坏了晶粒之间的相互连接,使金属变软。（　　）

112. 气孔主要分为氢气和一氧化碳气孔两大类。（　　）

113. 按照裂纹产生的温度不同,通常把裂纹分为热裂纹、冷裂纹和再热裂纹三大类。
（　　）

114. 热裂纹都是沿晶界开裂,而冷裂纹一般是穿晶开裂。（　　）

115. 焊缝的宽深比越小,越不容易产生裂纹。( )

116. 焊后立即进行消氢处理的焊件,即可避免或减少冷裂纹的产生。( )

117. 水压试验不仅可以检查出容器中焊接接头的穿透性缺陷,而且也可以作为强度试验和起到降低残余应力的作用。( )

118. 常见的气焊焊缝中的缺陷,按其在焊缝中的位置不同,可分为外部缺陷和内部缺陷两大类。( )

119. 通过弯曲试验可以测定对接接头的硬度。( )

120. 通过拉伸试验可以测定焊缝金属和焊接接头的抗拉强度、屈服点、伸长率和断面收缩率。( )

121. 焊接检验一般包括焊前检验、焊接过程中检验和成品检验。( )

122. 成品检验的方法可分为破坏性检验和非破坏性检验(无损检测)两大类。( )

123. 气焊或气割点火时,应用火柴或专用打火枪,禁用烟蒂点火。( )

124. 气焊工、气割工必须穿戴规定的工作服、手套和护目镜。( )

125. 新的气管使用前,应先用压缩空气将管内的杂质灰尘吹尽,以免阻塞焊嘴或割嘴,影响气体流通。( )

126. 气焊、气割用的气瓶,可分为氧气瓶、液化石油气瓶和溶解乙炔气瓶三种。( )

127. 开启电石桶时,可用铜的质量分数大于 70% 的铜合金工具。( )

128. 搬运氧气瓶时,应避免碰撞和剧烈振动,并将瓶帽旋紧。( )

129. 存放、运输和使用氧气瓶时,应防止阳光直接曝晒以及其他高温热源的辐射加热,以免引起气体膨胀爆炸。( )

130. 氧气瓶阀冻结时,可用热水或蒸汽解冻,严禁用火焰加热。( )

131. 溶解乙炔瓶只能直立,不能卧放,这主要是为了防止丙酮流出。( )

132. 在气焊过程中,若发生回火,必须立即关闭乙炔调节阀,然后再关闭氧气调节阀。

( )

133. 气焊、气割时的主要劳动保护措施是通风措施和个人保护措施。( )

134. 通风可以分为全面通风和局部通风两种。( )

135. 焊条 E4303 的牌号为 J427。( )

136. 焊条 E5015 中的 50 表示熔敷金属抗拉强度的最小值为 500 MPa。( )

137. 对钢材进行校正的方法有手工校正法、机械校正法和火焰校正法等。( )

138. 火焰校正的方法通常有点加热、线状加热和三角形加热三种。( )

139. 焊条药皮由各种矿物、铁合金、有机物、水玻璃等原料组成。( )

140. 气焊护目镜的作用是保护焊工眼睛不受火焰亮光的刺激,以便清楚地观察熔池和进行操作。( )

141. Q3-1 移动式中压乙炔发生器正常发气率为 3 m³/h。( )

142. 回火就是在气焊或气割过程中,由于某些原因,使气体火焰进入喷嘴内逆向燃烧的现象。( )

143. 中性焰是氧乙炔混合比为 1.1～1.2 时燃烧所形成的火焰。( )

144. 气焊的冶金过程与炼钢的冶金过程完全相同。( )

145. 焊接接头就是用焊接方法连接的接头。( )

146. 焊接接头可分为焊缝、熔合区和热影响区三个部分。（　　）

147. 焊嘴摆动有三个方向，即是沿焊接方向作前进运动；在垂直于焊缝轴线方向作上下运动；在焊缝宽度方向作横向摆动。（　　）

148. 气焊火焰的温度比电弧温度低得多，对铸件的加热和冷却都比较缓慢，这就有可能产生白口和裂纹等缺陷。（　　）

149. 由于焊接参数选择不当，或操作方法不正确，沿焊趾的母材金属部位所产生的沟槽或凹陷称为咬边。（　　）

150. 焊接时，熔池中的气泡在凝固时未能逸出而残留下来所形成的空穴称为气孔。（　　）

151. 咬边就是由于填充金属不足，在焊缝表面形成的连续或断续的沟槽。（　　）

152. 夹渣是焊后残留在焊缝中的焊渣。（　　）

153. 焊瘤是焊接过程中熔化金属流淌到焊缝之外未熔化的母材金属上所形成的金属瘤。（　　）

154. 烧穿是焊接过程中熔化金属自坡口背面流出，形成穿孔的缺陷。（　　）

155. 水压试验主要用来检验压力容器、管道和贮罐等结构焊接接头的穿透性缺陷。此外，还可以作为产品的强度试验。（　　）

156. 磁粉探伤是属于破坏性检验的一种方法。（　　）

157. 钎焊按其所采用的热源不同，可分为火焰钎焊、感应钎焊、炉中钎焊和真空钎焊等。（　　）

158. 钎料按其熔点不同可分为软钎焊和硬钎焊两大类。（　　）

159. 钎剂可分为软钎剂和硬钎剂两类。（　　）

160. 钎焊时，钎料是依靠毛细管的作用在钎缝间隙内流动的，这种液态钎料对线材浸润和附着的能力称之为润湿性。（　　）

161. 钎剂就是钎焊时用做形成钎缝的填充金属。（　　）

162. 钎料就是钎焊时所使用的熔剂。（　　）

163. 钎料与母材金属的相互作用有两种形式：一种是母材金属溶解于液态钎料中，另一种形式是钎料向母材金属中扩散。（　　）

164. 钎焊时，产生气孔的原因是由于焊件表面清理不干净、钎剂的作用不强和钎缝金属过热。（　　）

165. 铜、铝为有色金属，具有较高的导热性，所以能用普通氧气切割的方法进行切割。（　　）

166. 割炬按可燃气体和氧气混合的方式不同，可分为射吸式和等压式两种。（　　）

167. 气割后拖量就是在氧气切割过程中，在同一条切口上沿切割方向向两点间的最大距离。（　　）

168. 被切割金属材料的燃点高于熔点是保证切割过程顺利进行的最基本条件。（　　）

169. 气密性试验是检查焊缝有无漏水、漏气和渗油、漏油等现象的试验。（　　）

170. 乙炔和氧完全混合燃烧的反应方程式为 $C_2H_2 + 2.5O_2 = 2CO_2 + H_2O$。（　　）

171. 混合室内氧气和乙炔的混合比 $\beta > 1.2$ 时，可得到碳化焰。（　　）

172. 碳化焰的焰心比中性焰的短，呈蓝白色。（　　）

173. 氧乙炔火焰的碳化焰内焰由一氧化碳、氢、碳素微粒组成。（　　）

174. 氧乙炔火焰的中性焰内焰生成物是一氧化碳和氢。（　　）

175. 气焊时焊接区内气体主要来源于气体火焰、火焰周围的空气、焊丝和母材表面的杂质、高温蒸发产生的气体。（　　）

176. 减压器按工作原理不同可分为正作用式和反作用式两类。（　　）

177. 气焊薄壁铸件的缺陷时，采用合适的铸铁焊芯，不易产生白口或其他淬硬组织。

（　　）

178. 气焊时焊缝金属的晶粒比钨级氩弧焊的晶粒要细小。（　　）

五、简答题

1. 试述气焊的原理。

2. 试述气割的原理。

3. 什么是液化石油气？

4. 氧气瓶是由哪几部分组成的？

5. H01-6 型焊炬是由哪几部分组成的？其工作原理是什么？

6. 乙炔纯度对焊接质量有何影响？

7. 氧气胶管和乙炔胶管有哪些不同？可否互用？

8. 气焊护目镜的作用是什么？

9. 乙炔发生器上安装安全阀的目的是什么？

10. 氧乙炔焰可分为哪几种？各自的最高温在什么地方？

11. 什么是碳化焰？

12. 什么是氧化焰？

13. 气焊焊接参数通常包括哪些内容？

14. 气焊时有哪些主要因素决定焊嘴倾角的大小？

15. 气焊起焊时应注意什么？

16. 乙炔的物理性质有哪些？

17. 气焊过程中应如何填丝？

18. 焊炬的摆动有哪三个方向？

19. 左焊法如何操作？有什么优点？

20. 什么是焊接性？

21. 什么是碳当量？

22. 试述低碳钢的气焊工艺。

23. Q345 钢的焊接性如何？

24. 灰铸铁的焊接性如何？

25. 钎焊工艺过程必须具备的两个基本条件是什么？

26. 钎焊按其热源不同可分哪几种？

27. 什么是火焰钎焊？

28. 什么是润湿性？

29. 钎料按其熔点不同可分为哪两类？

30. 什么是钎剂？钎剂可分为哪两类？

31. 火焰钎焊时钎剂的作用是什么？
32. 钎焊时钎料与母材金属的相互作用有哪两种形式？
33. 选择钎料、钎剂的原则是什么？
34. 钎焊接头的间隙对钎焊质量有什么影响？
35. 钎焊未填满的原因是什么？如何消除？
36. 钎焊时产生气孔的原因是什么？
37. 钎焊时产生裂纹的原因是什么？
38. 氧气切割包括哪三个过程？
39. 氧气切割的主要条件是什么？
40. 割炬与焊炬有什么不同？
41. 气割的工艺参数有哪些？
42. 切割氧的压力对气割有何影响？
43. 什么是气割的后拖量？
44. 气割前应做好哪些准备工作？
45. 气割薄板应注意哪几点？
46. 铸铁为什么不能用一般的氧气切割方法进行气割？
47. CG1—30 型气割机有什么用途？有什么优点？
48. CG2—150 型仿形气割机有什么用途？
49. 焊缝外形尺寸不符合要求的原因是什么？
50. 什么是咬边？咬边对焊缝有什么影响？
51. 什么是烧穿？气焊时烧穿的原因是什么？
52. 什么是焊瘤？产生的原因是什么？
53. 什么是未熔合？它对焊缝有什么影响？
54. 什么是焊接裂纹？
55. 焊缝外观检验的目的是什么？
56. 使用气割机时应注意哪些安全事项？
57. 指出 E5015 焊条中文字和数字的含义是什么？
58. 什么是冷作？
59. 冷作加工的基本工序有哪些？
60. 冷作件常用的连接方法有哪些？
61. 什么是点状加热？
62. 什么是线状加热？
63. 什么是三角形加热？
64. 什么是焊缝符号？
65. 对焊接装配图有哪些要求？
66. 防止产生气孔的措施有哪些？
67. 铜及其合金有哪几种？
68. 铝合金如何分类？
69. 氧气纯度对焊接质量有何影响？

70. 氧气的物理性质有哪些?

71. 氧气的化学性质有哪些?

72. 工业用氧是怎样制取的?

73. 为什么职工要穿戴规定的劳动保护用品?

74. 三视图之间尺寸的对应关系是怎样的。

75. 氧气切割厚度为 20 mm 的钢板时,乙炔和氧气消耗量的比值为 1∶6,已知切割每米钢板氧气耗量为 150 L,求切割 4 m 钢板需乙炔量为多少?

76. 氧气瓶容积 40 L,瓶内氧气压力为 15 MPa,求瓶内氧气是多少标准立方米?

77. 氧、乙炔压力过低对气焊质量有何影响?

78. 回火防止器的主要作用是什么?

79. 钎焊熔剂有何作用?

80. 气焊熔剂有何作用?

六、综 合 题

1. 乙炔在哪些情况下容易爆炸?

2. 液化石油气的性质有哪些?

3. 气焊在接头和收尾时应注意什么?

4. 一般识图的步骤是怎样的?

5. 如何正确使用焊炬?

6. 气焊丝的选用原则是什么?

7. 什么是平焊? 如何操作?

8. 什么是立焊? 如何操作?

9. 如何气焊薄壁容器?

10. 如何进行管子的穿孔焊法?

11. 如何进行管子的非穿孔焊法?

12. 气焊时低碳钢的焊接性如何?

13. 试述 Q345 钢的气焊工艺及注意事项。

14. 什么是钎料? 对钎料的基本要求是什么?

15. 使用割炬时应注意什么?

16. 如何气割圆钢?

17. 如何气割法兰?

18. 无钝边单面 V 形坡口机械气割如何进行?

19. 带钝边单面 V 形坡口机械气割如何进行?

20. 如何控制切割零件的尺寸精度?

21. 气焊时未焊透的缺陷是怎样产生的? 防止措施是什么?

22. 气焊时产生冷裂纹的原因是什么。防止措施是什么?

23. 气焊时产生热裂纹的原因及防止措施是什么?

24. 冷裂纹和热裂纹有哪些区别?

25. 未焊透产生的原因是什么? 防止措施是什么?

26. 水压试验的目的是什么？试验时应注意哪些事项？
27. 气焊、气割时应采取哪些劳动保护措施？
28. 简述焊条电弧焊的基本操作方法。
29. 如何用手工的方法对钢材进行校正？
30. 如何看懂焊接装配图？
31. 气焊时对气焊丝有哪些要求？
32. 对气焊熔剂有什么要求？
33. H01—6 型焊炬是由哪几部分组成的？其工作原理是什么？
34. 气焊冶金过程的基本特点是什么？
35. 如何进行水平转动管子的对接气焊？

气焊工(初级工)答案

一、填空题

1. 晶体	2. 晶格	3. 非晶体	4. 结晶
5. 同素异构转变	6. 熔点	7. 表面硬度	8. 冷裂纹
9. 石墨	10. 力学性能	11. 大	12. 变形铝合金
13. 热稳定及热强	14. 截面形状	15. 表面形状特征	16. 焊缝表面齐平
17. 基本符号	18. 烧穿	19. 装配关系	20. 480
21. 300	22. 580	23. 丙酮	24. 抗裂性能
25. 火烤和沸水	26. 火焰温度	27. 可燃物质	28. 助燃
29. 助燃	30. 四氯化碳	31. 形状和大小	32. 爆炸性
33. 化学性爆炸	34. 爆炸上限	35. 燃烧	36. 动能
37. 高温火焰的热能	38. 工艺性能	39. 可焊性	40. 中碳钢
41. 射吸式	42. 天蓝	43. 蒸气	44. 一
45. 丙酮	46. CJ401	47. 化学	48. 1.5
49. 变差	50. 熔池	51. 火焰成份	52. 预热火焰能率
53. 碳化焰	54. 乙炔瓶	55. 5 mm	56. 较厚
57. 后拖量	58. 使用性能	59. 角接接头	60. G01-100
61. 片状石墨	62. 烟尘	63. 气孔	64. 过小
65. 割炬	66. 能率	67. 弯曲变形	68. 低
69. 液化石油气	70. 吸水	71. 脆性	72. 电石和水
73. 气体压力	74. 酸性	75. 机械性能	76. 化学活泼
77. 干燥	78. 可燃气体	79. 红	80. 回火保险器
81. 氧化焰	82. 焰芯	83. 熔合区	84. 一次、二次
85. 种类、性能	86. 化学反应	87. 冷裂纹	88. 白口
89. 氧化皮	90. X射线探伤	91. 硬钎剂	92. 裂纹
93. 白亮而清晰	94. 焊缝宽度	95. 倾角小	96. 焊件
97. 预热	98. 燃烧	99. 干砂或 CO_2	100. 抗裂性
101. 受潮	102. 有色金属	103. 板极电渣焊	104. 厚钢板
105. T形接	106. 焊透	107. 强度	108. 抗拉
109. 可焊性	110. 可燃气体	111. 酸性及碱性	112. 低碳钢
113. 合金钢	114. 流量	115. 可燃气体	116. 力学性能
117. 1~1.2	118. 低合金钢	119. 黄铜	120. 塑性
121. 回火	122. 切割	123. 低熔点共晶物	124. 热裂纹
125. 穿透性缺陷	126. 加热减应区法	127. 三角形加热	128. 气孔

129. 飞溅	130. 弯曲	131. 拉伸	132. 弯曲
133. 保温	134. 断口	135. 塑性	136. 破坏性
137. 硬度	138. 30	139. 化学成分	140. 对接接头
141. 金相分析	142. 热裂纹	143. 变形	144. 弹性变形
145. 塑性变形	146. 夹渣	147. 咬边	148. 焊瘤
149. 未焊透	150. 可焊性	151. 劳动定额	152. 熔焊
153. 矫正变形	154. 淬硬组织	155. 固定	156. 温度
157. 中性	158. 降低	159. 一氧化碳	160. 线状加热
161. 火焰	162. 铸铁	163. 割缝质量	164. 横焊
165. 外部缺陷	166. 厚度	167. 10	

二、单项选择题

1. B	2. D	3. C	4. D	5. B	6. A	7. C	8. A	9. A
10. B	11. A	12. B	13. B	14. B	15. A	16. A	17. B	18. B
19. D	20. A	21. B	22. A	23. A	24. D	25. C	26. B	27. C
28. A	29. C	30. C	31. A	32. D	33. D	34. A	35. C	36. C
37. C	38. B	39. C	40. C	41. A	42. B	43. D	44. A	45. C
46. D	47. B	48. C	49. B	50. C	51. B	52. A	53. D	54. A
55. B	56. C	57. A	58. A	59. C	60. A	61. B	62. B	63. A
64. C	65. B	66. A	67. A	68. A	69. D	70. B	71. C	72. C
73. D	74. A	75. A	76. B	77. A	78. B	79. C	80. C	81. C
82. B	83. D	84. A	85. A	86. B	87. C	88. B	89. C	90. C
91. D	92. A	93. B	94. B	95. B	96. C	97. C	98. C	99. A
100. B	101. A	102. B	103. B	104. C	105. A	106. B	107. A	108. C
109. B	110. B	111. C	112. D	113. D	114. B	115. B	116. A	117. D
118. B	119. C	120. B	121. C	122. A	123. B	124. C	125. B	126. C
127. A	128. C	129. B	130. A	131. C	132. B	133. B	134. D	135. D
136. C	137. C	138. B	139. D	140. C	141. B	142. B	143. A	144. B
145. B	146. A	147. B	148. B	149. B	150. B	151. C	152. B	153. B
154. D	155. B	156. C	157. D	158. C	159. B	160. C	161. B	162. A
163. C	164. B							

三、多项选择题

1. AD	2. ABD	3. ABCD	4. AB	5. ABCD	6. AB	7. BD
8. ABC	9. ACD	10. ABCD	11. ABCD	12. ABCD	13. ABCD	14. ABCD
15. ABD	16. BC	17. ABCD	18. AC	19. BC	20. BC	21. ABCD
22. ABC	23. ABC	24. AB	25. BC	26. AB	27. AD	28. ABC
29. AC	30. ABCD	31. AD	32. ABCD	33. ABC	34. BCD	35. ACD
36. ACD	37. AC	38. BC	39. AD	40. BCD	41. BCD	42. ABC

43. AD	44. BCD	45. AB	46. ABCD	47. BCD	48. AC	49. AD
50. ABCD	51. BC	52. ABCD	53. ABC	54. BCD	55. ABCD	56. ABCD
57. ABCD	58. ABCD	59. BC	60. CD	61. ACD	62. ACD	63. ABD
64. BCD	65. AC	66. CD	67. ABCD	68. ABCD	69. ABCD	70. AD
71. ABCD	72. BD	73. AD	74. ABCD	75. BCD	76. ABC	77. ACD
78. BCD	79. ACD	80. CD	81. BCD	82. AB		

四、判 断 题

1. √	2. ×	3. √	4. √	5. ×	6. √	7. √	8. ×	9. √
10. √	11. √	12. √	13. ×	14. ×	15. √	16. ×	17. ×	18. ×
19. √	20. √	21. ×	22. √	23. ×	24. √	25. √	26. ×	27. √
28. √	29. ×	30. ×	31. ×	32. ×	33. ×	34. √	35. ×	36. √
37. ×	38. √	39. √	40. √	41. √	42. √	43. √	44. √	45. √
46. √	47. √	48. ×	49. √	50. √	51. √	52. √	53. √	54. √
55. ×	56. √	57. √	58. √	59. √	60. √	61. √	62. √	63. √
64. √	65. √	66. √	67. √	68. √	69. √	70. √	71. √	72. √
73. √	74. √	75. √	76. √	77. √	78. √	79. √	80. √	81. √
82. ×	83. √	84. √	85. √	86. √	87. ×	88. √	89. ×	90. √
91. √	92. √	93. √	94. √	95. √	96. √	97. √	98. √	99. √
100. √	101. √	102. √	103. √	104. √	105. √	106. √	107. √	108. √
109. ×	110. √	111. √	112. √	113. √	114. √	115. √	116. √	117. √
118. √	119. √	120. √	121. √	122. √	123. √	124. √	125. √	126. √
127. ×	128. √	129. √	130. √	131. √	132. √	133. √	134. √	135. √
136. √	137. √	138. √	139. √	140. √	141. ×	142. √	143. √	144. ×
145. √	146. √	147. √	148. √	149. √	150. √	151. √	152. √	153. √
154. √	155. √	156. √	157. √	158. √	159. √	160. √	161. √	162. √
163. √	164. √	165. √	166. √	167. √	168. √	169. √	170. √	171. √
172. ×	173. √	174. √	175. √	176. √	177. √	178. ×		

五、简 答 题

1. 答：气焊是利用可燃气体和助燃气体氧气混合点燃后产生的高温火焰的热能，来熔化两个焊件连接处的金属和焊丝，使被熔化的金属形成熔池，冷却凝固后形成一个牢固的接头，从而使两个焊件连接成一个整体的过程。（5分）

2. 答：气割是利用气体火焰的热能将工件切割处预热到一定温度后，喷出高速切割氧流，使其燃烧并放出热量实现切割的方法。（5分）

3. 答：液化石油气是石油裂化的副产品，是一种多成分可燃气体的混合物（1分）。其主要成分是丙烷（C_3H_8）、丁烷（C_4H_{10}），还有一定数量的丙烯（C_3H_6）、丁烯（C_4H_8）以及少量的乙烷（C_2H_6）、乙烯（C_2H_4）等碳氢化合物（2分）。因主要成分是丙烷，所以习惯上把液化石油气称为丙烷（2分）。

4. 答:氧气瓶通常是由瓶体、瓶箍、瓶阀等部分组成(2分)。瓶体是用 42Mn 低合金钢经反复挤压、扩孔、拔长、收口等工序制造而成(3分)。

5. 答:H01-6 型焊炬是由主体、乙炔调节阀、氧气调节阀、喷嘴、射吸管、混合气管、焊嘴、手柄、乙炔管接头和氧气管接头等组成。(2分)

这种焊炬的工作原理是,打开氧气调节阀,氧气即从喷嘴快速射出,并在喷嘴外围形成真空,造成负压(吸力);再打开乙炔调节阀,乙炔即聚集在喷嘴的外围。由于氧射流负压的作用,聚集在喷嘴外围的乙炔很快被氧气吸入射吸管和混合气管,并从焊嘴喷出,形成焊接火焰。(3分)

6. 答:乙炔中含有的杂质主要是硫化氢和磷化氢,它们易使焊缝产生非金属夹渣物,降低焊缝的抗裂性能和耐腐蚀性,乙炔中含有水蒸气等能使焊缝产生气孔,还会降低火焰温度。因此乙炔越纯焊接质量才能越好。(5分)

7. 答:氧气胶管的工作压力为 1.0 MPa,试验压力为 3.0 MPa,爆破压力不低于 6 MPa(1分);乙炔胶管的工作压力为 0.5 MPa(1分)。氧气胶管为蓝色,乙炔胶管为红色(1分)。通常氧气胶管的内径为 8 mm,乙炔胶管的内径为 10 mm(1分)。

氧气胶管和乙炔胶管不能互用,因为各自所承受的压力等要求不同(1分)。

8. 答:护目镜的作用主要是保护焊工的眼睛不受火焰亮光的刺激,以便清楚地观察熔池和进行操作,还可以防止飞溅物溅入眼内。(5分)

9. 答:乙炔发生器上安装安全阀的目的是,当乙炔压力超过正常工作压力时,它即自动开启,把发生器内部的气体排出一部分,直到压力降到低于工作压力后才自行关闭,以保证乙炔不致压力过高而发生爆炸事故。(5分)

10. 答:氧乙炔焰按火焰性质可分为中性焰、碳化焰和氧化焰三种。(1分)

中性焰的最高温度在内焰,可达 3 100~3 140℃。(1.5分)

碳化焰的最高温度在内焰,可达 3 200℃。(1分)

氧化焰的最高温度在焰心,可达 3 100~3 300℃。(1.5分)

11. 答:碳化焰就是氧与乙炔的混合比小于 1.1 时燃烧所形成的火焰,火焰中含有游离的碳。(5分)

12. 答:氧化焰就是氧与乙炔的混合比大于 1.2 时燃烧所形成的火焰,火焰中有过量的氧。(5分)

13. 答:气焊的焊接工艺参数有焊丝的牌号、直径;熔剂类型;火焰的性质与火焰能率;焊嘴的倾角;焊接方向以及焊接速度等。(5分)

14. 答:焊嘴倾角的大小主要是根据焊嘴的大小、焊件厚度、母材金属的熔点、导热性及焊缝空间位置等因素综合决定的。(5分)

15. 答:起焊时,焊件温度为环境温度,焊嘴倾角应大一些,以利于对焊件进行预热(1分);同时可使火焰在起焊处往复移动,以保证焊接处温度均匀升高(1分)。如果所焊两焊件厚度不同,火焰应稍偏向厚件,使焊缝两侧温度基本相同,熔化一致,熔池刚好在接缝处(2分)。当起点处形成白亮而清晰的熔池时,即可加入焊丝,并向前移动焊炬进行正常焊接(1分)。

16. 答:纯乙炔是一种无色、无味的碳氢化合物,但工业用乙炔含有大量的硫化氢及磷化氢等杂质,使乙炔带有刺鼻的臭味(2分)。在标准状况下,乙炔的比重是 1.17 kg/m³,比空气轻(1分)。乙炔能溶于水、丙酮等液体中,其中以丙酮的溶解度最大,在15℃,1大气压时,一个单位体积的丙酮能溶解 25 个单位体积的乙炔(1分)。乙炔瓶就是利用乙炔能溶于丙酮的特性来储存和运输乙炔(1分)。

17. 答:正常焊接时,焊工不但要注意熔池的形成情况,而且要将焊丝末端置于外层火焰保护下进行预热(2.5分)。当焊丝熔滴送入熔池后,要立即将焊丝抬起,让火焰向前移动,形成新的熔池,然后再继续向熔池内加入焊丝,如此循环就形成了焊缝(2.5分)。

18. 答:焊炬的摆动有如下三个方向:

(1)沿焊缝方向作前进运动,以便不断地熔化焊件和焊丝而形成焊缝。(1.5分)

(2)在垂直于焊缝方向作上下跳动,以调节熔池的温度。(1.5分)

(3)在焊缝宽度方向作横向摆动(或划圆圈运动),使坡口边缘很好地熔透,焊缝不出现烧穿或过热等缺陷。(2分)

19. 答:左焊法是指焊接热源泉从接头右端向左端移动,并指向待焊部分的操作方法。(2分)

左焊法的优点是焊工能够清楚地看到熔池上部凝固边缘,并可以获得高度和宽度较均匀的焊缝;由于焊接火焰指向焊件未焊部分对金属起着预热作用。这种方法容易掌握,故应用最普遍。适用于焊接薄板和低熔点的金属。(3分)

20. 答:焊接性是指材料在限定的施工条件下焊接成按规定设计要求的构件,并满足预定服役要求的能力。焊接性受材料、焊接方法、构件类型及使用要求四个因素的影响。(5分)

21. 答:碳当量就是把钢中合金元素(包括碳)的含量按其作用换算成碳的相当含量。可作为评定钢材焊接性的一种参考指标。(5分)

22. 答:低碳钢的薄板件常用气焊来焊接,其中以板厚 1~3 mm 的低碳钢应用气焊最多(1分)。对于一般结构的焊件,焊丝可用 H08、H08A(1分);对于重要结构,焊丝可采用 H08MnA、H15Mn(1分)。焊丝直径可根据板厚选择,一般情况下不用熔剂。乙炔的体积分数(纯度)应在 94% 以上,氧气采用工业氧气即可。焊接时采用中性焰。乙炔消耗量可根据焊件厚度 δ 来选择,按 $Q=(100\sim120)\delta$ 进行计算,其单位为 L/h。(2分)

23. 答:Q345(16Mn)钢是含有 Mn 和 Si 的低合金结构钢,它比 Q235 低碳钢仅增加了少量的锰,但屈服点却增加了 50% 左右(2分)。16Mn 钢具有良好的焊接性(1分)。但由于它含有一定量的 Mn,故焊接时淬硬倾向和产生冷裂纹的倾向均比 Q235 钢要大(2分)。

24. 答:灰铸铁的焊接性较差,因而在焊接过程中如果工艺掌握不好,就会产生如下的几种问题:

(1)焊接接头易产生热应力裂纹。(1分)

(2)焊缝会产生气孔。(1分)

(3)焊接接头易产生白口组织。(1分)

(4)焊接位置受到限制。(1分)

(5)容易生成难熔氧化物。(1分)

25. 答:钎焊工艺过程必须具备如下两个条件:

(1)熔化钎料对母材金属的润湿性。(2.5分)

(2)钎料与母材金属的相互作用。钎焊时钎料与母材金属的相互溶解、扩散的结果就形成了焊缝。(2.5分)

26. 答:钎焊按其热源不同可分为火焰钎焊、感应钎焊、炉中钎焊、真空钎焊等。(5分)

27. 答：火焰钎焊就是使用可燃气体与氧气混合燃烧的火焰进行加热的一种钎焊方法。(5分)

28. 答：钎焊时，钎料是依靠毛细管的作用在钎缝间隙内流动的，这种液态钎料对母材金属浸润和附着的能力称之为润湿性。(5分)

29. 答：钎料按其熔点不同可分为软钎料和硬钎料两种。(5分)

30. 答：钎剂就是钎焊时使用的熔剂。钎剂按其熔点不同可分为软钎剂和硬钎剂两种。(5分)

31. 答：火焰钎焊时钎剂的作用是清除钎料表面和母材金属表面的氧化物，并保护焊件和液态钎料在钎焊过程中免于氧化，改善液态钎料对焊件的润滑。(5分)

32. 答：钎料与母材金属的相互作用有：母材金属溶解于液态钎料中和钎料向母材金属中扩散两种形式。(5分)

33. 答：选择钎料时，主要考虑钎焊接头的强度、耐蚀性、导电性和导热性；钎料对母材金属的润湿性；钎料与母材的相互作用以及工作温度等。(3分)

选择钎剂时，不仅要考虑钎焊金属的种类，而且还要考虑所用钎料的类型和钎焊的方法等。(2分)

34. 答：钎焊接头间隙的大小对钎缝的致密性和强度有着重要的影响。间隙过大会破坏毛细管的作用；间隙过小妨碍液态钎料的流入，使钎料不能充满整个钎缝。(5分)

35. 答：钎焊时，钎缝未填满的原因是：接头设计或装配不正确，如间隙太大或太小，装配时零件歪斜(1分)；焊件表面清理不干净(1分)；钎剂选择不当，如钎剂的活性、熔点不合适(1分)；钎焊时对焊件加热不够(1分)；钎料流布性不好(1分)。

对未填满的钎缝重新钎焊，可消除钎缝未填满。

36. 答：钎焊时，产生气孔的原因是焊件表面清理不干净，钎剂作用不强，钎缝金属过热。(5分)

37. 答：钎焊时产生裂纹的原因是：钎料凝固时零件移动，钎料结晶间隔大，钎料与母材金属的线膨胀系数相差较大。(5分)

38. 答：氧气切割包括预热、燃烧、吹渣三个过程。即：

(1)气割开始时，先用预热火焰将起割处的金属材料预热到燃烧温度（燃点）。(1.5分)

(2)向被加热到燃点的金属材料喷射切割氧，使金属材料在纯氧中剧烈地燃烧。(1.5分)

(3)金属氧化燃烧后，生成熔渣并放出大量热量，熔渣被切割氧吹掉，所产生的热量和预热火焰的热量，可将下层金属材料加热到燃点，这样继续下去就将金属材料逐渐地割穿，随着割炬的移动，就割出了所需的形状和尺寸。(2分)

39. 答：金属材料具备以下条件才能用氧气切割：

(1)金属材料的燃点应低于熔点。(1分)

(2)金属氧化物的熔点应低于金属的熔点。(1分)

(3)金属的导热性要差。(1分)

(4)金属燃烧时应是放热反应。(1分)

(5)金属中含阻碍切割过程进行和提高淬硬性的成分及杂质要少。(1分)

40. 答：割炬与焊炬相比，多了一个切割氧的喷射装置，其他构造基本相同，因此对焊炬的要求，也同样适用于割炬。(5分)

41. 答:气割的工艺参数主要有切割氧压力、切割速度、预热火焰能率、割嘴与割件间的倾角及割嘴离开割件表面的距离。(5分)

42. 答:如果切割氧压力过低,会使气割过程中的氧化反应减缓,同时在切口背面会形成难以清除的熔渣粘结物,甚至不能将割件割穿。相反,如果氧气压力过高,不仅造成浪费,而且还将对割件产生强烈的冷却作用,使切口表面粗糙,切口加宽,切割速度反而降低。(5分)

43. 答:后拖量是指在氧气切割过程中,同一条割纹上,沿切割方向两点间的最大距离。(5分)

44. 答:气割前应做好以下准备工作:

(1)要认真检查工作场地是否符合安全生产的要求;检查溶解乙炔瓶(或乙炔发生器)和回火保险器的工作状态是否正常。(1.5分)

(2)将割件垫高并与地面保持一定距离,切勿在离水泥地面很近的位置气割,以免水泥受热爆溅伤人,切割时为防止飞溅物伤人可用挡板。(1.5分)

(3)将割件表面的污垢、油漆以及铁锈等清除干净。(1分)

(4)根据割件的厚度正确选择割炬和割嘴号码,并点火调整火焰性质及长度。(1分)

45. 答:气割薄板应注意以下几点:

(1)采用 G01-30 型割炬及小号割嘴,预热火焰能率要小。(1.5分)

(2)割嘴应后倾,与钢板成 25°～45°倾角。(1分)

(3)割嘴与割件表面的距离应保持 10～15 mm。(1.5分)

(4)切割速度要尽可能的快。(1分)

46. 答:铸铁的气割性能不好,不能用一般的氧气切割方法进行气割(2分)。其原因是:

(1)铸铁含碳、硅量较高,燃点高于熔点。(1分)

(2)气割时生成的二氧化硅熔点高、粘度大及流动性差。(1分)

(3)碳燃烧生成的一氧化碳和二氧化碳会降低氧气流动的纯度。(1分)

47. 答:CG1-30 型气割机是一种小车式半自动气割机(1分)。它能气割板厚为 5～60 mm 的直线和直径为 200～2 000 mm 的圆周割件,切割速度为 50～750 mm/min(无级调速)(2分)。CG1-30 型半自动气割机具有结构简单、质量轻、可以移动、操作维护方便等优点,因此得到了广泛的应用。(2分)

48. 答:CG2-150 型仿形气割机是一种高效率的半自动气割机(1分)。它可以切割 5～60 mm 厚的钢板,并能精确地割出形状复杂的零件,因此,该机很适用于气割批量生产的零件(1.5分)。气割零件的正方形尺寸为 500 mm×500 mm,气割公差可达 ±0.5 mm(1.5分)。该气割机还具备圆周气割装置,可以气割直径为 30～600 mm 的圆形零件(1分)。

49. 答:焊缝外形尺寸不符合要求,主要是由于焊件坡口角度或装配间隙不均匀,火焰能率过大或过小,焊丝与焊嘴的角度配合不当,以及气焊速度不均匀等原因引起的。(5分)

50. 答:由于焊接工艺参数选择不当,或操作工艺不正确而沿焊趾的母材金属部位产生的沟槽或凹陷的现象,即为咬边。(3分)

咬边可使母材金属的有效截面积减小,削弱接头的强度,在咬边处还会引起应力集中,承载后会产生裂纹。(2分)

51. 答:焊接过程中,熔化金属自坡口背面流出,形成穿孔的缺陷称为烧穿。(2分)

气焊时产生烧穿的原因是焊接接头处间隙过大或钝边太小,火焰能率太大,气焊速度过慢

等。(3分)

52. 答:焊接过程中,熔化金属流淌到焊缝之外未熔化的母材金属上所形成的金属瘤称为焊瘤。(2分)

气焊时,焊瘤产生的原因是火焰能率太大,焊接速度过慢,焊件装配间隙过大,焊丝和焊嘴角度不当等。(3分)

53. 答:熔焊时焊道与母材金属之间或焊道与焊道之间未完全熔化结合的部分称为未熔合。(2分)

焊缝中存在未熔合缺陷,直接降低了焊接接头的力学性能。同时在未熔合缺陷处是应力集中点,承载后最容易引起裂纹,严重的未熔合会使焊接结构根本无法承载。在重要焊缝中,不允许存在此缺陷。(3分)

54. 答:焊接裂纹是指在焊接应力及其他致脆因素共同作用下,焊接接头中局部地区的金属原子结合力遭到破坏而形成的新界面所产生的缝隙。它具有尖锐的缺口和大的长宽比的特性。(5分)

55. 答:焊缝外观检验主要是为了检查焊缝的外形是否光滑平整,余高是否符合图样要求,焊缝向母材金属的过渡是否圆滑以及检查焊缝表面是否有裂纹、气孔、咬边、焊瘤、烧穿和弧坑等缺陷。(5分)

56. 答:当使用半自动或自动气割机时,气焊工应严格遵守设备安全操作规程。操作机械气割机时必须注意以下几点:

(1)操作前必须检查气割机等用电设备的机壳是否接地,以免由于漏电而造成触电事故。(1分)

(2)气割机的安装、检查及修理应由电工进行,气割工不得私自拆修。(1分)

(3)推拉刀开关时操作人员应带好干燥的橡胶手套。(1分)

(4)使用手提工作行灯时,其电压不应超过36 V。(1分)

(5)下雨天不得在室外操作气割机,以防漏电。(1分)

57. 答:E5015焊条中,E表示焊条,50表示熔敷金属抗拉强度的最小值,1表示焊条适用于全位置焊接,5表示焊条药皮为低氢型,并可采用直流反接进行焊接。(5分)

58. 答:将金属板材、管材和型材,在基本不改变其截面特征的情况下,加工成各种制品的综合工艺称为冷作。(5分)

59. 答:冷作加工的基本工序有校正、放样、下料、切割、弯曲、冲压、装配和铆接、焊接等。按其性质可分为备料、放样、加工成形和装配连接四大部分。(5分)

60. 答:冷作件常用的连接方法有铆接、焊接及螺纹连接等。(5分)

61. 答:点状加热是在火焰校正时,加热的区域为一定直径的圆圈状的点(1分)。根据钢材变形情况可以加热一点或多点(1分)。多点加热常用梅花式(1分)。对于厚板各点直径要适当大些,薄板则要小些,一般直径不应小于15 mm,点与点之间的距离一般为50~100 mm(2分)。

62. 答:线状加热是在火焰校正时,加热火焰沿直线方向移动,或同时在宽度方向作一定的横向摆动,这种加热称为线状加热,它有直通加热、链状加热和带状加热三种。(5分)

63. 答:三角形加热是指加热区域呈三角形的加热。由于加热面积大,所以收缩量也不等,因而常用于刚度较大构件弯曲变形的校正。(5分)

64. 答:在产品图样上标注焊接方法、焊缝形式和焊缝尺寸的符号称为焊缝符号。(5分)

65. 答:焊接装配图除了要符合机械制图国家标准的有关规定外,在图面上还应表达出哪些部位要用焊接方法连接,采用哪种焊接方法及焊缝要求都要标注清楚(3分)。也就是说,凡是需要焊接的部位,都应标注焊缝符号及代号(焊接加工符号)(2分)。

66. 答:防止气孔产生的措施有:

(1)对手弧焊焊缝两侧各 10 mm 内,埋弧自动焊两侧各 20 mm,仔细清除焊件表面上的铁锈等污物。(2分)

(2)焊条、焊剂在焊前按规定严格烘干,并存放于保温桶中,做到随用随取。(1.5分)

(3)采用合适的焊接工艺参数,使用碱性焊条焊接时,一定要用短弧焊。(1.5分)

67. 答:有紫铜(纯铜)、黄铜(铜锌合金)、青铜(铜和锡、锰、硅等的合金)、白铜(铜镍合金)四种。(5分)

68. 答:铝合金根据所含合金元素的不同可分铝锰合金、铝镁合金、铝铜合金和铝硅合金四类。(5分)

69. 答:气焊用氧气纯度越高越好,一般不应低于 98.5%,质量要求高的焊缝应选用一级氧气,如氧气纯度低,则含氮气多,它使火焰温度降低,影响生产效率,而且氮气还会与熔池中的金属作用生成氮化物,使焊缝变硬变脆,降低接头机械性能。(5分)

70. 答:在通常状况下,氧气是一种没有颜色、没有气味的气体,它不溶解于水,1 L 水只能溶解约 30 mL 的氧气,在标准状况(0℃和 1 标准大气压)下,氧气密度是 1.429 kg/m³,比空气略大。(5分)

71. 答:氧气是一种化学性极为活泼的气体,能同许多元素化合生成氧化物,并放出热量。一般把剧烈的氧化称为燃烧。氧气本身并不能燃烧,但能助燃。当压缩状态的氧与油脂等易燃物接触时,能引起强烈的燃烧和爆炸。(5分)

72. 答:是用分离空气法制取的。一般在低温下加压,把空气转变成淡蓝色的液态空气,然后蒸发,由于液态氮的沸点比液态低,氮气先从液态空气里蒸发出来。将氮气去除后,再逐渐升温,蒸发出来的基本上都是氧气了。给氧气加压至 15 MPa,贮存在氧气瓶里,便可供工业、医院使用了。(5分)

73. 答:职工在生产劳动时要求按规定穿戴防护用品,否则不准进入生产岗位,这既是生产安全的需要,也体现了企业对职工生产安全的重视和负责。(5分)

74. 答:三视图之间的尺寸的对应关系有如下"三等"关系:主视图和俯视图的长对正,左、主视图高平齐,俯左两视图的宽相等。(5分)

75. 解:设切割每米钢板的乙炔耗量为 V(L)。

已知乙炔和氧气消耗量之比为 1:6,切割每米钢板需氧气 150 L,则有:

$V:150=1:6$　　$V=150/6$

切割 4 m 长钢板的乙炔耗量为 $150/6 \times 4 = 100$(L)。

答:切割 4 m 长钢板需乙炔 100 L。(5分)

76. 解:氧气瓶内氧气贮量公式为:

$$V=V_0 P \times 10$$

式中　V——氧气瓶中氧气储量(L);

V_0——氧气瓶的容积(L);

　　P——气瓶内的氧气压力(MPa)。

　　已知:$V_0=40$ L　　$P=15$ MPa

　　将已知代入公式:$V=40×15×10=6\ 000$(L)$=6$ m³

　　答:此瓶内氧气贮量为 6 m³。(5分)

　　77. 答:氧、乙炔混合压力过低,焊接火焰变短,焊件加热时间长,加热面积大,热影响区宽,晶粒粗大,焊接变形大,易出现未熔合等缺陷,同时飞溅铁水易堵塞焊嘴,并使焊嘴过热,产生回火。(5分)

　　78. 答:在气焊或气割或气割过程中,当焊炬或割炬发生回火时能有效地堵截回火向气流方向扩展,从而防止乙炔发生器发生爆炸。(5分)

　　79. 答:钎焊熔剂在钎焊过程中与钎料配合使用,改善钎料对母材的润湿性能,清除液体钎料及母材表面氧化物,保护钎料及母材免于氧化。(5分)

　　80. 答:在高温下,与熔池内的金属氧化物或非金属夹杂物作用生成熔渣,防止焊缝金属的氧化,提高接头质量。(5分)

　　六、综 合 题

　　1. 答:乙炔爆炸通常发生在下列情况:

　　(1)温度超过300℃或压力超过 0.15 MPa 时,乙炔遇火就会爆炸。(2分)

　　(2)温度超过580℃和压力超过 0.15 MPa 时,乙炔就可能自行爆炸。(2分)

　　(3)当乙炔在空气中的含量(按体积计算)在 28%～80% 的范围内以及在氧气中的含量(按体积计算)在 28%～90% 的范围内所形成的混合气体,只要遇到明火就会发生爆炸。(3分)

　　(4)乙炔与银或铜长期接触后产生爆炸性的化合物乙炔银或乙炔铜,当它们受到剧烈振动或加热到 110～120 ℃时就会发生爆炸。因而气焊、气割用器具严禁用纯铜制作,只准用含铜低于 70% 的铜合金制作。(3分)

　　2. 答:液化石油气是裂化石油时的副产品,其主要成份是丙烷、丁烷、丙烯和少量乙炔、乙烯等碳氢化合物。(2分)

　　液化石油气的主要性质如下:

　　(1)在常温下,组成液化石油气的碳氢化合物以气体状态存在。加压至 0.78～1.47 MPa 就可变成液体。因此便于装入瓶中储存和运输。(2分)

　　工业上一般均使用液态的石油气,液化石油气在气态时是一种略带臭味的无色液体,在标准状态下的密度为 1.8～2.5 kg/m³,比空气重。(2分)

　　(2)液化石油气中的几种主要成分与空气或氧的混合气体也有可能爆炸,但具有爆炸危险性的混合比范围比较小。如丙烷在 2.3%～9.5% 范围内,丁烷在 1.5%～8.5% 范围内。(2分)

　　(3)液化石油气达到完全燃烧所需氧气量比乙炔大,火焰温度比乙炔火焰温度低,燃烧速度比乙炔燃烧速度慢。(2分)

　　3. 答:气焊到焊缝接头时,应用火焰将原熔池周围充分加热,待已冷却的熔池及附近的焊缝金属重新熔化形成新的熔池后,方可熔入焊丝,并注意焊丝熔滴要与已熔化的原焊缝金属充分熔合。焊接重要结构焊件时,必须重叠 8～10 mm,这样才可以得到满意的焊接接头。(5分)

　　焊到焊缝的收尾时,由于焊件的温度较高,散热条件较差,故应减小焊嘴的倾角,加快焊接速度,并多加入一些焊丝,以防止熔池面积扩大而烧穿。收尾时,还可以用温度较低的外焰保

护熔池。总之,气焊焊缝收尾的要领是倾角小、焊速增、加丝快、熔池满。(5分)

4. 答:一般识图的基本步骤如下:

(1)看清标题栏内容。(2分)

(2)从主视图上看出零件的大致几何形状,再通过辅助视图构成零件的完整的立体概念。(2分)

(3)认清零件的大小和各个部分之间的位置关系。(2分)

(4)看清各部位公差配合和加工光洁度的要求。(2分)

(5)注意图纸上的说明及标注的技术要求。(2分)

5. 答:应按如下几个方面要求,正确使用焊炬:

(1)根据焊件的厚度选择适当的焊炬和焊嘴,并用扳手将焊嘴拧紧,拧到不漏气为止。(1分)

(2)使用前应检查焊炬的射吸性能。(1分)

(3)将乙炔胶管接在乙炔管接头上,并和氧气胶管一样用卡子或细铁丝扎紧。(1分)

(4)关闭各气体调节阀,检查焊嘴及各气体调节阀是否漏气。(1分)

(5)以上检查合格后方开始点火,点火时先把氧气调节阀稍微打开,然后再开乙炔调节阀,再用点火枪点火,并随即调整火焰的大小和形状至正常状态。(1.5分)

(6)使用过程中若发生回火,应迅速关闭乙炔调节阀,同时关闭氧气调节阀,等回火熄灭后,再打开氧气调节阀,吹除焊炬内的余焰和烟灰,并将焊炬的手柄前部放入水中冷却。(1.5分)

(7)停止使用时,应先关乙炔调节阀,再关闭氧气调节阀,以防止发生回火和产生烟灰。(1分)

(8)焊炬的各气体通路均不许沾染油脂,以防氧气遇到油脂而燃烧爆炸,另外焊嘴的配合面不能碰伤,以防漏气而影响使用。(1分)

(9)焊炬用完后,应将焊炬挂在适当地方,最好把胶管拆下,将焊炬放在工具箱内。(1分)

6. 答:气焊时选用焊丝应考虑以下三方面:

(1)考虑母材金属的力学性能。(4分)

(2)考虑焊接性。(2分)

(3)考虑焊件的特殊使用要求。(4分)

7. 答:平焊就是在焊缝倾角为0°、焊缝转角为90°的焊接位置上进行的焊接。(2分)

气焊平焊时操作要点如下:

(1)焊丝要待焊接处熔化并形成熔池时方可加入。(1分)

(2)焊接过程中,如发现熔池变大,应迅速提起焊炬,加快焊接速度。(2分)

(3)如发现熔池过小或未形成熔池,此时应适当增大火焰能率,并增大焊嘴倾角,待形成正常熔池后再进行焊接。(2分)

(4)如果熔池不清晰且出现气泡、火花、飞溅加大等现象时,需调整中性焰后再焊。(2分)

(5)如熔池内金属被吹出,应调整气体流量和保持正常距离。(1分)

8. 答:立焊是指沿接头由上而下或由下而上焊接(1分)。焊缝倾角90°(立向上)、270°(立向下)的焊接位置,称为立焊位置(1分)。气焊时的操作要领如下:

(1)应该采用比平焊小15%左右的火焰能率进行焊接。(1.5分)

(2)要严格控制熔池温度,不能使熔池面积太大,熔深也不能太深。(1.5分)

(3)焊炬要沿焊接方向向上倾斜,与焊件成60°的倾角,以借助火焰的吹力来托住熔池,不使熔池内的金属下淌。(2分)

　　(4)在一般情况下,焊炬不作横向摆动。(1分)

　　(5)焊接过程中,液体金属将要向下淌时,应立即把火焰向上提起,待熔池温度降低后,再继续进行焊接。(2分)

　　9. 答:气焊薄壁容器的筒体时,可先焊筒体的纵缝。将筒体从中间向两端进行定位焊,然后采用左焊法从中间向两端逐步分段退焊。当筒体的纵缝长度小于1 m时,在焊接前也可以不进行定位焊,而采用在纵缝末端加大间隙(间隙的大小约等于长度的2.5%～3%)的方法进行焊接。这种方法因气焊过程中纵缝会产生收缩变形,致使间隙逐渐缩小,从而保证了正常的焊接。为了更好地控制纵缝间隙的大小,气焊时,可在熔池前的缝隙是插入一个铁楔或扁棒,并根据间隙的收缩情况灵活地将其向后移动,直到焊接结束为止。(10分)

　　10. 答:当管子的第一层气焊采用穿孔焊法时,应按以下要求进行:

　　(1)根据管壁的厚度,选择好焊炬的型号、焊嘴的号码、焊丝的牌号和直径。(1分)

　　(2)将气焊火焰调至中性焰,并在施焊位置加热起焊点,直至在熔池的前沿形成和装配间隙相当的小熔孔后方可施焊。(1.5分)

　　(3)施焊过程中要使小熔孔不断地前移,同时要不断地向熔池中填加焊丝,以形成焊缝。(1分)

　　(4)焰心端部到熔池的间距一般应保持在4～5 mm,间距过大会使火焰穿透能力减弱,不易形成小熔孔;间距过小火焰焰心易触及金属熔池,使焊缝产生夹渣、气孔等缺陷。(1.5分)

　　(5)在保证焊透的前提下,焊接速度应适当地加快。(1分)

　　(6)焊炬在气焊过程中,一般要作圆圈形运动,这样一方面既可搅拌熔池金属,又有利于杂质和气体的逸出,从而避免夹渣和气孔等缺陷的产生;另一方面也可以调节并保持熔孔直径。(1.5分)

　　(7)中途停焊后,若需要再继续施焊时,必须将前一焊缝的弧坑熔透,然后再重复用"穿孔焊法"向前施焊。(1.5分)

　　(8)焊接收尾时,可稍稍抬起焊炬,用外焰保护熔池,同时不断地填加焊丝,直至收尾处的熔池填满后,方可撤离焊炬。(1分)

　　11. 答:管子第一层焊接也可采用非穿孔焊法(2分)。非穿孔焊法可按下列要求进行:

　　(1)将气焊火焰调至中性焰后,使焊炬的中心线与钢管焊接处的切线方向成45°左右的倾斜角,并加热起焊点。(2分)

　　(2)当坡口钝边熔化并形成熔池后,应立即向熔池中添加焊丝。(2分)

　　(3)焊接过程中,焊炬要始终不断地作圆圈形运动,并使焊丝始终处于熔池的前沿,但不要挡住火焰,以免产生未焊透,同时要不断地向熔池中填加焊丝。(2分)

　　(4)焊接收尾时,应在钢管环形焊缝的接头处重新熔化后,方可使火焰慢慢地离开熔池。(2分)

　　12. 答:低碳钢的焊接性好,气焊时有如下特点:

　　(1)塑性好,淬火倾向小,焊缝的近缝区不易产生冷裂纹。(2分)

　　(2)一般焊前不需要预热,但对于大厚度结构或在寒冷地区焊接时,需要将焊件预热至150℃左右。(2分)

　　(3)在焊接沸腾钢时,由于钢中的杂质硫、磷含量较多,有轻微的产生裂纹的倾向。(2分)

　　(4)如果火焰能率过大或焊接速度过慢等,就会出现热影响区晶粒长大的现象。(2分)

总之,低碳钢含碳量低,焊接性好,通常不需采用特殊的工艺措施便可获得优质的焊接接头。(2分)

13. 答:Q345钢的气焊工艺与低碳钢相近。但由于Q345钢的淬火倾向稍大,所以要注意适当预热和缓冷,另外还要注意避免合金元素的烧损(2分)。为此气焊过程中注意如下几点:

(1)为了防止合金元素的烧损,应采用中性焰或轻微碳化焰;焊丝采用H08Mn或H08MnA,对于一些不重要焊件也可采用H08焊丝。(2分)

(2)焊接过程中不作横向摆动,焊缝收尾时火焰必须缓慢离开熔池,以防止合金元素的烧损。(2分)

(3)焊接结束后,然后缓慢冷却,以减少焊接应力提高接头的性能。(2分)

(4)在低温环境中施焊时,焊前应用气焊火焰将焊接区稍微预热。(2分)

14. 答:钎料就是钎焊时用作形成钎缝的填充金属。(2分)

钎焊时对钎料的基本要求如下:

(1)钎料熔点应比母材金属的熔点低40~60℃,钎焊接头在高温下工作时,钎料熔点应高于工作温度。(2分)

(2)钎料应具有良好的润湿性,并具有与母材金属相互扩散、溶解的能力,以利于填满接头的间隙,获得牢固的钎焊接头。(2分)

(3)钎料应能满足接头的力学性能和物理化学性能的要求,如抗拉强度、导电性、耐蚀性及抗氧化性等。(2分)

(4)钎料的线膨胀系数应与母材金属相近,以避免在钎缝中产生裂纹。(2分)

15. 答:使用割炬时应注意以下几点:

(1)应根据割件的厚度选用合适的割嘴装于割嘴接头上,并拧紧割嘴螺母。(1分)

(2)装换割嘴时,必须使内嘴及外嘴保持同轴,以保证切割氧射流位于环形预热火焰的中心,而不至于发生偏斜。(1.5分)

(3)射吸式割炬经射吸情况检查后,方可把乙炔胶管接上,并用细铁丝或夹头夹紧。(1分)

(4)使用等压式割炬时,应保证乙炔有一定的工作压力。(1分)

(5)点火后,当打开预热氧调节阀调整火焰时,若火立即熄灭,其原因是各气体通道内存在脏物或射吸管喇叭口接触不严,以及割嘴芯漏气,应进行排除。(1.5分)

(6)点火后,火焰虽然调整正常,但一打开切割氧调节阀时,火就立即熄灭,其原因是割嘴头和割炬配合不严,应修理。(1.5分)

(7)割嘴应经常保持清洁、光滑,孔道内的污物应随时用通针清除干净,以免发生回火。(1.5分)

(8)当发生回时,应立即关闭乙炔调节阀、切割氧调节阀和预热调节阀。(1分)

16. 答:气割圆钢时,先从圆钢的一侧开始预热,并使预热火焰垂直于圆钢表面。开始气割时,应慢慢打开切割氧调节阀,同时将割嘴转到与地面垂直的位置,并加大切割氧气流,使圆钢割穿。割嘴在向前移动的同时,还要稍作横向摆动。每个切口最好一次割完。若圆钢直径较大,一次割不穿时,可采用分瓣式切割法,分2~3次切割。(10分)

17. 答:气割法兰时,一般先割外圆,后割内圆。为提高切口质量,可采用简易划规式割圆器进行切割。气割前,先用样冲在圆中心打个定位眼,然后根据割圆半径,定好划规针尖与割嘴中心切割氧喷射孔之间的距离,再点火进行气割。气割外圆时先在钢板边缘点着火,将钢板

割后,慢慢地将割嘴移向法兰中心,待划规针尖落入定位眼后,便可将割嘴沿圆周旋转一圈,法兰即从钢板上落下。(10分)

18. 答:气割无钝边单面 V 形坡口时,只用一把割炬,按坡口角度调整好割炬和割件的倾斜角度;气割工艺参数可根据板厚进行选择;切割厚度可根据下列公式进行计算:

$$S=\delta/\cos\alpha$$

式中　S——气割厚度(mm);

　　　δ——割件厚度(mm);

　　　α——割嘴中心与垂线的夹角(°)。(10分)

19. 答:气割带钝边的单面 V 形坡口分两种情况:一种是钝边在下的单面 V 形坡口的气割,另一种是钝边在上的单面 V 形坡口的气割,与前一种情况较相似。(2分)

气割钝边在下的 V 形坡口时,可用两把割炬,其中一把割炬垂直于割件表面,另一把割炬根据坡口角度,将其调整到与割件表面成一定角度,并使它们的相对位置为垂直割炬在前,倾斜割炬在后,两者有一定的距离 l。(3分)

首先将垂直割炬移到起割点,并点火预热起割点,待割件表面呈亮红色时,开启切割氧调节阀将割件割穿,然后起动气割小车进行切割。待倾斜割炬移到起割点时,立即关闭垂直割炬的切割氧调节阀,但预热火焰不能熄灭,并停止小车前移;接着点燃倾斜割炬的预热火焰预热割件,待割件表面呈亮红色时,将两把割炬的切割氧调节阀同时打开,并起动小车进行切割。(3分)

两把割炬之间的距离 l 取决割件的厚度,应根据割件的厚度进行选择。(2分)

20. 答:为了控制切割零件的尺寸精度,要做到以下几点:

(1)正确选择切割工艺参数。(1分)

(2)应尽可能在钢板的余料部分进行起割。(2分)

(3)当不能在余料部分起割时,可以从钢板边缘切割一个"Z"形曲线,以限制因余料变形而引起的零件位移。(3分)

(4)气割组合套料零件时,应正确选择切割顺序和方向,以使其主要部分和较大面积的钢板在较长时间内保持连接。(4分)

21. 答:气焊时未焊透的原因是由于焊接接头的坡口角度过小;间隙过小或钝边太大;火焰能率过小或焊接速度过快,焊件散热速度太快,熔池存在的时间短,以至与母材金属之间不能充分地熔合所造成的。(5分)

防止措施是:选择正确的坡口形式和装配间隙;消除坡口两侧和焊层间的污物及熔渣;选择合适的火焰能率和焊接速度;对导热快、散热面积大的焊件,需进行焊前预热或焊接过程中加热。(5分)

22. 答:气焊时,冷裂纹的产生是由于扩散氢的存在和浓集、焊接接头形成淬硬组织和焊接残余应力所造成的。(2分)

防止的措施主要是:

(1)焊前预热和焊后缓冷。(1分)

(2)选择合适的焊接工艺参数。(1分)

(3)选用合理的装焊顺序。(1分)

(4)去除坡口两侧和焊丝表面的油、锈、水等污物,以减少氢的来源。(2.5分)

(5)重要的焊件要焊后立即进行消氢处理,以减少焊缝中的氢含量。(2.5分)

23. 答:气焊时热裂纹产生的主要原因是焊接熔池在结晶过程中存在着低熔点共晶物和杂质(2分)。当焊接拉伸应力足够大的时候,便将液态夹层拉开或在凝固后不久被拉开而形成热裂纹(2分)。

防止措施如下:

(1)严格控制母材金属和焊丝中C、P、S的含量,提高Mn的含量。(2分)

(2)控制焊缝断面形状,宽深比不宜过小。(1分)

(3)对刚度较大的焊件,必要时应采取预热和缓冷措施。(1分)

(4)对刚度较大的焊件应选择合适的焊接工艺参数和合理的焊接顺序及方向。(2分)

24. 答:冷裂纹和热裂纹的区别如下:

(1)产生裂纹的温度和时间不同。热裂纹一般产生在焊缝的结晶过程中;冷裂纹大致发生在焊件冷却到300~200℃以下,有的焊后会立即出现,有的要数日以后才会出现。(2分)

(2)产生的部位和方向不同。热裂纹大多数产生在焊缝金属中,有的是纵向,有的是横向,有的热裂纹也会扩展到母材金属中去;冷裂纹大多数产生在母材金属或熔合线上,且大多数也为纵向裂纹,少数为横向裂纹。(3分)

(3)外观特征不同。热裂纹断面有明显的氧化色,而冷裂纹断口发亮,无氧化色。(2分)

(4)金相结构不同。热裂纹都是沿晶界开裂的,而冷裂纹是贯穿晶粒内部的,即穿晶开裂,也有沿晶开裂的。(3分)

25. 答:焊缝中产生未焊透缺陷的主要原因是,由于焊接接头的坡口角度过小、间隙过小或钝边太厚;火焰能率过小或焊接速度过快;焊件散热速度太快,熔池存在的时间短,以致母材之间不能充分的熔合所造成的。(5分)

防止措施是选用正确的坡口形式和装配间隙,并消除坡口两侧和焊层间的污物及熔渣;选择合适的火焰能率和焊接速度;对导热快、散热面大的焊件需进行焊前预热或焊接过程中的加热。(5分)

26. 答:水压试验主要用来检验压力容器、管道和储罐等结构焊接接头的穿透性缺陷,此外还可以作为产品的强度试验和起到降低结构焊接残余应力的作用。(2分)

水压试验必须注意以下几点:

(1)试验时容器顶部应设排气门,并将容器内的空气排尽。(2分)

(2)容器和水泵上应同时装设量程相同,并经过校正的压力表。(2分)

(3)试验用水的温度一般不得低于5℃。(2分)

(4)试验压力应按规定逐级上升,中间并作短暂停留,不得一次升到试验压力。(2分)

27. 答:气焊或气割时应采取如下劳动保护措施:

(1)通风。可采用全面通风和局部通风两种方法。除大型焊接车间采用全面通风外,一般在气焊和气割现场均采用局部通风。局部通风主要有排烟罩、排烟焊枪、强力小风机(风扇排烟方法)及压缩空气引射器等四种方法。(5分)

(2)个人保护。个人保护用品包括眼镜、口罩、护耳器、工作服、毛巾、手套、鞋等。这些劳动保护用品要穿戴齐全,以防气焊、气割过程中受到伤害;高空作业时也要有相应的防护装备,如果带安全帽,应使用合格的安全带等。(5分)

28. 答:焊条电弧焊的基本操作方法如下:

(1)引弧。焊条电弧焊的引弧有擦划法和短路接触法两种。擦划法的动作似擦火柴,将焊条在焊件上划动一下(划擦长度约 20 mm 左右)即可引燃电弧。当电弧引燃后,立即使焊条末端与焊件表面的距离保持在 3~4 mm,以后使弧长保持在与所用焊条直径相适应的范围内,这就能保持电弧稳定地燃烧。短路接触法是将焊条末端与焊件表面垂直地接触一下,然后迅速把焊条提起 3~4 mm,待电弧产生后,再使弧长保持在稳定燃烧的范围内。(3分)

在引弧时,如果发生焊条粘住焊件的情况,不要慌乱,只要将焊条左右摆动几个就可以脱离焊件。(2分)

(2)运条。电弧引燃后,焊条有三个基本方向的运动,即向熔池送进、向前移动和向两侧摆动。(2分)

(3)收弧。电弧中断或焊接结束时都会产生弧坑,在该处常出现疏松、裂纹、气孔、夹渣等现象,因此收弧时不允许存在弧坑。一般焊接薄板时宜采用在收弧处反复熄弧、引弧数次,直到填满弧坑为止;焊接厚板当焊条移至焊缝终点时,常使焊条作圆圈运动,直到填满弧坑为止。(3分)

29. 答:手工校正主要指采用锤击的方法进行校正(1分)。其特点是操作灵活、简便,但劳动强度大(1分)。手工校正按薄板校正和厚板校正分述如下(1分):

(1)薄钢板变形手工校正的方法。手工校正薄钢板变形,是将钢板放在平台上,用锤子或大锤(垫在钢板下面)去锤击钢板的紧缩区,使之延展。(1.5分)

校正中间凸起的薄板时,可用锤子或木锤从凸起的周围逐渐向四周锤击。越往边缘锤击的密度越大,锤击力也越大,直至中间凸起的部分消除为止。(1.5分)

校正四周呈波浪形的薄板时,应从四周向中间逐步锤击,且锤击点的密度向中心应逐渐增加,锤击力也逐渐加大。(1.5分)

(2)厚钢板变形的手工校正。厚钢板的刚度较大,手工校正起来比较困难,甚至是无法办到的。但对于一些用厚钢板制作的较小形焊件来说,还是可以用手工校正的方法对其变形进行校正的。(1.5分)

校正厚板变形时,可以直接锤击凸起处,使其凸起处受压缩或产生塑性变形。也可以用锤子锤击凹面,使其表层扩展。(1分)

30. 答:看懂焊接装配图的步骤如下:

(1)看标题栏。了解零件的名称、材料牌号以及图样的比例。(1分)

(2)看视图。了解视图的名称和数目,并根据视力想象零件的形状。(1分)

(3)看尺寸。根据零件图上所给定的尺寸,了解零件的大小及尺寸允差,尺寸基准及主要尺寸。(2分)

(4)看表面粗糙度符号。了解各面的加工要求。(1分)

(5)看装配关系。弄清各零件间的装配关系和装配尺寸,搞清装配顺序及焊接符号的意义。(2分)

(6)阅读技术要求。在施工图上,凡不能用图线表示的,就以技术条件的形式用文字表达出来。技术条件的内容包括对表面粗糙度的要求,对力学性能或物理性能的要求,对加工工艺的要求,对表面防腐、涂覆的要求,对装配工作的要求,对焊缝的要求及焊接方法的要求等。(3分)

31. 答:气焊时焊缝的质量在很大程度上与焊丝的化学成分和质量有关,因此对气焊丝的要求如下:

(1)焊丝的熔点应与焊件的熔点相近。(2分)

(2)焊丝的化学成分应与焊件基本上相匹配,以保证焊缝有足够的力学性能。(2分)

(3)焊丝应能保证焊缝有必要的致密性,即不产生气孔、夹渣和裂纹等缺陷。(2分)

(4)焊丝熔化时,不应有强烈的蒸发和飞溅现象。(2分)

(5)焊丝表面应无油脂、锈斑及油漆等污物。(2分)

32. 答:对气焊剂的要求如下:

(1)熔剂应具有很强的反应能力,能迅速溶解某些氧化物或某些高熔点化合物,并生成低熔点和易挥发的化合物。(2.5分)

(2)熔化后的熔剂粘度应小,流动性好,熔渣的熔点和密度比母材和焊丝低,焊接过程中浮于熔池表面,而不停留在焊缝金属中。(2.5分)

(3)焊剂应能减少熔化金属的表面张力,使熔化的焊丝与母材金属更容易熔合。(2分)

(4)熔化后的熔剂在焊接过程中,不应析出有毒的气体或使焊接接头腐蚀。(2分)

(5)熔渣焊后应容易清除。(1分)

33. 答:H01-6型焊炬是由主体、乙炔调节阀、氧气调节阀、喷嘴、射吸管、混合气管、焊嘴、手柄、乙炔管接头和氧气管接头等组成。(4分)

这种焊炬的工作原理是,打开氧气调节阀,氧气即从喷嘴快速射出,并在喷嘴外围形成真空,造成负压(吸力);再打开乙炔调节阀,乙炔即聚集在喷嘴的外围。由于氧射流负压的作用,聚集在喷嘴外围的乙炔很快被氧气吸入射吸管和混合气管,并从焊嘴喷出,形成焊接火焰。(6分)

34. 答:气焊冶金在一般情况下与炼钢的过程相近似,但气焊冶金也有其自身的特点,具体如下(2分):

(1)熔池的温度高。由于温度差别大,温度梯度增大,致使焊后在焊件中产生内应力、变形及裂纹等。(3分)

(2)熔池存在的时间短、体积小,形成成分不均匀的组织,降低了焊接接头的性能。(2分)

(3)熔池受到不断地搅拌,焊接熔池在运行状态下结晶,从而有利于冶金反应,即有利于熔池成分的均匀化、熔剂发挥作用和气体的逸出。(3分)

35. 答:水平转动管子的对接气焊时,由于管子可以转动,焊接熔池就可以始终控制在方便的位置上施焊。若管壁小于2 mm时,最好处于水平位置施焊。对于管壁较厚的和开坡口的管子,通常采用上坡焊,而不应处于水平位置焊接。(3分)

若采用左焊法时,则熔池始终控制在与管子垂直中心线成$20°\sim40°$角的范围内进行焊接,这样可加大熔深,并能控制熔池形状,使接头全部焊透。同时,被填充的熔滴金属自然流向熔池下边,便于焊缝成形和保证焊接质量。(3分)

若采用右焊法,熔池应控制在与垂直中心线成$10°\sim30°$角的范围内进行焊接。(2分)

当焊接直径为$200\sim300$ mm的管子时,为防止变形,应采用对称焊法。(2分)

气焊工(中级工)习题

一、填空题

1. 加热减应区的温度以( )℃为宜,温度太高时,会使焊接区的性能下降。

2. 横向焊接应力是指焊件在( )焊缝方向上的焊接应力。

3. 通常把在焊件内部由于温度差所产生的应力称为( )。

4. 焊接变形是由于构件不均匀的( )而引起。

5. 火焰加热校正法常用的加热方式有点状加热、线状加热和( )三种方式。

6. 铝和氧的亲和力很大,极易在铝件表面形成致密的( ),隔离空气、水、硝酸等介质的腐蚀。

7. 热处理一般由加热、( )、冷却三部分组成。

8. 气焊熔剂的化学作用是与一些高熔点化合物作用生成新的( )和易挥发的化合物。

9. 气焊熔剂按所起的作用不同,可分为物理作用熔剂和( )作用熔剂两大类。

10. 等压式割炬由于乙炔的流通是靠乙炔本身的压力,必须采用( )压乙炔气体。

11. 等压式割炬具有火焰燃烧稳定性( )、不易回火等特点。

12. 单级减压器的优点是( )、使用方便。

13. 单级减压器的缺点是输出气体的压力( )。

14. 减压器的作用总的来说分为( )作用和稳压作用两种。

15. 浮桶式乙炔发生器属于( )压乙炔发生器。

16. 按工作压力分 Q_3-1 型乙炔发生器属于( )压式乙炔发生器。

17. 乙炔发生器必须经常更换清水,以免发生电石淤积而发生剧烈的( )。

18. 电石分解速度由水的温度和纯度及电石的( )和纯度来决定。

19. 乙炔发生器中的乙炔压力是由发生器( )的构造所决定的。

20. 乙炔瓶内的乙炔不能用尽,最后至少要留( )MPa 压力的乙炔在内。

21. 气焊刚开始时,为了提高加热速度,焊炬与工件的夹角应( )些。

22. 气焊薄板(0.5~1 mm 厚)宜采用( )接头。

23. 气焊熔剂可以在焊前直接加在( )上,或者蘸在焊丝上加入熔池。

24. 气焊焊补灰口铸铁的焊后冷却速度要比手工电弧焊( )得多,产生白口铸铁的倾向要小得多。

25. 中碳调质钢的焊接坡口的加工应采用( )方法一次成型,而不需再次加工。

26. 气焊合金钢时,合金元素易被( ),因此焊接火焰的性质要选择适当。

27. 还原反应是指熔池金属氧化物的( )反应。

28. 焊接熔池从( )转变成固态的过程叫焊缝金属的一次结晶。

29. 金属结晶包括( )和长大两个过程。

30. 焊缝金属发生区域偏析时,杂质都集中在焊缝(　　)部位。

31. 改善焊缝一次组织的途径有(　　)和控制焊接线能量。

32. 焊缝收尾处应反复几次收尾动作,否则收尾过快,焊缝尾部将形成(　　)。

33. 焊接结束或中断时,应将弧坑填满,否则易出现的焊接缺陷是(　　)。

34. 硫对钢的影响主要是随着含 S 量的增加,钢的(　　)倾向增加。

35. P 对钢的影响主要是使钢产生(　　)现象。

36. 在室温下,晶粒越(　　),金属材料的强度和韧度越高。

37. 剖面图可分为(　　)剖面和重合剖面两种。

38. 根据国标规定符号‖表示(　　)焊缝。

39. 根据国标规定符号 Y 表示(　　)焊缝。

40. 氧-乙炔焊在图样上的表示代号为(　　)。

41. 射吸式割炬的喷嘴内孔磨损扩大会发生(　　)现象。

42. 气焊熔剂的选择应根据(　　)的成分及其性质而定。

43. 气焊低碳钢的焊丝可以根据工件的(　　)来选择。

44. 乙炔中的杂质对切割质量的影响,主要是火焰温度(　　),从而降低切割效率及质量。

45. 随着被切割板厚的增大,一般要相应地(　　)切割氧的压力。

46. 液化石油气内部的压力与温度成(　　)。

47. 铜及其合金、合金钢通常采用(　　)性熔剂进行焊接。

48. 碱性熔剂主要用于焊接(　　)。

49. 熔剂在用于焊接铝及铝合金时,其物理作用主要在于消除(　　)的影响,从而获得高质量的焊接接头。

50. 冷裂纹大多产生在(　　)上。

51. 铜及其合金在焊接时焊缝和热影响区易产生(　　)。

52. 气焊紫铜时,每焊完 100～150 mm 焊缝,可轻轻敲击,以获得晶粒较(　　)的组织。

53. 在熔池结晶过程中,若冷却速度太快,熔渣来不及浮出,就会使熔渣残留在焊缝内形成(　　)。

54. 气体在熔池结晶过程中来不及逸出,残留下来形成(　　)。

55. 气焊过程中,熔池内金属元素和母材元素相互扩散得越好,焊缝的化学成分越(　　)。

56. 熔池中产生的气体的膨胀和冲击,会使熔池金属发生(　　)。

57. 离焊缝金属越近的点,被加热的温度(　　)。

58. 焊接热循环的特点是(　　)速度都很快。

59. 焊接青铜的主要困难是在焊接过程中合金成分容易(　　)。

60. 锡青铜的气焊应用严格的(　　)焰。

61. 气焊铝及铝合金时,为了使杂质浮出,焊炬应一边前进,一边(　　)。

62. 气割一般厚度钢板时,应注意风线的长度最好超过被切割板厚的(　　)。

63. 在进行钢管气割时,割嘴应与(　　)垂直。

64. 采用等离子切割不锈复合钢板时,以从(　　)面进行切割为好。

65. 三相四线制电路中,端线与相线之间的电压值为(　　　)V。

66. 图样中的尺寸,一般以(　　　)为单位绘制。

67. 焊嘴的形状与喷嘴不同,焊嘴混合气体的喷孔呈(　　　)。

68. 对于 G01-30 型焊炬,氧气与乙炔气体是在(　　　)内混合的。

69. 锰在焊接过程中能减小焊缝的(　　　)倾向。

70. 硫的危害性之所以大是因为硫在焊缝中以(　　　)形式存在。

71. 铸铁热焊时焊前将件加热到(　　　)℃再焊。

72. 热裂纹多产生在(　　　)。

73. 碳钢气割时,主要根据钢材的(　　　)来选择火焰。

74. 黄铜是铜和(　　　)的合金。

75. 气焊封闭容器时,对照明用的电源,选择电源电压,以(　　　)V 为宜。

76. 焊后热处理根据焊件的材质、结构及设计要求,一般有(　　　)热处理和整体热处理两种方案。

77. 采用(　　　)焊法,火焰指向待焊金属,氧化现象严重。

78. 气焊时氧气侵入焊接区,这完全是由于(　　　)所造成的。

79. 薄板气焊时容易产生的变形是(　　　)。

80. 高速气割碳钢和合金钢时,其切口热影响区的宽度均小于(　　　)。

81. 高速切割切口表面的粗糙度与(　　　)有关。

82. 氧气瓶、乙炔瓶、液化石气瓶、CO_2 气瓶和氢气瓶按按规定每(　　　)年应定期检查。

83. 中性焰最高温度可达(　　　)℃。

84. 火焰校正最高温度不得超过(　　　)℃。

85. 一般焊接接头,由于晶粒(　　　),因此与母材相比韧性低。

86. 薄板气焊时容易产生的变形是(　　　)变形。

87. 切割速度是否正常,可以从熔渣的(　　　)来判断。

88. 切割速度正常时,熔渣的流动方向基本上与割件保持(　　　)。

89. 气割时割炬要端平,割嘴与割线两侧的夹角为(　　　)度。

90. 要实现高速气割,其关键是必须提高(　　　)的动量。

91. 高速气割常用的割嘴是扩散型割嘴(　　　)和(　　　)割嘴两种。

92. 高速气割割嘴的切割氧通道是由(　　　)收缩段和超音速扩散段两大部分组成。

93. 高速切割具有淬硬倾向的钢材时,其切口表面硬度均(　　　)于母材金属。

94. 金属材料的变形可分为弹性变形和(　　　)变形两种。

95. 焊缝中的偏析主要有(　　　)偏析、区域偏析、层状偏析和弧坑偏析。

96. 气焊过程中,对焊接质量影响最大的气体是(　　　)、氢气和氮气。

97. 铅焊接后(　　　)热处理方法去除内应力。

98. 焊件结构截面积越大,结构的刚度就越(　　　)。

99. 散热法对淬火倾向(　　　)的钢材不适用,否则容易引起开裂。

100. 将放样、下料的零件形状从原材料上分离开来的过程称为(　　　)。

101. 对从事特种作业的人员,必须进行(　　　)和通过安全技术培训。

102. 机械加工中毛坯尺寸与(　　　)尺寸之差称为毛坯的加工余量。

103. 紫铜的焊接接头性能（　　）于母材。

104. 焊接不锈钢时,电焊比气焊更（　　）造成焊缝晶间腐蚀。

105. 合金钢中,（　　）是提高抗腐蚀性能最主要的一种元素。

106. 气焊焊缝金属表面变黑并起氧化皮是一种（　　）缺陷。

107. 金属的理论结晶温度与实际结晶温度的差值叫（　　）。

108. 线膨胀系数大的金属材料,焊接后收缩量（　　）。

109. 在焊缝尺寸相同的情况下,多层焊比单层焊的收缩量要（　　）。

110. 纯铜（紫铜）在施焊前,应在待焊处两侧 20～30 mm 范围内用（　　）刷除氧化物至露出金属光泽为止。

111. 为了防止氧的有害作用,焊接材料应选用合适的（　　）和焊丝。

112. 校正变形的实质是以一种新的变形去抵抗原来的（　　）。

113. 火焰校正的效果,主要取决于火焰加热位置和加热（　　）,而与焊件加热后的冷却速度关系不大。

114. 钨极氩弧焊,目前建议采用的钨极材料是（　　）。

115. 对钢的热裂纹影响最大的元素是（　　）。

116. 气焊铝时,产生的气孔主要是（　　）气孔。

117. 当外力去除后,物体能恢复到原来的形状和尺寸,这种变形称为（　　）变形。

118. （　　）不仅使焊缝金属的化学成分不均匀,同时也是产生裂纹、夹渣、气孔等焊接缺陷的主要原因之一。

119. 焊接不锈钢及耐热钢的熔剂牌号是（　　）。

120. 碳弧气刨所选用的焊机应该是功率较大的（　　）流焊机。

121. 焊接不锈钢时,电焊和气焊相比,（　　）更容易造成焊缝晶间腐蚀。

122. 气割时,割嘴后倾角应随钢板厚度的增加而（　　）。

123. 乙炔在净化过程中的水洁处理是为了去除（　　）和磷化氢。

124. 气割过程中若发生回火,一切型号的割炬都应先关闭（　　）气体的调节阀。

125. 金属从固态变为液态时的温度是（　　）。

126. 一般情况下距焊缝较远处区域受（　　）应力。

127. 铝及铝合金焊前清理,生产中常采用化学清洗和（　　）清理两种方法。

128. 波浪变形是由于受（　　）应力作用而引起。

129. 为防止或减小焊接（　　）和变形,必须选择合理的焊接顺序。

130. 刚性固定法对于一些（　　）材料就不宜采用。

131. 厚度大,刚性大的构件的弯曲变形常用（　　）加热方式来校正。

132. 焊接接头的刚度越大,焊接残余应力也（　　）。

133. 焊件高温回火时的加热温度主要取决于焊件的（　　）。

134. 工频电流一般为（　　）Hz。

135. 铝气焊时,预热温度可用蓝色粉笔法或黑色铅笔划线来判断,若线条颜色与铝比较（　　）时,即表示已达到预热温度。

136. 焊缝金属晶粒组织越细、越均匀,则性能越（　　）。

137. 中性焰的氧和乙炔比值为（　　）。

138. 为了确保重要焊接构件的质量,要求构件所用的钢材,应有生产厂提供的(　　)。

139. 钢材入厂后应按有关标准或订货技术条件的规定,对其进行必要的化学成分和力学性能复验,经复验(　　)后方可使用。

140. 计算碳当量时,应取化学成份的(　　)。

141. 放样图与构件实际尺寸的比例是(　　)。

142. 登高作业时,必须使用标准的防火安全带,其长度不超过(　　)。

143. 焊工登高作业的梯子要符合安全要求,与地面的夹角不应大于(　　)。

144. 结晶开始出现的晶体总是向着结晶方向(　　)的方向长大。

145. 根据激光器的工作物质的状态不同,激光切割机可分为固体激光切割机和(　　)激光切割机两类。

146. 焊接接头是由(　　)、熔合区、热影响区和母材组成的。

147. 正面角焊缝的应力集中点是在(　　)和焊趾处。

148. 回火保险器一般有(　　)和干式两种。

149. 根据激光器的工作物质的状态不同,CO_2激光切割机为(　　)激光切割机。

150. 实际切断面与被切割金属表面的垂线之间的最大偏差叫做(　　)。

151. 焊接接头计算等强度的原理是指设计的(　　)应该与整个构件截面强度相等。

152. 氢的有害作用主要表现为在焊缝中形成(　　)。

153. 氢的有害作用主要表现为在热影响区中形成(　　)。

154. 氧气纯度(　　)是造成气割割口纹路粗糙的原因之一。

155. 钢板放置不平易引起气割后工件直线缝(　　)。

156. 切割氧过大,易造成割面中部(　　)。

157. 严禁将漏气的焊炬带入容器内,以免混合气体遇火(　　)。

158. 焊接熔池的一次结晶由晶核的形成和(　　)两个过程组成。

159. 焊接检验分破坏性检验和(　　)检验。

160. 铝和钢相比,膨胀系数大,在高温时(　　)很差,强度也低,因此铝及其合金在气焊时容易产生热裂纹。

161. 铝及其合金气焊后,应消除残留在焊缝表面及边缘附近的熔渣和熔剂,以免引起(　　)。

162. 磁粉探伤只能呈现(　　)金属表面及表层缺陷。

163. 为预防触电事故,要按规定使用(　　)电压。

164. 为防止触电,焊工操作时工作服、(　　)、绝缘鞋保持干燥。

165. 在(　　)、有毒、窒息等环境中焊接作业前,必须进行置换和清洗作业。

166. 钨极氩弧焊根据工艺要求可采用填加焊丝或(　　)形成焊缝金属。

167. 焊接人员发现直接危及人身安全的紧急情况时,有权(　　)或者在采取可能的应急措施后撤离作业场所。

168. 钨极氩弧焊采用小电流焊接时,铈钨极比钍钨极(　　)稳定。

169. 钨极氩弧焊时铈钨极与钍钨极相比,(　　)无放射性。

170. 不锈钢钨极氩弧焊时,为增加母材熔深,减少(　　)和烧损,工艺上常采用直流反极性。

171. 小电流等离子弧焊接时,焊件焊后的变形量和( )都小于 TIG 焊。

172. 按物体被剖切范围的大小可将剖视图分为全剖视图、半剖视图、( )三种。

173. 等离子弧焊时,在电极与喷嘴之间建立的等离子弧叫( )。

174. 借助水冷喷嘴对电弧的拘束作用,获得较高能量密度的等离子弧进行焊接的方法,叫( )焊。

175. 等离子弧的焊接方法有穿透型焊接法、( )焊接法和微束等离子弧焊。

176. 等离子弧切割是以( )的等离子弧为热源,将被切割的金属或非金属局部熔化,同时用高速气流将已熔化的金属或非金属吹走而达到切割的目的。

177. 焊铝的气焊熔剂为( )。

178. 气焊低碳钢和低合金钢时,火焰保持微碳化焰,是为了通过还原气氛( )和减小合金元素烧损。

179. 珠光体耐热钢气焊时不应选择的气体火焰是( )。

180. 多层焊时,( )焊缝的熔合比最大。

181. 激光的特性有强度高、单色性好、相干性好和( )。

182. 气焊时要等焊件被焊处熔化,形成( )后才可填加焊丝。

183. 气焊规范是保证焊接质量的主要技术数据,它包括:焊丝成份和直径、( )、焊炬倾斜角度、焊接方向和焊接速度等参数。

184. 气焊设备包括氧气瓶、乙炔发生器或( )、回火防止器和减压器等。

185. 铝及铝合金氧-乙炔气焊时的火焰应采用( )。

二、单项选择题

1. 一般情况下,焊缝及其附近受到的是( )应力。
(A)拉 (B)压 (C)扭曲 (D)残余

2. 一般情况下,距焊缝较远处区域受( )应力。
(A)拉 (B)压 (C)扭曲 (D)残余

3. 由于焊接时温度分布不均匀而引起的应力叫( )。
(A)热应力 (B)组织应力 (C)凝缩应力 (D)残余应力

4. 焊缝离开断面中性轴越远,则( )。
(A)角变形越大 (B)波浪变形越大
(C)扭曲变形越大 (D)越易引起弯曲变形

5. 波浪变形常产生于焊接( )构件。
(A)厚板 (B)薄板 (C)角钢 (D)槽钢

6. 波浪变形是由于受( )应力作用而引起。
(A)拉 (B)压 (C)扭曲 (D)膨胀

7. 薄板对接气焊时产生的变形主要是( )。
(A)角变形 (B)弯曲变形 (C)波浪变形 (D)扭曲变形

8. 焊缝横向不均匀收缩会引起( )。
(A)扭曲变形 (B)角变形 (C)波浪变形 (D)凹凸变形

9. 焊件的装配间隙越大,焊缝的( )就越大,焊后的残余变形就越大。

（A）横向收缩　　　　　（B）纵向收缩　　　　　（C）线性收缩　　　　　（D）面收缩

10. 为防止或减小焊接残余应力和变形,必须选择合理的（　　　）。

（A）预热温度　　　　　（B）焊接材料　　　　　（C）焊接顺序　　　　　（D）火焰性质

11. 焊接热循环对焊接接头的性能、应力、变形有（　　　）影响。

（A）一般　　　　　（B）很大　　　　　（C）很小　　　　　（D）没有

12. 多层焊时,引起变形最大的是（　　　）。

（A）第一层　　　　　（B）最中间层　　　　　（C）最后层　　　　　（D）第二层

13. 加热减应区法是常用焊接（　　　）的最经济而又有效的方法。

（A）铅及铝合金　　　　　（B）中碳钢　　　　　（C）铸铁　　　　　（D）低碳钢

14. 刚性固定法是采用（　　　）手段来减小焊接变形的。

（A）强制　　　　　（B）间接　　　　　（C）机械　　　　　（D）人工

15. 刚性固定法对于一些（　　　）材料就不宜采用。

（A）强度高　　　　　（B）塑性好　　　　　（C）易裂的　　　　　（D）韧性好

16. 利用外加的刚度拘束来减小焊件残余变形的方法称为（　　　）。

（A）退焊法　　　　　（B）刚性固定法　　　　　（C）散热法　　　　　（D）加热减应区法

17. 分段退焊法可以（　　　）。

（A）减少应力　　　　　（B）减少变形　　　　　（C）提高冲击韧性　　　　　（D）降低强度

18. 厚度大、刚性大的构件的弯曲变形常用（　　　）加热方式来校正。

（A）点状　　　　　（B）线状　　　　　（C）三角形　　　　　（D）面状

19. 焊接接头的刚度越大,焊接残余应力也（　　　）。

（A）越大　　　　　（B）越小　　　　　（C）较大　　　　　（D）较小

20. 火焰校正最高温度不得超过（　　　）℃。

（A）300　　　　　（B）770　　　　　（C）800　　　　　（D）1 100

21. 用火焰校正低碳钢或普低钢焊件时,通常采用（　　　）的温度。

（A）400～500℃　　　　　（B）600～800℃　　　　　（C）800～900℃　　　　　（D）850～950℃

22. 气体火焰校正是利用金属局部受热后产生（　　　）所引起的新变形来抵消原来的变形。

（A）收缩　　　　　（B）膨胀　　　　　（C）拉伸　　　　　（D）弯曲

23. 点状加热方法多用于（　　　）mm 以下钢板变形的校正。

（A）5　　　　　（B）8　　　　　（C）16　　　　　（D）12

24. 薄板的波浪变形常用（　　　）加热方式来校正。

（A）点状　　　　　（B）线状　　　　　（C）三角形　　　　　（D）弧形

25. 一般焊接接头,由于晶粒（　　　）,因此与母材相比韧性低。

（A）细化　　　　　（B）粗化　　　　　（C）混乱　　　　　（D）较细

26. 刚性就是结构抵抗（　　　）的能力。

（A）拉伸　　　　　（B）冲击　　　　　（C）压缩　　　　　（D）变形

27. 碳素结构钢的含碳量一般为（　　　）。

（A）高于 0.7%　　　　　（B）低于 0.7%　　　　　（C）高于 1.2%　　　　　（D）低于 1.2%

28. 耐热钢中的含钒量一般不超过 0.5%,含量过高反而有降低（　　　）的倾向。

(A)蠕变极限　　　　　(B)持久强度　　　　　(C)抗拉强度　　　　　(D)屈服强度

29. H1Cr18Ni9Ti 是属于(　　)焊丝。

(A)高碳钢　　　　　(B)不锈钢　　　　　(C)耐热钢　　　　　(D)工具钢

30. 氧气切割时,采用双级减压器的目的是(　　)。

(A)提高氧气纯度　　　　　　　　　(B)提高氧气流速

(C)缓和氧的冷却速度　　　　　　　(D)提高生产率

31. 在碳钢的基础上加入适当的(　　)便是低合金珠光体耐热钢。

(A)Si 和 Mn　　　　　(B)W 和 V　　　　　(C)Cr 和 Mo　　　　　(D)C 和 Mn

32. 耐酸钢是能抵抗(　　)腐蚀的钢。

(A)大气　　　　　(B)某些浸蚀性强烈　　　　　(C)酸液　　　　　(D)海水

33. 普通低合金钢一般是(　　)状况下供货,使用时一般不必再进行热处理。

(A)热轧　　　　　(B)退火　　　　　(C)淬火　　　　　(D)冷轧

34. 铝的塑性(　　)。

(A)极差　　　　　(B)良好　　　　　(C)与中碳钢相近　　　(D)与低碳钢相近

35. 铝膨胀系数与铁相比(　　)。

(A)与铁相等　　　　　(B)比铁大　　　　　(C)比铁小　　　　　(D)是铁的两倍

36. 铝的抗腐蚀性(　　)。

(A)好　　　　　(B)差　　　　　(C)一般　　　　　(D)特差

37. 铝的熔点为(　　)℃。

(A)550　　　　　(B)660　　　　　(C)780　　　　　(D)700

38. 氧化铝的熔点为(　　)℃。

(A)2 050　　　　　(B)1 800　　　　　(C)2 000　　　　　(D)1 900

39. 纯(紫)铜的熔点为(　　)℃。

(A)1 083　　　　　(B)1 900　　　　　(C)2 050　　　　　(D)1 800

40. 铅的熔点是(　　)℃。

(A)327.4　　　　　(B)1 520　　　　　(C)1 050　　　　　(D)1 200

41. 铅对(　　)有较好的耐腐蚀性。

(A)盐酸　　　　　(B)硝酸　　　　　(C)硫酸　　　　　(D)磷酸

42. 铅的线膨胀系数为钢的(　　)倍。

(A)1　　　　　(B)2　　　　　(C)3　　　　　(D)4

43. H96 表示(　　)。

(A)普通黄铜　　　　　(B)锡黄铜　　　　　(C)铸造黄铜　　　　　(D)紫铜

44. ZCuZn38 表示(　　)。

(A)普通黄铜　　　　　(B)铸造黄铜　　　　　(C)锡黄铜　　　　　(D)紫铜

45. QSn4 表示(　　)。

(A)黄铜　　　　　(B)锡青铜　　　　　(C)铝青铜　　　　　(D)紫铜

46. 把纯铜加热到 500～600℃,然后在水中急冷,则(　　)。

(A)塑性和韧性降低　　　　　　　　(B)塑性和韧性提高

(C)无影响　　　　　　　　　　　　(D)强度降低,塑性降低

47. 将钢加热到某一温度,并恒温一段时间,然后以一定速度冷却到恒温,这个过程中叫( )。

(A)淬火　　　　　　(B)退火　　　　　　(C)热处理　　　　　　(D)回火

48. 焊件高温回火时的加热温度主要取决于焊件的( )。

(A)尺寸　　　　　　(B)形状　　　　　　(C)材料　　　　　　(D)结构

49. 低碳钢焊件消除应力的温度为( )℃。

(A)500~600　　　　(B)600~650　　　　(C)650~700　　　　(D)700~900

50. 纯(紫)铜的冷作硬化效应,可用( )℃退火工序加以消除。

(A)300~500　　　　(B)450~500　　　　(C)550~600　　　　(D)700~800

51. 对同一成份的钢而言,冷却速度越慢,其最高硬度( )。

(A)越高　　　　　　(B)越低　　　　　　(C)越适中　　　　　　(D)不确定

52. 晶粒的大小通常由晶粒度等级来表示,标准晶粒度共分为( )。

(A)4 级　　　　　　(B)7 级　　　　　　(C)8 级　　　　　　(D)12 级

53. 金属学是一门( )的科学。

(A)专门研究焊接和变形　　　　　　　(B)金属内部微观结构

(C)有关制造金属构件的工艺方法的综合性　(D)研究可焊性

54. 耐磨合金中( )是广泛用于堆焊的材料。

(A)钴基合金　　　　(B)镍基合金　　　　(C)铬钼钢　　　　　　(D)铜合金

55. 布氏硬度主要用于测量( )的硬度。

(A)较硬金属　　　　(B)较软金属　　　　(C)一切金属　　　　　(D)钢

56. 洛氏硬度主要用于测量( )的硬度。

(A)较硬金属　　　　　　　　　　　　(B)较软金属

(C)不能用布氏硬度测的金属　　　　　　(D)有色金属

57. 工频电流一般为( )Hz。

(A)20　　　　　　　(B)40　　　　　　　(C)50　　　　　　　　(D)60

58. 延迟裂纹又称( )。

(A)结晶裂纹　　　　(B)火口裂纹　　　　(C)再热裂纹　　　　　(D)冷裂纹

59. 工件和焊丝上的油、锈、水等易引起焊缝产生( )。

(A)咬边　　　　　　(B)未熔合　　　　　(C)气孔　　　　　　　(D)焊瘤

60. CO 气孔的形状特征为( )。

(A)圆球形气孔　　　(B)倒立圆锥形　　　(C)条虫状　　　　　　(D)颗粒状

61. 焊接接头中最危险的缺陷是( )。

(A)咬边　　　　　　(B)未焊透　　　　　(C)气孔　　　　　　　(D)裂纹

62. 低碳钢焊缝一次结晶的晶粒都是( )晶粒。

(A)铁素体　　　　　(B)珠光体　　　　　(C)渗碳体　　　　　　(D)奥氏体

63. 不锈钢中,提高抗腐蚀性能最主要的元素是( )。

(A)Ti　　　　　　　(B)Cr　　　　　　　(C)Mo　　　　　　　　(D)Ni

64. 当钢中含铬量小于( )时,便失去了抗腐性能。

(A)5%　　　　　　　(B)10%　　　　　　(C)12%　　　　　　　(D)15%

65. 登高作业时,必须使用标准的防火安全带,其长度不超过( )。
(A)2 m (B)3 m (C)5 m (D)1.5 m

66. 焊工登高作业的梯子要符合安全要求,与地面的夹角不应大于( )。
(A)60° (B)50° (C)30° (D)45°

67. 后拖量大,上下缘呈圆角,特别是上缘的下方咬边的缺陷,主要是由切割( )引起的。
(A)速度过慢 (B)速度过快 (C)氧压太高 (D)氧压太低

68. 水下气割的火焰是在气泡中燃烧的,为将气体压送至水下,需保证一定的压力,因此水下气割用氧和( )的混合气体。
(A)乙炔 (B)液化气 (C)氢气 (D)氯气

69. 目前,不锈钢、铜、铝等有色金属常用的切割方法是( )。
(A)氧气切割 (B)电弧切割 (C)碳弧切割 (D)等离子弧切割

70. 重要结构零件的边缘在剪切后应刨去( ),以消除冷作硬化区的影响。
(A)1～2 mm (B)2～4 mm (C)4～5 mm (D)0～1 mm

71. 高速气割碳钢和合金钢时,其切口热影响区的宽度均小于( )。
(A)1 mm (B)2 mm (C)3 mm (D)4 mm

72. 高速切割切口表面的粗糙度与( )有关。
(A)材料 (B)切割速度 (C)气体消耗量 (D)割炬

73. 利用氧矛切割开孔时,通常采用的钢管长度为( )m。
(A)1～2 (B)2～4 (C)4～6 (D)6～8

74. 氧矛切割所用的钢管为厚壁管,其内径为( )mm。
(A)1～3 (B)3～5 (C)2～6 (D)5～8

75. 高速切割 40～60 mm 钢板时,切割速度为( )mm/min。
(A)350～250 (B)650～800 (C)600～500 (D)400～450

76. 焊丝表面镀铜,可以防止产生( )。
(A)气孔 (B)夹渣 (C)裂纹 (D)未焊透

77. 气剂 301 为( )的气焊熔剂,该熔剂熔点约为 650℃呈酸性。
(A)铝及其合金 (B)铜及其合金 (C)铸铁 (D)镁及镁合金

78. 等压式焊炬的回火可能性( )。
(A)大 (B)小 (C)不可能 (D)特大

79. 等压式焊炬适用( )。
(A)低压乙炔发生器 (B)中压乙炔发生器
(C)中低压乙炔发生器都适用 (D)高压乙炔发生器

80. 焊接开始前,对焊件的全部(或局部)进行加热的工艺措施叫做( )。
(A)后热 (B)焊接后热处理 (C)预热 (D)回火

81. 国产 Q3—0.5 型乙炔发生器的结构形式为( )。
(A)排水式 (B)沉浮式 (C)水入电石式 (D)高压式

82. 氧气瓶、氢气瓶、液化石油气瓶、二氧化碳气瓶、熔解乙炔气瓶按规定每( )年应定期检查。

(A)2　　　　　　　　　(B)3　　　　　　　　　(C)5　　　　　　　　　(D)1

83. CO_2 标准气瓶可以装入(　　)kg 的液态 CO_2。

(A)25　　　　　　　　(B)30　　　　　　　　(C)40　　　　　　　　(D)50

84. 通常 CO_2 标准气瓶的容积为(　　)L。

(A)25　　　　　　　　(B)40　　　　　　　　(C)50　　　　　　　　(D)35

85. CO_2 气瓶一般规定涂成(　　)。

(A)银白色　　　　　　(B)黑色　　　　　　　(C)黄色　　　　　　　(D)蓝色

86. 氧气瓶内高压氧的压力最高可达到(　　)MPa。

(A)0.1　　　　　　　(B)1.0　　　　　　　(C)15　　　　　　　　(D)10

87. 氧气瓶内的气体不能完全用完,应留有(　　)MPa 的表压余气。

(A)0.1~0.2　　　　　(B)1.0~2.0　　　　　(C)10~20　　　　　　(D)2~10

88. 对于乙炔瓶内的乙炔压力而言,下列说法正确的是(　　)。

(A)只适于射吸式焊炬　　　　　　　　　　(B)只适于等压式焊炬

(C)射吸式和等压式都适用　　　　　　　　(D)都不适用

89. 乙炔瓶应远离热源的距离为(　　)m。

(A)10　　　　　　　　(B)15　　　　　　　　(C)5　　　　　　　　(D)20

90. 氩弧焊要求氩气(Ar)的纯度(体积分数)不应低于(　　)。

(A)99.99%　　　　　(B)99.50%　　　　　(C)99.95%　　　　　(D)99%

91. 氩气(Ar)属于(　　)气体。

(A)惰性　　　　　　　(B)还原性　　　　　　(C)氧化性　　　　　　(D)活性

92. CO_2 焊要求 CO_2 气体的纯度(体积分数)不应低于(　　)。

(A)99.5%　　　　　　(B)99%　　　　　　　(C)95%　　　　　　　(D)90%

93. 氧化焰的最高温度可达(　　)。

(A)2 800~3 100℃　　(B)3 100~3 150℃　　(C)3 250~3 400℃　　(D)3 400~3 500℃

94. 中性焰内焰的主要气体成分是(　　)。

(A)CO_2　　　　　　(B)H_2O　　　　　　(C)CO　　　　　　　(D)$CO+H_2O$

95. 氧气中的杂质大部分是(　　)气。

(A)氢气　　　　　　　(B)氮气　　　　　　　(C)二氧化碳　　　　　(D)一氧化碳

96. 用瓶装乙炔供货,比用乙炔发生器制取乙炔节约电石(　　)%左右。

(A)10　　　　　　　　(B)20　　　　　　　　(C)30　　　　　　　　(D)40

97. 乙炔化学净气过程中,化学净气剂的作用是除去(　　)。

(A)硫化氢　　　　　　(B)磷化氢　　　　　　(C)氨气　　　　　　　(D)硫化氢和磷化氢

98. 喷焊一步法比喷焊二步法对工件输入的热量(　　)。

(A)高　　　　　　　　(B)低　　　　　　　　(C)相等　　　　　　　(D)很高

99. 喷焊合金粉末的熔点必须比母材的熔点(　　)。

(A)高　　　　　　　　(B)低　　　　　　　　(C)相等　　　　　　　(D)高倍

100."粉301"是气焊(　　)用的焊粉。

(A)紫铜　　　　　　　(B)铝及铝合金　　　　(C)灰铁　　　　　　　(D)不锈钢

101. 喷涂过渡层,一般采用(　　)。

(A)中性焰　　　　　　　(B)氧化焰　　　　　　　(C)碳化焰　　　　　　　(D)强氧化焰

102. 喷涂铜基合金粉时,应采用(　　)。

(A)氧化焰　　　　　　　(B)中性焰　　　　　　　(C)碳化焰　　　　　　　(D)强氧化焰

103. 焊接铸铁、高碳钢、硬质合金应采用(　　)火焰。

(A)中性焰　　　　　　　(B)氧化焰　　　　　　　(C)碳化焰　　　　　　　(D)弱氧化焰

104. 气焊纯铜时,最常用的接头为(　　)。

(A)对接接头　　　　　　(B)搭接接头　　　　　　(C)角接接头　　　　　　(D)卷边接头

105. 气焊紫铜时,如熔剂采用市售硼砂,则往往在焊缝中出现(　　)。

(A)夹渣　　　　　　　　(B)气孔　　　　　　　　(C)裂纹　　　　　　　　(D)未焊透

106. 一般气焊铝及铝合金用的气焊熔剂的牌号为(　　)。

(A)CJ401　　　　　　　 (B)CJ301　　　　　　　 (C)CJ201　　　　　　　 (D)CJ402

107. 铝及铝合金气焊时,一般宜采用(　　)。

(A)对接接头　　　　　　(B)搭接接头　　　　　　(C)角接接头　　　　　　(D)卷边接头

108. 铝气焊时,预热温度可用蓝色粉笔法或黑色铅笔划线来判断,若线条颜色与铝比较(　　)时,即表示已达到预热温度。

(A)浅蓝　　　　　　　　(B)相近　　　　　　　　(C)深蓝　　　　　　　　(D)纯蓝

109. 合金钢焊接时,所用的火焰为(　　)。

(A)氧化焰　　　　　　　(B)中性焰　　　　　　　(C)碳化焰　　　　　　　(D)强氧化焰

110. 钢中含锰量过高易引起(　　)。

(A)气孔　　　　　　　　(B)夹渣　　　　　　　　(C)淬硬倾向　　　　　　(D)未焊透

111. 灰口铸铁焊接适合于(　　)。

(A)平焊　　　　　　　　(B)横焊　　　　　　　　(C)仰焊　　　　　　　　(D)立焊

112. 气焊灰铸铁时,生成的难熔氧化物是(　　),它覆盖在熔池的表面,会阻碍焊接过程的正常进行。

(A)Cr_2O_3　　　　　　 (B)SiO_2　　　　　　 (C)Al_2O_3　　　　　　 (D)MnO

113. 焊补灰口铸铁的火焰性质为(　　)。

(A)弱氧化焰或中性焰　　　　　　　　　　　(B)中性焰或弱碳化焰

(C)碳化焰　　　　　　　　　　　　　　　　(D)氧化焰

114. 灰口铸铁补焊时,避免补焊处产生白口组织,常采用(　　)。

(A)气焊　　　　　　　　(B)电焊　　　　　　　　(C)黄铜钎焊　　　　　　(D)氩弧焊

115. 灰口铸铁焊补时,宜选用的焊炬为(　　)。

(A)较大型号　　　　　　(B)特大型号　　　　　　(C)较小型号　　　　　　(D)中型

116. 气焊奥氏体不锈钢的主要缺点是(　　)。

(A)强度低　　　　　　　(B)塑性差　　　　　　　(C)抗腐蚀性能差　　　　(D)易产生热裂纹

117. 在铸铁上堆焊黄铜,焊前应先用(　　)堆焊表面烧烤,然后用钢丝刷仔细清理。

(A)中性焰　　　　　　　(B)氧化焰　　　　　　　(C)碳化焰　　　　　　　(D)轻微碳化焰

118. 焊缝金属的含氧量增加,则它的硬度和塑性(　　)。

(A)增加　　　　　　　　(B)减小　　　　　　　　(C)不变　　　　　　　　(D)不确定

119. 焊接时,氢能引起焊缝产生(　　)缺陷。

(A)夹渣　　　　　　(B)热裂纹　　　　　(C)咬边　　　　　　(D)冷裂纹

120. 氮气是(　　)气体。

(A)还原性　　　　　(B)氧化性　　　　　(C)惰性　　　　　　(D)强氧化性

121. 在冶炼和焊接的过程中(　　)是重要的脱氧剂。

(A)C　　　　　　　(B)Zn　　　　　　　(C)Ti　　　　　　　(D)Mn

122. 还原反应是指熔池内的金属氧化物被(　　)的过程。

(A)化合　　　　　　(B)脱氧　　　　　　(C)碳化　　　　　　(D)氧化

123. 能使熔池内金属氧化物进行还原的物质称为(　　)。

(A)氧化剂　　　　　(B)还原剂　　　　　(C)钎剂　　　　　　(D)钎料

124. 焊接黄铜时,为了防止锌的蒸发,焊丝中含有(　　)元素。

(A)Sn　　　　　　　(B)Al　　　　　　　(C)Si　　　　　　　(D)Mn

125. 过热区的温度是处于(　　)至固相线之间的温度区间。

(A)1 700℃　　　　　(B)1 010℃　　　　　(C)1 100℃　　　　　(D)727℃

126. 在焊接热影响区中,具有过热组织或晶粒显著粗大的区域叫做(　　)。

(A)熔合区　　　　　(B)过热区　　　　　(C)正火区　　　　　(D)球状珠光体区

127. 焊缝金属晶粒组织越细、越均匀、则性能越(　　)。

(A)好　　　　　　　(B)坏　　　　　　　(C)一般　　　　　　(D)特差

128. 气焊时,被连接的金属与焊缝金属之间的结合是(　　)。

(A)晶间结合　　　　(B)晶内结合　　　　(C)机械结合　　　　(D)化合

129. 焊缝中金属化学成分的不均匀性叫做(　　)。

(A)过热　　　　　　(B)夹杂　　　　　　(C)分层　　　　　　(D)偏析

130. 熔池中各点的温度分布是不均匀的,熔点的最高温度位于(　　)。

(A)熔池的头部　　　　　　　　　　　(B)熔池的尾部

(C)熔池中部　　　　　　　　　　　　(D)火焰下面的熔池表面上

131. 气焊时,预热缓冷可以防止(　　)。

(A)咬边　　　　　　(B)夹渣　　　　　　(C)焊瘤　　　　　　(D)冷裂纹

132. 中性焰的氧和乙炔比值为(　　)。

(A)1∶1.2　　　　　(B)1∶1.5　　　　　(C)1∶1　　　　　　(D)1.2∶1.5

133. 合金中铬、镍、钨等在高温状态下(　　)。

(A)容易被还原　　　(B)容易被氧化　　　(C)不易被氧化　　　(D)不易烧损

134. 焊接时,硫能引起焊缝产生(　　)缺陷。

(A)夹渣　　　　　　(B)热裂纹　　　　　(C)咬边　　　　　　(D)冷裂纹

135. 铝镁合金的含镁量在(　　)量最易形成热裂纹。

(A)6.5%~7%　　　　(B)0~3%　　　　　　(C)3%~4.5%　　　　(D)4.5%~6%

136. 焊后立即将焊件保温缓冷称为(　　)。

(A)预热　　　　　　(B)热处理　　　　　(C)后热　　　　　　(D)热循环

137. 双级减压器进行两级减压,第一级是从高压气体减至(　　)MPa,再由第二级减到1.5 MPa以内的工作压力。

(A)1~2　　　　　　(B)3~4　　　　　　(C)2~3　　　　　　(D)4~5

138. 低合金珠光体耐热钢是在碳钢的基础上,适当加入了( ),使钢的组织为珠光体。

(A)铬　　　　　　　(B)钼　　　　　　　(C)钒　　　　　　　(D)铬和钼

139. 散热法对( )的钢材不适用,因为容易引起开裂。

(A)低碳钢　　　　　(B)高塑性　　　　　(C)淬火倾向大　　　(D)高韧性

140. 为了确保重要焊接构件的质量,要求构件所用的钢材,应有生产厂提供的( )。

(A)质量证明书　　　(B)设计图样　　　　(C)工艺文件　　　　(D)生产规程

141. 钢材入厂后应按有关标准或订货技术条件的规定,对其进行必要的化学成分和力学性能复验,经复验( )后方可使用。

(A)优秀　　　　　　(B)良好　　　　　　(C)合格　　　　　　(D)优良

142. 电石桶起火时应用( )灭火。

(A)水　　　　　　　(B)干砂　　　　　　(C)四氯化碳　　　　(D)泡沫

143. 剪切机剪切的厚度一般不超过( )mm。

(A)8　　　　　　　　(B)10　　　　　　　(C)16　　　　　　　(D)25

144. 铁基合金的堆焊一般采用( )

(A)碳化焰　　　　　(B)氧化焰　　　　　(C)中性焰　　　　　(D)弱氧化焰

145. 对同种材料而截面不同的物体,若加同样大小的外力时,则截面小的物体变形( )。

(A)小　　　　　　　(B)大　　　　　　　(C)相同　　　　　　(D)不确定

146. 焊接过程中,焊件内部由于温度差异而引起的应力称为( )。

(A)组织应力　　　　(B)热应力　　　　　(C)收缩应力　　　　(D)膨胀应力

147. 焊缝的纵向收缩量,一般随着焊缝长度的增加而( )。

(A)增加　　　　　　(B)减小　　　　　　(C)不变　　　　　　(D)不确定

148. 点状加热时,加热点的直径一般不应小于( )mm。

(A)5　　　　　　　　(B)6　　　　　　　　(C)8　　　　　　　　(D)10

149. 需把钢材加热到( )℃的高温下,才能进行的加工称为热加工。

(A)500～600　　　　(B)600～800　　　　(C)800～1 100　　　(D)1 100～1 300

150. 铝及其合金焊缝的气孔主要是( )。

(A)氢气孔　　　　　(B)氮气孔　　　　　(C)一氧化碳气孔　　(D)条虫状气孔

151. Fe-FeS 共晶物的熔点为( )℃。

(A)535　　　　　　　(B)988　　　　　　　(C)1 424　　　　　　(D)1 500

152. 铝硅合金及其他铸造铝合金可选用( )焊丝进行焊接。

(A)ER5356　　　　　(B)ER1100　　　　　(C)ER4043　　　　　(D)ER5183

153. 气焊紫铜时,采用焊丝为( )。

(A)丝 201　　　　　(B)丝 221 或丝 222　(C)丝 311　　　　　(D)丝 202

154. 黄铜焊接时,宜选用火焰为( )。

(A)弱氧化焰　　　　(B)中性焰　　　　　(C)碳化焰　　　　　(D)强氧化焰

155. 气焊灰口铸铁时,为了防止出现白口组织,可在焊丝中增加( )的含量。

(A)Mn　　　　　　　(B)Si　　　　　　　(C)Mg　　　　　　　(D)V

156. 在铬镍奥氏体不锈钢中,对晶间腐蚀作用影响最大的元素是( )。

(A)硫 　　　　　(B)磷 　　　　　(C)碳 　　　　　(D)硅

157. 奥氏体不锈钢焊接时,易形成晶间腐蚀的温度区间是( )。

(A)250~450℃ 　　(B)450~650℃ 　　(C)450~850℃ 　　(D)800~900℃

158. 焊接铝及铝合金时,下列说法正确的是:( )。

(A)易产生 N_2 气孔 　(B)产生 H_2 气孔 　(C)易溶于固态铝中 　(D)出现焊瘤

159. 下列几种方法中,最容易发生焊工尘肺的是( )。

(A)手工电弧焊 　　(B)钨极氩弧焊 　　(C)氩弧焊 　　　(D)气焊

160. 焊接铜时,一般产生的气孔是( )。

(A)H_2 气孔 　　　(B)CO 气孔 　　　(C)N_2 气孔 　　　(D)O_2 气孔

161. 计算碳当量时,应取化学成份的( )。

(A)上限 　　　　　(B)下限 　　　　　(C)平均值 　　　(D)检验值

162. 一般焊接接头,由于晶粒( ),因此与母材相比韧性低。

(A)合金化 　　　　(B)粗化 　　　　　(C)错乱 　　　　(D)细化

163. 放样图与构件实际尺寸的比例是( )。

(A)1:1 　　　　　(B)根据经验而定 　(C)按国家标准执行 　(D)2:1

164. 铆工放样划线对手工气割应留加工余量,其加工余量为( )。

(A)0.5 mm 　　　(B)1 mm 　　　　(C)2 mm 　　　(D)4 mm

165. 对于焊接结构零件的放样,除放出加工余量外,还必须考虑焊接零件的( )。

(A)收缩量 　　　　(B)膨胀量 　　　　(C)熔化量 　　　(D)余热性

166. 预热的作用是能够( )焊后冷却速度。

(A)加快 　　　　　(B)没影响 　　　　(C)降低 　　　　(D)不确定

167. 后热能够( )焊缝和热影响区的冷却速度。

(A)减缓 　　　　　(B)加快 　　　　　(C)不确定 　　(D)不影响

168. 任何形状的可展物体都可以用( )法进行展开。

(A)平行线 　　　　(B)三角形 　　　　(C)放射线 　　　(D)球面

169. 氨气试验时,将在质量分数为( )的硝酸汞水溶液浸过的试纸贴在焊缝外部。

(A)20% 　　　　　(B)15% 　　　　　(C)10% 　　　　(D)5%

170. 焊接工艺( )是一种经评定合格的书面焊接工艺文件,用以指导按法规的要求焊制产品焊缝。

(A)评定 　　　　　(B)方案 　　　　　(C)设计书 　　　(D)规程

171. 铜在常温下不易被氧化,但当温度升至( )时,其氧化能力很快增大。

(A)150℃ 　　　　(B)300℃ 　　　　(C)500℃ 　　　(D)750℃

172. 黄铜焊接时,关于锌的氧化和蒸发,说法不正确的是( )。

(A)锌易蒸发 　　　　　　　　　　(B)锌烟是有毒气体

(C)锌的蒸发使接头强度提高 　　　　(D)锌的蒸发使接头抗腐蚀性降低

173. 用分段计算法计算受弯矩搭接接头的静载强度时,外加力矩 M、水平焊缝产生的内力矩 M_H 和垂直焊缝产生的内力矩 M_V 之间的关系是( )。

(A)$M=M_H-M_V$ 　(B)$M_H=M+M_V$ 　(C)$M=M_H+M_V$ 　(D)$M=M_H/M_V$

174. 低碳钢气焊时,对接焊缝金属的许用压应力为( )。

(A)$[\sigma]$ (B)1.2$[\sigma]$ (C)0.6$[\sigma]$ (D)0.8$[\sigma]$

175. 对气焊、气割工作点局部排风系统吸尘罩的要求,叙述不正确的是(　　)。

(A)吸尘罩的安装位置应不影响采光和照明   (B)抽风量越大越好

(C)吸尘罩应有足够的强度   (D)检修方便

176. 熔敷金属质量的理论计算公式为(　　)。

(A)$G_f = AL\rho \times 10^{-6}$ (B)$G_f = \dfrac{A}{L\rho} \times 10^{-6}$

(C)$G_f = \dfrac{A\rho}{L} \times 10^{-6}$ (D)$G_f = \dfrac{L\rho}{A} \times 10^{-6}$

(注:A——焊缝的横截面积,mm^2;L——焊缝长度,mm;ρ——材料密度,g/cm^3)

177. 一般等离子切割时都采用(　　)。

(A)直流正接   (B)反接   (C)交流   (D)电极接正

178. 用于支撑工件,防止变形和校正变形的夹紧机构是手动螺旋(　　)器。

(A)夹紧   (B)拉紧   (C)推撑   (D)撑圆

179. 对焊接缺陷进行人工处理主要包括(　　)。

(A)打磨、补焊和返修   (B)打磨、补焊和碳弧气刨

(C)碳弧气刨、补焊和返修   (D)打磨、返修和碳弧气刨

180. 试验数据由于各种偶然因素的影响,变量之间常不具有函数关系,而只有相关关系,这时可利用(　　)方法找出能描述它们之间相关关系的定量曲线或表达式。

(A)正交   (B)回归   (C)列表   (D)线条图

181. 常用的焊剂 SJ101 是(　　)。

(A)熔炼焊剂   (B)烧结焊剂   (C)粘结焊剂   (D)酸性焊剂

182. 我国国家标准对焊缝符号的有关规定中,表示焊缝横截面形状的是(　　)符号。

(A)辅助   (B)补充   (C)基本   (D)焊缝尺寸

183. 在焊缝符号和焊接方法代号的标注方法中,焊缝长度方向的尺寸标注在基本符号的(　　)侧。

(A)上   (B)下   (C)左   (D)右

184. 拉伸试验不能测定焊缝金属或焊接接头的(　　)。

(A)抗拉强度   (B)屈服强度   (C)塑性   (D)弹性

185. 压扁试验两板间距离 H 值可用式 $H = \dfrac{(1+e)\delta}{e + \delta/D}$ 计算,其中 e 表示单位伸长的变形系数,D 表示(　　)。

(A)管壁厚   (B)管内径   (C)管外径   (D)变形系数

186. 射线探伤时若底片上出现的缺陷特征是圆形黑点,中心较黑并均匀地向边缘变浅则说明是(　　)缺陷。

(A)气孔   (B)裂纹   (C)未焊透   (D)条状夹渣

187. 铝及铝合金焊接时,产生气孔的水分主要是(　　)吸收的水分。

(A)焊丝及母材表面   (B)弧柱气体   (C)氩气   (D)空气

188. 对于铝合金的焊接性,叙述正确的是(　　)。

(A)焊缝中易产生氮气孔　　　　　　　　(B)焊缝中易产生冷裂纹

(C)高温下形成的氧化物形成夹渣　　　　(D)接头强度一般大于母材强度

189. 关于进行焊接结构设计的说法,不正确的是(　　　)。

(A)要考虑接头的工作介质和使用条件

(B)尽可能增加焊接工作量

(C)对于大型构件,尽可能多地采用焊前预热和焊后热处理

(D)焊缝应便于检查,确保接头质量

190. 关于焊接接头静载强度计算的假设,正确的是(　　　)。

(A)焊趾处和余高处的应力集中对接头强度没有影响

(B)残余应力对接头强度有一定影响

(C)正面角焊缝与侧面角焊缝的强度不同

(D)角焊缝都是在拉应力作用下断裂的

191. 对接接头静载强度计算时,如两板厚度不同,一个为 5 mm,一个为 9 mm,计算厚度应取(　　　)。

(A)9 mm　　　　　(B)5 mm　　　　　(C)7 mm　　　　　(D)14 mm

192. 铁基合金堆焊一般采用(　　　)。

(A)中性焰　　　　(B)碳化焰　　　　(C)氧化焰　　　　(D)弱氧化焰

193. 堆焊小件时,为避免薄壁基体过热和边缘熔化,最好把焊件放在(　　　)上堆焊。

(A)低碳钢　　　　(B)铸铁　　　　　(C)铝合金　　　　(D)纯铜

194. 堆焊过程中,为了防止裂纹的产生,(　　　)。

(A)焊接过程中应快速加热、快速冷却

(B)接头收尾时火焰应迅速移出熔池表面

(C)堆焊应间断进行,不可以连续作业

(D)淬火零件堆焊前必须先退火

195. 机械校正法是通过冷加工塑性变形来达到校正变形的目的,因此只适用于(　　　)材料。

(A)高硬度　　　　(B)高弹性　　　　(C)高塑性　　　　(D)高耐磨性

196. 点状加热法主要用于(　　　)的校正。

(A)厚度较大、刚性较强的弯曲变形　　　(B)薄板波浪变形

(C)厚度较小、刚性较弱的弯曲变形　　　(D)厚度较大但刚性较弱弯曲变形

197. 有关对气焊和气割工作点平面布置的要求,叙述不正确的是(　　　)。

(A)应根据已经编制的工艺规程的工作顺序和工作位置的资料进行平面布置

(B)应保证工人的正常劳动条件,以免发生事故

(C)设备放置要紧凑,工人的工作位置要尽量小

(D)避免在制产品的装配和焊接部件需要往返运输

198. 有关乙炔站的布置,以下说法中不正确的是(　　　)。

(A)乙炔站应与车间分开　　　　　　　　(B)站内应采用自然通风

(C)内部应用电灯照明　　　　　　　　　(D)室内温度不低于5℃

199. 当采用氧气乙炔管道供气时,管路应布置成(　　　)。

(A)封闭环状连锁形　　(B)平行线形　　(C)直线形　　(D)放射线形

200. 有关吸尘罩的要求,叙述不正确的是(　　)。

(A)应尽量靠近有害物散发源　　　　(B)应不妨碍采光照明

(C)抽风量应尽量小　　　　　　　　(D)要有足够的强度

201. 钨极氩弧焊保护效果可以用观察颜色法来观察,在试板上焊后,观察焊缝表面的氧化色彩,对于铝及铝合金,焊缝两侧出现(　　),保护效果好。

(A)金黄色条纹　　(B)蓝色条纹　　(C)亮白色条纹　　(D)灰色条纹

202. 持证焊工中断受检查设备焊接工作(　　)以上即自动失去合格证。

(A)3 年　　　　(B)2 年　　　　(C)1 年　　　　(D)半年

203. 碳钢及低中合金钢消除应力的退火温度为(　　)。

(A)<580℃　　(B)580～680℃　　(C)880～980℃　　(D)>980℃

204. 火焰校正焊后残余变形时,最高温度应(　　)。

(A)高于 1 000℃　　　　　　　　(B)高于 800℃

(C)低于 1 000℃　　　　　　　　(D)低于或等于 800℃

205. 平板对接焊产生残余应力的根本原因是焊接时(　　)。

(A)中间加热产生部分塑性变形　　　(B)热影响区成分发生变化

(C)两侧金属产生弹性变形　　　　　(D)焊缝区成分发生变化

206. 关于高速切割的切口表面质量的说法,正确的是(　　)。

(A)切口表面的硬化层较厚

(B)切口边缘的热影响区宽

(C)切口的表面硬度高于母材

(D)高速切割作业时切口的表面平面度可达到Ⅰ级要求

207. 焊接工艺评定的目的在于验证(　　)的正确性。

(A)焊接设备　　(B)焊接材料　　(C)焊接工艺　　(D)焊接方法

208. 关于焊接工艺评定的规定,叙述不正确的是(　　)。

(A)改变焊后热处理类别时,需重新评定

(B)多道焊改为单道焊时,需重新评定

(C)焊接工艺参数改变或超过原定范围时,需重新评定

(D)组别相同的钢材也必须重新评定

209. 气焊工艺规程的主要内容不包括(　　)。

(A)确定焊接层次和焊接顺序　　　　(B)确定运输措施

(C)确定火焰的性质及焊炬的型号　　(D)确定预热温度、后热温度

210. 从事特种设备的焊接操作人员,(　　)年复审一次。

(A)3　　　　　(B)4　　　　　(C)5　　　　　(D)10

211. 剪切的主要设备是剪床,剪床按工作性质可分为剪直线的和剪曲线的两大类,(　　)是剪曲线的剪床。

(A)平口剪床　　(B)斜口剪床　　(C)圆盘剪床　　(D)振动式剪床

212. 使用卷板机滚制圆筒形或弧形工件要掌握好工件的曲率,其大小取决于轴辊间的(　　)。

(A)受力 (B)排列 (C)距离 (D)位置

213. CO_2 气体保护焊短路电流峰值一般应为焊接电流的( )。

(A)1~2 倍 (B)2~3 倍 (C)3~4 倍 (D)5 倍

214. 焊接时 CO_2 气体在电弧高温下( )。

(A)不分解 (B)全部分解为 CO 和 O_2
(C)部分分解为 CO 和 O_2 (D)全部分解为 C 和 O_2

215. 对于焊接结构的正火处理,说法不正确的是( )。

(A)可细化晶粒 (B)可消除淬硬组织
(C)可消除组织不均匀 (D)可降低钢的强度

216. 金属材料淬火时,不能用( )作为冷却介质。

(A)水 (B)盐水 (C)矿物油 (D)植物油

217. 金属在外力作用下的变形过程分为( )三个连续过程。

(A)弹塑性变形、断裂和弹性变形 (B)弹性变形、弹塑性变形和断裂
(C)弹性变形、断裂和弹塑性变形 (D)断裂、弹塑性变形和弹性变形

218. 金属冷塑性变形加工和热塑性加工是以( )来划分的。

(A)0℃ (B)20℃ (C)室温 (D)再结晶温度

219. 金属在塑性变形时,外力所做的功大部分转化为( )。

(A)热能 (B)内应力 (C)内能 (D)动能

220. 金属材料的( )属于穿晶断裂。

(A)蠕变脆断 (B)塑性断裂 (C)氢脆断裂 (D)应力腐蚀断裂

221. 金属材料在静载荷作用下,抵抗永久变形和断裂的能力称为( )。

(A)强度 (B)塑性 (C)韧性 (D)硬度

222. 冲击试验时,常用的试样有( )试样。

(A)V 形缺口和 U 形缺口 (B)V 形缺口和 K 形缺口
(C)K 形缺口和 U 形缺口 (D)Y 形缺口和 U 形缺口

223. 焊接性试验中用得最多的是( )。

(A)力学性能试验 (B)无损检测 (C)焊接裂纹试验 (D)宏观金相试验

224. 压扁试验的目的是测定( )焊接对接接头的塑性。

(A)平板 (B)管板 (C)管子 (D)型钢

225. 焊接性试验方法可分为间接评定法和直接试验法两种,( )属于焊接性间接评定法。

(A)碳当量法 (B)插销试验
(C)斜 Y 形坡口焊接裂纹试验 (D)压板对接焊接裂纹试验

226. 斜 Y 形坡口焊接裂纹试验的试件在两侧拘束焊缝处开( )形坡口。

(A)X (B)Y (C)斜 Y (D)U

227. 做插销试验时,施焊完毕待焊件冷却到( )左右时,对插销加载荷,并保持这一载荷直到试样断裂。

(A)50℃ (B)100℃ (C)150℃ (D)250℃

228. 焊接裂纹试验采用的试件由两块 200 mm×120 mm 的钢板组成,其坡口形状

为( )形。

(A)I (B)V (C)X (D)Y

229. 刚性固定对接裂纹试验时,焊后经过( )以后,才能截取试样做磨片检查。

(A)6 h (B)8 h (C)12 h (D)24 h

230. 国际焊接学会推荐的碳当量计算公式适用于( )。

(A)一切钢材 (B)奥氏体不锈钢

(C)500~600 MPa 的非调质高强度钢 (D)硬质合金

231. 电阻的正确表达式应为( )。

(A)$R=\rho\dfrac{A}{\delta}$ (B)$R=\rho\dfrac{A}{L}$ (C)$R=\rho\dfrac{L}{A}$ (D)$R=\dfrac{A}{\rho L}$

232. 有关并联电路的特点的叙述,不正确的是( )。

(A)电路有分压作用 (B)电阻两端的电压相等

(C)总电流等于各并联电阻的电流之和 (D)总电阻小于任何一个电阻值

233. 已知某电炉的电阻为 20 Ω,在其正常工作时,其电压为 220 V,则该电炉的功率为( )。

(A)2 420 W (B)4 400 W (C)11 W (D)2 640 W

234. 导线在磁场中作( )运动,导线的两端就会出现电动势。

(A)顺磁力线方向 (B)任意方向 (C)逆磁力线方向 (D)切割磁力线

235. 变压器是利用交流电的( )来制造的。

(A)磁化 (B)对称性 (C)自感现象 (D)互感原理

236. 50 Hz 的交流电,其周期为( )。

(A)50 ms (B)20 ms (C)12 ms (D)120 ms

237. 使用磁电系电流表和电压表测量( )电流和电压时,应注意电表极性。

(A)直流 (B)交流 (C)正弦交流 (D)三相交流

238. 在焊接过程中操作正确,不会引发触电、漏电事故的是( )。

(A)水下焊接时,采用 28 V 电压 (B)干燥环境下,使用 36 V 的电压照明

(C)电焊机使用时不用接地 (D)用铁丝代替熔丝

239. 氧气瓶内有水被冻结时,应关闭阀门,( )。

(A)用火焰烘烤使之解冻 (B)用热水或热蒸汽缓慢加热使之解冻

(C)对使用无影响 (D)自然解冻

240. 等压式焊炬具有结构简单、回火可能性小的优点,但它需要( )。

(A)高压乙炔 (B)中压乙炔 (C)低压乙炔 (D)常压乙炔

241. 气焊焊炬在点火时,应( )。

(A)先旋开氧气调节阀,然后打开乙炔调节阀

(B)先旋开乙炔调节阀,然后打开氧气调节阀

(C)氧气调节阀和乙炔调节阀同时打开

(D)只打开乙炔调节阀

242. 导致乙炔压力低、火焰调节不大的原因的说法中,不正确的是( )。

(A)喷嘴未拧紧 (B)导管被挤压或堵塞

(C)焊炬被堵塞　　　　　　　　　　　　　(D)乙炔手轮打滑

243. 乙炔瓶内有微孔填料布满其中,在微孔填料中浸满丙酮的作用是( )。
(A)增加压力　　　　(B)减小压力　　　　(C)溶解乙炔　　　　(D)保护瓶体

244. 气割用的氧气瓶属于( )。
(A)压缩气瓶　　　　(B)溶解气瓶　　　　(C)液化气瓶　　　　(D)低温气瓶

245. 对于减压器的安全使用,叙述不正确的是( )。
(A)乙炔减压器和瓶阀的连接必须可靠严密,严禁在漏气时使用
(B)氧气表和乙炔表不能交换使用
(C)减压器能准确地显示瓶内压力,但不能显示工作压力的高低
(D)使用溶解乙炔瓶需配备专用乙炔减压器,以便调整乙炔的使用压力

246. 对于 H01-6 型焊炬,叙述不正确的是( )。
(A)可用于焊接 1～6 mm 厚的钢板　　　　(B)属射吸式焊炬
(C)只适用于低压乙炔　　　　　　　　　　(D)焊炬不许沾染油脂等污物

247. 割炬有射吸式和等压式两种,有关这两种割炬,叙述不正确的是( )。
(A)GD1-30 型割炬属于射吸式割炬　　　　(B)等压式割炬不易回火
(C)GD1-100 型割炬属于射吸式割炬　　　　(D)等压式割炬适用于中压乙炔发生器

248. 水封式中压回火保险器的缺点是( )。
(A)回火后不能切断气源　　　　　　　　　(B)过滤器要经常更换
(C)倒燃的火焰无法自行熄灭　　　　　　　(D)可以无水干用

249. 气焊过程中合金元素扩散主要发生在( )。
(A)熔池尚未凝固时　　　　　　　　　　　(B)熔池凝固后
(C)焊缝金属冷却至常温后　　　　　　　　(D)焊缝金属处于红热状态时

250. 有关氧对焊缝金属的影响,叙述不正确的是( )。
(A)易形成气孔　　　　　　　　　　　　　(B)可能会造成晶界氧化
(C)可能会降低焊缝金属的强度　　　　　　(D)使材料的塑性提高

251. 焊缝金属的时效脆化是由于( )引起的。
(A)氢　　　　(B)氧　　　　(C)氮　　　　(D)硅

252. 氢致裂纹的形成过程是( )。
(A)溶解,扩散,聚集,产生应力,形成裂纹
(B)扩散,溶解,产生应力,聚集,形成裂纹
(C)溶解,聚集,扩散,形成裂纹,产生应力
(D)扩散,溶解,聚集,形成裂纹,产生应力

253. 对焊接接头的性能没有影响的因素是( )。
(A)加热速度　　　(B)最高加热温度　　　(C)高温停留时间　　　(D)加热方法

254. 关于焊接热输入对焊缝性能的影响的描述,错误的是( )。
(A)采用小的热输入可以得到细小的组织
(B)大的热输入容易得到粗大的过热组织
(C)小的热输入使得焊缝中的偏析小而分散
(D)热输入越大,晶粒越细小

255. 不易淬火钢热影响区中,正火区的特点是(　　)。

(A)焊接时加热速度慢　　(B)高温停留时间长　(C)晶粒较细　　　(D)塑性较差

256. 45 号钢焊接时,热影响区中性能最好的是(　　)。

(A)淬火区　　　　　　　(B)部分淬火区　　　(C)回火区　　　　(D)475℃脆性区

257. 1Cr18Ni9Ti 焊接时,如果高温时间较长,则过热区形成(　　),使该区的塑性和韧性大大降低。

(A)粗大奥氏体　　　　　(B)粗大马氏体　　　(C)马氏体+铁素体　(D)粗大魏氏体

258. 焊后消除内应力退火的一般加热温度为(　　)。

(A)300～400℃　　　　(B)550～650℃　　(C)750～950℃　　(D)1 100～1 300℃

259. CG1-30 型气割机可以切割厚度为(　　)的钢板。

(A)1～3 mm　　　　　(B)3～5 mm　　　(C)5～60 mm　　(D)80～100 mm

260. 有关 CG2-150 型仿型切割机的说法中,不正确的是(　　)。

(A)切割机应放在通风干燥处,避免受潮

(B)它可以切割厚度为 100 mm 以上的钢板

(C)它是一种高效率的半自动气割机

(D)下雨天不能在露天使用切割机

261. 有关铸铁的振动气割,说法正确的是(　　)。

(A)采用碳化焰在中间进行预热

(B)气割后的表面质量不高,割断的缝隙也比较宽

(C)气割时,割嘴的振动频率与气割不锈钢时相同

(D)气割时割嘴的振幅为 45～50 mm

262. 清理焊根气割的割炬改装后,(　　)。

(A)增大了切割气流的喷射速度,达到表面清根的目的

(B)增大了乙炔的喷射速度,达到表面清根的目的

(C)使切割气流相应增大,使得切割宽度增加,因而提高了切割效率

(D)使切割气流减小,达到清理焊根的目的

263. 清根切割时应采用(　　)。

(A)碳化焰,火焰能率比一般切割要大一些

(B)中性焰,火焰能率比一般切割要小一些

(C)中性焰,火焰能率比一般切割要大一些

(D)碳化焰,火焰能率比一般切割要小一些

264. 对表面粗糙度的检查应采用(　　)的方法。

(A)直尺测量　　　　　　　　　　　(B)用焊口检测器检查

(C)标准样板对比　　　　　　　　　(D)长度测量计算

265. 关于焊缝强度,说法不正确的是(　　)。

(A)焊缝金属在单位面积上所能承受的最大应力叫焊缝强度

(B)常用金属材料焊接结构的设计都采用等强度匹配原则

(C)如果焊接接头强度比母材强度高,则会降低整个结构的承载能力

(D)焊缝强度是评定焊缝承载能力的一项技术指标

266. 焊缝金属在单位面积上所承受的最大( )，叫焊缝强度。

(A)应变 (B)应力 (C)变形 (D)剪切力

267. 关于联系焊缝说法中不正确的是( )。

(A)联系焊缝与被连接的元件是并联的

(B)联系焊缝平行于受力方向

(C)联系焊缝主要起元件间相互连接的作用

(D)联系焊缝一旦断裂,结构立即失效

268. 对搭接接头工作应力分布的叙述,正确的是( )。

(A)侧面角焊缝的长度对接头的应力集中无明显影响

(B)改变正面角焊缝接头的外形和尺寸,可以改变焊趾处的应力集中程度

(C)正面角焊缝接头的应力集中比侧面角焊缝接头的应力集中更为严重

(D)改变正面角焊缝两个焊脚尺寸的比值,应力集中系数不变

269. 焊接接头的 4 种基本形式不包括( )。

(A)对接接头 (B)卷边接头 (C)搭接接头 (D)角接接头

270. 在焊接结构中采用最多的一种接头形式为( )接头。

(A)对接 (B)卷边 (C)角接 (D)搭接

271. 不易淬火钢焊接接头不包括( )。

(A)焊缝 (B)熔合区 (C)热影响区 (D)退火区

272. 为防止和减少焊接结构的脆性断裂,应尽量采用应力集中系数小的( )。

(A)对接接头 (B)搭接接头 (C)角接接头 (D)端接接头

273. 开坡口并焊透的 T 形接头与未开坡口相比,其应力集中程度( )。

(A)高 (B)低 (C)一样 (D)近似

274. 对焊接接头工作应力分布的叙述,不正确的是( )。

(A)T 形接头应力分布均匀 (B)T 形接头应力集中小

(C)T 形接头焊趾处的应力集中最小 (D)T 形接头焊根处的应力集中很大

275. 焊缝剪应力的计算公式为( )。

(A)$\tau=Q/(L\cdot\delta)$ (B)$\tau=L/(Q\cdot\delta)$ (C)$\tau=\delta/(L\cdot Q)$ (D)$\tau=Q\cdot L\cdot\delta$

276. 在焊接接头的强度计算时,如果力的单位是牛顿(N),面积的单位是平方毫米(mm²),则应力的单位是( )。

(A)MPa (B)Pa (C)kg/mm² (D)g/mm²

277. 喷焊自熔性合金粉末应呈球形颗粒,具有良好的固态流动性,一般粒度为( )目。

(A)100～150 (B)150～180 (C)180～250 (D)250～300

278. 对氧乙炔火焰喷焊用的喷焊炬的要求是( )。

(A)与普通焊炬结构完全一样 (B)同等压式喷焊炬

(C)不能用瓶装乙炔 (D)火焰能率要小

279. 用氧乙炔喷焊性能较好的金属材料是( )。

(A)球墨铸铁 (B)青铜 (C)铝及铝合金 (D)镁及镁合金

280. 对于易淬火材料的工件,在氧乙炔火焰喷焊后,要进行( )处理。

(A)在盐水中冷却 (B)表面淬火 (C)等温退火处理 (D)自然冷却到室温

281. 采用一步喷焊法时,合金粉末颗粒应细而分散,粒度为 0.056 mm(250 目)的粉末占( )以上。

(A)10%　　　　　(B)20%　　　　　(C)30%　　　　　(D)50%

282. 有关喷涂特点的描述,不正确的是( )。

(A)涂层耐磨性好　　(B)设备复杂　　　(C)操作简便　　　(D)工艺灵活

283. 在喷涂作业前,为防止粉末通路的堵塞,应使用( )目筛子筛送。

(A)100　　　　　(B)150　　　　　(C)200　　　　　(D)300

284. 在氧乙炔喷涂前,对工件表面去油污后,还要进行再加工,不能采用的是( )。

(A)车削　　　　　(B)磨削　　　　　(C)喷砂　　　　　(D)钻削

285. 为减小焊接应力,使先焊的焊缝收缩时受到的阻力比较小,应该( )。

(A)先焊焊件中收缩量最大的焊缝　　　(B)先焊收缩量小的焊缝

(C)从两边向中间焊　　　　　　　　(D)先焊刚性大的焊缝

286. 焊接平面上的交叉焊缝时,应( )。

(A)先焊焊件收缩量最小的焊缝　　　　(B)选择刚性拘束较小的焊接顺序

(C)增加焊件的刚度　　　　　　　　(D)从两边向中间焊

287. 为了减少焊接应力,在多块钢板拼接时,应该( )。

(A)先焊长焊缝,后焊短焊缝　　　　　(B)从两边向中间焊

(C)先焊短焊缝,并从中间向外焊　　　(D)先焊长焊缝,并从中间向外焊

288. 为消除焊接残余应力常采用整体高温回火的方法,采用该方法时加热温度主要取决于( )。

(A)构件的大小　　(B)焊件的材料　　(C)加热场地　　　(D)焊件的截面积

289. 对焊件采用( ),起不到消除焊接残余应力的作用。

(A)整体淬火　　　(B)振动法　　　　(C)局部高温回火　(D)温差拉伸法

290. 对低碳钢焊件进行整体高温回火消除焊接残余应力时,一般加热温度为( )。

(A)100~200℃　　(B)900~1 050℃　(C)150~250℃　　(D)600~650℃

291. 焊接不对称的细长杆件采用( )法克服弯曲变形。

(A)适当的线能量　(B)反变形　　　　(C)刚性固定　　　(D)自重

292. 在焊接法兰盘时,为减少角变形可采用( )。

(A)散热法　　　　(B)反变形法　　　(C)刚性固定法　　(D)自重法

293. 对接接头横向收缩量随焊缝金属截面积的增加而( )。

(A)增加　　　　　(B)减小　　　　　(C)不变　　　　　(D)不规则变化

294. 关于铜合金的钎焊的说法,正确的是( )。

(A)用火焰加热钎料棒使其熔化

(B)钎焊加热时间应尽量长

(C)零件焊后应尽快摆动

(D)由于铜的导热性好,因此要用较大的焊嘴加热

295. 铜合金钎焊时,涂抹钎剂后,若有地方发黑,则说明( )。

(A)钎剂失效　　　　　　　　　　　(B)氧化皮没有清除

(C)加热温度低　　　　　　　　　　(D)钎剂太多

296. 对大型铜合金零件进行钎焊时,预热温度为(　　　)。

(A)100～150℃　　　　(B)300～450℃　　　　(C)450～600℃　　　　(D)700～800℃

297. 铝及铝合金进行火焰钎焊时,说法正确的是(　　　)。

(A)工件的厚度不同时,火焰应指向较厚的工件

(B)用火焰直接加热,钎焊使其熔化

(C)钎剂应提前放在工件表面上

(D)钎剂与水调成膏状使用

298. 异种金属进行火焰钎焊时,(　　　)。

(A)直接钎焊时应将熔点高、导热性好的材料,套入另一种材料内

(B)所用钎剂应能同时清除两种母材表面的氧化物

(C)火焰应偏向导热系数较小的零件进行加热

(D)对导热系数小的零件进行预热

299. 异种金属进行火焰钎焊时,如采用套接,一般应将(　　　)的材料套在内部。

(A)熔点高、导热性差　　　　　　　　(B)熔点高、导热性好

(C)熔点低、导热性差　　　　　　　　(D)熔点低、导热性好

300. 有关异种金属火焰钎焊的描述,不正确的是(　　　)。

(A)异种金属钎焊时,两种材料的导热系数是不同的

(B)若采用套接,一般将熔点高、导热性好的材料套在里面

(C)应将钎焊的火焰偏向导热率大的零件

(D)若采用套接接头,被套入的零件的线膨胀系数大于外套零件,则应当适当增加其预留间隙

301. 关于钎焊的接头缺陷的说法,错误的是(　　　)。

(A)钎焊缺陷会导致接头强度的降低

(B)钎焊缺陷对接头的气密性、水密性无不良影响

(C)焊接过程的不均匀急冷易造成裂纹的产生

(D)由于钎焊过程中,母材金属向液态钎料过渡溶解,会在焊件表面出现凹陷等溶蚀缺陷

302. 异种金属焊接时,当被焊金属的电磁性能相差很大时,焊缝(　　　)。

(A)成形不良　　　　(B)夹渣增多　　　　(C)力学性能变差　　　　(D)外观缺陷明显

303. 异种钢焊接时,选择工艺参数主要考虑的原则是(　　　)。

(A)减小熔合比　　　　(B)增大熔合比　　　　(C)焊接效率高　　　　(D)焊接成本低

304. 低碳钢与普通低合金钢焊接时,要求焊缝金属的(　　　)。

(A)强度不低于低碳钢,塑性和韧性不低于普通低合金钢

(B)强度低于低碳钢,塑性和韧性低于普通低合金钢

(C)强度低于低碳钢,塑性和韧性不低于普通低合金钢

(D)强度大于低碳钢,塑性和韧性低于普通低合金钢

305. 低碳钢与普通低合金钢焊接时,焊接材料选择的原则是(　　　)。

(A)强度低于低碳钢

(B)塑性高于普通低合金钢

(C)韧性不低于被焊钢种的最低值

(D)强度、塑性和韧性均不低于被焊钢种的最低值

306. 珠光体耐热钢与低碳钢焊接时,采用低碳钢焊接材料,焊后经过热处理,焊接接头具有较高的(　　)。

(A)冲击韧性　　　　　(B)强度　　　　　(C)硬度　　　　　(D)耐腐蚀性

307. 奥氏体不锈钢与珠光体钢焊接时,熔合比(　　)。

(A)应适当增大　　　(B)不影响焊接质量　(C)应尽量小　　　(D)应尽量大

308. 不能用火焰校正方法校正焊接变形的材料是(　　)。

(A)低碳钢　　　　　(B)15MnTi　　　　　(C)Q345　　　　　(D)不锈钢

309. 对焊接结构的焊接变形进行火焰校正时,首要的是定出正确的(　　),否则不但不能校正变形,还可能会加大原来的变形。

(A)加热位置　　　　(B)校正场地　　　(C)变形量　　　　(D)加热时间

310. 对于利用火焰加热后性能有所下降的材料,如(　　),其变形不能采用火焰校正。

(A)低碳钢　　　　　(B)不锈钢　　　　(C)16Mn　　　　　(D)15MnTi

311. 火焰校正焊接变形时,可采用线状加热方式加热,不属于线状加热方式的是(　　)。

(A)直线加热　　　　(B)三角形加热　　(C)链状加热　　　(D)带状加热

312. 采用三角形加热法进行火焰校正焊接变形时,下列说法中不正确的是(　　)。

(A)加热区为三角形　　　　　　　　　(B)多用于校正弯曲变形

(C)加热面积大,但收缩量很小　　　　(D)可用两个或多个焊炬同时加热

313. 对加热厚度超过 5 mm 的焊件进行火焰校正时,最好采用(　　)。

(A)碳化焰　　　　　(B)强氧化焰　　　(C)中性焰　　　　(D)弱氧化焰

314. 在对焊件进行水火校正焊接变形时,下列说法中不正确的是(　　)。

(A)淬火倾向大的钢材不能用此方法

(B)加热温度应很高

(C)厚度超过 8 mm 的重要结构不能用此方法

(D)加热温度在 200～300℃时,钢材产生蓝脆性

315. 对焊接变形进行火焰校正时,加热温度主要取决于(　　)。

(A)材料的机械性能　　　　　　　　　(B)校正场地

(C)校正时间　　　　　　　　　　　　(D)构件的变形和截面积的大小

316. 机械加工余量是指在加工过程中(　　)。

(A)实际几何尺寸与理想几何尺寸的偏差

(B)最大的公差范围

(C)切去的金属层的厚度

(D)按图纸所示的加工误差

317. 铣削采用逆铣时,每个刀齿的切削厚度说法,正确的是(　　)。

(A)从薄变厚　　　　　　　　　　　　(B)恒定值

(C)从最大值减小到零　　　　　　　　(D)先减小后增大

318. 刨削的主运动是(　　)。

(A)往复直线运动　　(B)回转运动　　　(C)成型运动　　　(D)旋转运动

319. 磨削是以(　　)为刀具,在磨床上以很高的线速度对工件进行切削加工的方法。

(A)合金钢　　　　　(B)不锈钢　　　　(C)砂轮　　　　　(D)硬质合金钢

320. 标准的麻花钻头通常要对其切削部分进行修磨,以改善性能,如要改善钻孔的粗糙度需修磨( )。

(A)主切削刃 　　(B)前刀面 　　(C)棱边 　　(D)横刀

321. 对刀具耐用度影响依次增大的正确顺序是( )。

(A)进给量>切削速度>背吃刀量 　　(B)进给量>背吃刀量>切削速度

(C)切削速度>进给量>背吃刀量 　　(D)切削速度>背吃刀量>进给量

三、多项选择题

1. 金属切割过程中切割后工件相对变形小的切割方法有( )。

(A)水射流切割 　　(B)激光切割 　　(C)等离子切割 　　(D)电弧切割

2. 激光切割加工过程的加工参数包括( )。

(A)材料参数 　　(B)激光参数 　　(C)加工气体参数 　　(D)轴运动参数

3. 下列属于激光切割加工设备组成部分的是( )。

(A)激光器 　　(B)光学系统 　　(C)控制系统 　　(D)冷却系统

4. 在气焊过程中,熔池内不断地进行氧化、还原、碳化反应,因而焊接区内存在大量的气体,其中对焊接质量影响较大的气体是( )。

(A)氧气 　　(B)氢气 　　(C)氮气 　　(D)二氧化碳

5. 气焊的化学冶金过程包含( )。

(A)氧化反应 　　(B)还原反应 　　(C)碳化反应 　　(D)置换反应

6. 气焊的物理冶金过程包含( )。

(A)熔渣上浮 　　(B)气体的逸出 　　(C)扩散

(D)飞溅 　　(E)元素的蒸发

7. 焊接熔池一次结晶的过程包含( )。

(A)晶核的形成 　　(B)凝固 　　(C)改善一次结晶组织的途径

(D)晶粒长大 　　(E)焊缝的偏析

8. 影响焊接热循环的因素有( )。

(A)焊接参数 　　(B)预热

(C)焊后热处理 　　(D) 后热

(E)焊缝的偏析

9. 乙炔发生器的基本方式分为( )。

(A)水入电石式发生器 　　(B)电石入水式发生器

(C)排水式发生器 　　(D)固定式发生器

(E)水入电石和排水联合式发生器

10. 乙炔化学净化器的净化过程如下 ( )。

(A)清洗 　　(B)水洗 　　(C)化学净气 　　(D)干燥

11. 焊接热影响区分为( )。

(A)熔合区 　　(B)过热区 　　(C)正火区

(D)不完全重结晶区 　　(E)再结晶区

(F)蓝脆区

12. 割炬按可燃气体与氧气的混合方式分为(　　)。

(A)射吸式　　　　　　　　　　(B)焊割两用炬

(C)变压式　　　　　　　　　　(D)等压式

(E)氧-液化石油气割炬

13. 气焊主要应用于(　　)等材料的焊接,以及磨损、报废零件的补焊,构件变形的火焰校正等。

(A)薄钢板　　　　(B)硬质合金刀具　　　(C)高熔点材料　　　(D)铸铁件

14. 根据电源电极的不同接法和等离子弧产生的形式不同,等离子弧的形式有(　　)。

(A)直接型弧　　　　(B)转移型弧　　　　(C)非转移型弧　　　(D)联合型弧

15. 一般按氧气和乙炔的比值不同,可将氧-乙炔火焰分(　　)。

(A)过氧焰　　　　(B)中性焰　　　　(C)碳化焰　　　　(D)氧化焰

16. 等离子弧切割设备包括(　　)等几部分组成。

(A)电源　　　　(B)控制箱　　　　(C)气路系统　　　　(D)水路系统

17. 等离子弧切割的主要工艺参数为(　　)。

(A)空载电压　　　　　　　　　(B)切割电流与工作电压

(C)气体流量　　　　　　　　　(D)切割速度

18. 焊缝中夹杂物主要有(　　)。

(A)硫化物　　　　(B)磷化物　　　　(C)氧化物　　　　(D)氮化物

19. 焊缝中的有害气体元素有(　　)。

(A)硫　　　　(B)磷　　　　(C)氢　　　　(D)氧

20. 焊缝金属中氢的危害有(　　)。

(A)氢脆　　　　(B)白点　　　　(C)产生气孔　　　　(D)引起冷裂纹

21. 火焰校正法正变形适用于(　　)。

(A)低碳钢　　　　(B)中碳钢　　　　(C)奥氏体不锈钢　　(D)16Mn

22. 乙炔发生器必须装设符合要求的安全装置有(　　)等。

(A)回火防止器　　　　(B)安全阀　　　　(C)压力表　　　　(D)水位计

23. 水封式回火防止器使用的安全要求是(　　)。

(A)器内水量不得少于水位计标定的要求

(B)回火防止器使用时应垂直挂放

(C)发生冻结现象,只能用热水或蒸汽解冻,严禁用明火或红铁烘烤

(D)每个回火防止器只能供一把焊炬或割炬单独使用

24. 每班工作前都应先检查回火防止器,保持(　　)。

(A)射吸力　　　　　　　　　　(B)密封性良好和逆止阀动作灵活可靠

(C)工作压力　　　　　　　　　(D)接地保护

25. 等离子弧焊接和切割用电源的空载电压较高,尤其在手工操作时,有电击的危险。因此,(　　)。

(A)电源在使用时必须可靠接地

(B)焊枪、割枪枪体与手触摸部分必须可靠绝缘

(C)采用较低电压引燃非转移弧后再接通较高电压的转移弧的回路

(D)必须对装在手把上的启动开关外露部分套上绝缘橡胶套管

26. 等离子弧的光辐射强度更大,尤其是紫外线强度,故对皮肤损伤严重。操作者在焊接或切割时( )。

(A)必须戴上良好的面罩、手套　　　　(B)最好加上吸收紫外线的镜片

(C)自动操作时可在操作区设置防护屏　(D)可采用水中切割方法来吸收光辐射

27. 等离子弧焊接与切割时会产生大量的( )。

(A)金属蒸气　　　　(B)臭氧　　　　(C)氮化物　　　　(D)灰尘扬起

28. 构成燃烧的三个要素是( )。

(A)可燃物　　　　(B)助燃物　　　　(C)着火源　　　　(D)空气

29. 燃烧反应在浓度、压力、组成和着火源等方面都存在着极限值,如果( ),那么,即使具备了三个条件,燃烧也不会发生。

(A)可燃物未达到一定浓度　　　　　　(B)助燃物数量不足

(C)着火源不具备足够的温度或热量　　(D)环境气体中氧气含量未达到足够浓度

30. 可燃气体(如乙炔、氢)由于( ),浓度能够达到爆炸极限而引起爆炸。

(A)容易扩散流窜而又无形迹可察觉　　(B)在容器设备内部

(C)在室内通风不良的条件下　　　　　(D)容易与空气混合

31. 在生产、贮存和使用可燃液体过程中要严防( ),室内应加强通风换气。

(A)跑　　　　(B)冒　　　　(C)滴　　　　(D)漏

32. 焊接切割作业中发生火灾和爆炸事故的原因有( )。

(A)焊接切割作业时火星等引燃易燃易爆物品或气体

(B)在高空焊接切割作业时火星等掉落引燃易燃易爆物品

(C)气焊气割时未按要求操作或未检查出设备安全隐患

(D)气瓶管道等的制定安装有缺陷未被发现及整改

33. 焊接切割作业时,( )。

(A)将作业环境 10 m 范围内所有易燃易爆物品清理干净

(B)应注意地沟、下水道内有无可燃液体和可燃气体

(C)是否有可能泄漏到地沟和下水道内可燃易爆物质

(D)对作业环境空气进行检测监护

34. 电焊机着火首先应拉闸断电,然后再灭火。在未断电前只能用( )灭火器灭火。

(A)1 211　　　　(B)二氧化碳　　　　(C)干粉　　　　(D)泡沫

35. 未经( ),动火执行人应拒绝动火。

(A)申请动火　　　　　　　　　　　　(B)没有动火证

(C)超越动火范围　　　　　　　　　　(D)超过规定的动火时间

36. 焊工长期吸进过多的烟尘,将引起( )危险。

(A)头痛、恶心　　　　　　　　　　　(B)金属热

(C)锰中毒　　　　　　　　　　　　　(D)气管炎、肺炎、甚至尘肺

37. 锰中毒早期症状为( )。

(A)乏力　　　　　　　　　　　　　　(B)头痛、头晕、失眠

(C)记忆力减退　　　　　　　　　　　(D)植物神经功能紊乱

38. 局部排气是目前采用的通风措施中( )的有效措施。

(A)使用效果良好 　　　　　　　　　　(B)方便灵活

(C)设备费用较少 　　　　　　　　　　(D)不能立即降低局部区域的烟雾浓度

39. 焊割作业的防护措施有( )。

(A)通风防护措施 　　　　　　　　　　(B)个人防护措施

(C)对电焊弧光的防护 　　　　　　　　(D)对电弧灼伤的防护

40. 焊割作业个人防护包括的内容有( )。

(A)对烟尘和有毒气体的防护 　　　　　(B)对电弧辐射的防护

(C)对高频电磁场及射线的防护 　　　　(D)对噪声的防护

41. 气焊应用的设备及工具包括( )等。

(A)氧气瓶、乙炔瓶(或乙炔发生器) 　　(B)回火防止器

(C)割炬 　　　　　　　　　　　　　　(D)减压器

42. 金属材料在焊接过程中的有害因素可分为( )等几类。

(A)金属烟尘 　　　　(B)有毒气体 　　　　(C)高频电磁场 　　　　(D)射线

43. 焊接时,由于不均匀的加热和冷却,在焊件内产生的应力分为( )。

(A)热应力 　　　　　(B)组织应力 　　　　(C)凝缩应力 　　　　(D)残余应力

44. 焊接残余变形主要有以下几种( )。

(A)纵向缩短和横向缩短 　　　　　　　(B)弯曲变形

(C)波浪变形 　　　　　　　　　　　　(D)扭曲变形

(E)角变形

45. 焊缝横向不均匀收缩会引起( )。

(A)扭曲变形 　　　　(B)角变形 　　　　　(C)波浪变形

(D)凹凸变形 　　　　(E)弯曲变形

46. 为防止或减小焊接残余应力和变形,必须选择合理的( )。

(A)预热温度 　　　　(B)焊接方向 　　　　(C)焊接顺序 　　　　(D)火焰性质

47. 刚性固定法对于一些( )材料就容易采用。

(A)强度高 　　　　　(B)塑性好 　　　　　(C)易裂的 　　　　　(D)韧性好

48. 减小焊件残余变形的方法有哪几种( )。

(A)对称焊 　　　　　(B)刚性固定法 　　　(C)散热法 　　　(D)加热减应区法

49. 影响焊接残余变形的因素有( )。

(A)结构钢性 　　　　(B)材料强度 　　　　(C)焊缝位置 　　　　(D)装配顺序

50. 消除焊接残余应力的方法有哪些( )。

(A)整体高温回火 　　(B)局部高温回火 　　(C)温差拉法伸

(D)机械拉伸法 　　　(E)振动法

51. 气体火焰校正的方法通常有下列几种( )。

(A)点状加热 　　　　(B)线状加热 　　　　(C)三角形加热 　　　(D)弧形加热

52. 金属材料的力学性能包含哪几部分( )。

(A)拉伸 　　　　　　(B)冲击 　　　　　　(C)弯曲 　　　　　　(D)疲劳试验

(E)变形 　　　　　　(F)压缩

53. 碳素结构钢的一般按含碳量分为哪几类(　　　)。

(A)低碳钢　　　　　　(B)中碳钢　　　　　　(C)高碳钢

(D)低合金钢　　　　　(E)工具钢

54. 铝的焊接性包含哪些内容(　　　)。

(A)气孔　　　　　　　(B)易软化　　　　　　(C)热裂纹

(D)烧穿　　　　　　　(E)铝的氧化

(F)合金元素的氧化和蒸发

55. 铝及铝合金的物理特性都包含哪些(　　　)。

(A)线膨胀系数　　　　(B)导电性　　　　　　(C)电磁型

(D)热导率　　　　　　(E)熔点

56. 铝合金材料国际上分为哪几个系列(　　　)。

(A)纯铝　　　　　　　(B)铝镁合金　　　　　(C)铝硅合金

(D)铝锰合金　　　　　(E)铝铜合金

57. 硬度主要分哪几类(　　　)。

(A)布氏硬度　　　　　(B)抗拉硬度　　　　　(C)维氏硬度

(D)洛氏硬度　　　　　(E)疲劳硬度

58. 频率一般为(　　　)几种。

(A)低频　　　　　　　(B)中频　　　　　　　(C)高频

(D)超高频　　　　　　(E)超低频

59. 以下哪些是热裂纹裂纹(　　　)。

(A)结晶裂纹　　　　　(B)火口裂纹　　　　　(C)再热裂纹

(D)弧坑裂纹　　　　　(E)根部裂纹

60. 气孔的形状特征为(　　　)。

(A)圆球形气孔　　　　(B)倒立圆锥形　　　　(C)条虫状

(D)颗粒状　　　　　　(E)密集形气孔

61. 焊接接头中最危险的缺陷是(　　　)。

(A)咬边　　　　　　　(B)未焊透　　　　　　(C)气孔

(D)裂纹　　　　　　　(E)未熔合

62. 珠光体耐热钢中,最主要的元素是(　　　)。

(A)Ti　　　　　　　　(B)Cr　　　　　　　　(C)Mo

(D)Ni　　　　　　　　(E)Nb

63. 焊接变形主要有(　　　)等几种。

(A)收缩变形　　　　　　　　　　　　(B)弯曲变形(挠曲变形)

(C)角变形　　　　　　　　　　　　　(D)波浪变形

64. 水下气割的火焰是在气泡中燃烧的,为将气体压送至水下,需保证一定的压力,因此水下气割用(　　　)的混合气体。

(A)乙炔　　　　　　　(B)液化气　　　　　　(C)氢气

(D)氯气　　　　　　　(E)氧

65. 目前,碳钢、低合金钢等黑色金属常用的切割方法是(　　　)。

(A)氧-乙炔切割 　　(B)电弧切割 　　(C)碳弧切割 　　(D)等离子弧切割

66. 焊丝表面镀铜,可以防止产生( )。

(A)气孔 　　(B)夹渣 　　(C)裂纹

(D)未焊透 　　(E)锈蚀

67. 国产 Q3 型乙炔发生器的结构形式为( )。

(A)排水式 　　(B)沉浮式 　　(C)移动式

(D)高压式 　　(E)固定式

68. 对于乙炔瓶泄压膜的材料的要求有( )。

(A)能承受足够的工作压力 　　(B) 容易破裂

(C)承受足够的工作温度 　　(D)气密性要好

(E)具有一定的耐腐蚀性

69. 以下那些气体属于( )惰性气体。

(A) 氩气(Ar) 　　(B)氢气 　　(C)氦气

(D)氙气 　　(E)氮气

70. 氧-乙炔焰分为哪几种( )。

(A)氧化焰 　　(B) 内焰 　　(C)中性焰

(D) 外焰 　　(E)碳化焰

71. 氩气中的杂质大部分是( )。

(A)氢气 　　(B)氮气 　　(C)二氧化碳

(D)一氧化碳 　　(E)水份

72. 焊接铸铁、高碳钢、硬质合金应采用( )火焰。

(A)中性焰 　　(B)氧化焰 　　(C)碳化焰

(D)弱氧化焰 　　(E)弱碳化焰

73. 钎焊时,最常用的接头为( )。

(A)对接接头 　　(B)搭接接头 　　(C)角接接头

(D)卷边接头 　　(E)T 型接头

74. 紫铜与低碳钢钎焊时,则往往在焊缝中出现( )。

(A)夹渣 　　(B)气孔 　　(C)焊缝裂纹

(D)未焊透 　　(E)渗透裂纹

75. 一般气焊铝及铝合金用的气焊熔剂的牌号为( )。

(A)CJ311 　　(B)CJ301 　　(C)CJ201

(D)CJ401 　　(E)CJ331

76. 铝及铝合金气焊时,一般常用采用( )。

(A)对接接头 　　(B)搭接接头 　　(C)角接接头 　　(D)卷边接头

77. 焊补灰口铸铁的火焰性质为( )。

(A)弱氧化焰或中性焰 　　(B)中性焰 　　(C)碳化焰

(D)氧化焰 　　(E)弱碳化焰

78. 可锻铸铁补焊时,免补焊处产生白口组织,不宜采用( )。

(A)气焊 　　(B)电焊 　　(C)黄铜钎焊

(D)氩弧焊　　　　　　　(E)埋弧焊

79. 焊接时,氢能引起焊缝产生(　　)缺陷。

(A)夹渣　　　　　(B) 冷裂纹　　　　　(C)咬边

(D)热裂纹　　　　　(E)延迟裂纹

80. 在冶炼和焊接的过程中(　　)是重要的脱氧剂。

(A)C　　　　　(B)Zn　　　　　(C)Ti

(D)Mn　　　　　(E)Si

81. 气焊时,预热缓冷可以防止(　　)。

(A)气孔　　　　　(B)夹渣　　　　　(C)焊瘤

(D)冷裂纹　　　　　(E)咬边

82. 低合金珠光体耐热钢是在碳钢的基础上,适当加入了(　　),使钢的组织为珠光体。

(A)铬　　　　　(B)钼　　　　　(C)钒

(D)钛　　　　　(E)镍

83. 散热法对(　　)的钢材不适用,因为容易引起开裂。

(A)低碳钢　　　　　(B)高塑性　　　　　(C)淬火倾向大

(D)高韧性　　　　　(E)高合金钢

84. 电石桶起火时应用(　　)灭火。

(A)水　　　　　(B)干砂　　　　　(C)四氯化碳

(D)泡沫　　　　　(E)二氧化碳

85. 铁基合金的堆焊一般采用(　　)焊丝。

(A)HS111　　　　　(B)HS211　　　　　(C)HS112

(D)HS113　　　　　(E)HS311

(F)HS114

86. 铝及其合金焊缝不宜产生的气孔是(　　)。

(A)氢气孔　　　　　(B)氮气孔　　　　　(C)一氧化碳气孔

(D)条虫状气孔　　　　　(E)二氧化碳气孔

87. 铝及铝合金一般选用可选用(　　)焊丝进行焊接。

(A)丝 221　　　　　(B)丝 311　　　　　(C)丝 401

(D)丝 301　　　　　(E)丝 101

88. 气焊铜及铜合金时,采用焊丝为(　　)。

(A)丝 201　　　　　(B)丝 221　　　　　(C)丝 311

(D)丝 212　　　　　(E)丝 222

89. 黄铜焊接时,宜选用火焰为(　　)。

(A)弱氧化焰　　　　　(B)中性焰　　　　　(C)碳化焰

(D)强氧化焰　　　　　(E)弱碳化焰

90. 在铬镍奥氏体不锈钢中,对晶间腐蚀作用影响最大的元素是(　　)。

(A)硫　　　　　(B)磷　　　　　(C)碳

(D)硅　　　　　(E)铬

91. 焊接铝及铝合金时,下列说法正确的是(　　)

(A)易产生 N_2 气孔   (B)产生 H_2 气孔   (C)容易烧穿

(D)出现焊瘤   (E)易氧化

92. 下列几种方法中，最容易发生焊工"晃眼"的是（   ）。

(A)手工电弧焊   (B)氩弧焊   (C)埋弧焊

(D)气体保护焊   (E)等离子弧焊

93. 黄铜焊接时，关于锌的氧化和蒸发，说法正确的是（   ）。

(A)锌易蒸发   (B)锌烟是有毒气体

(C)锌的蒸发使接头强度提高   (D)锌的蒸发使接头抗腐蚀性降低

(E)易氧化

94. 对气焊、气割工作点局部排风系统吸尘罩的要求，叙述正确的是（   ）。

(A)吸尘罩的安装位置应不影响采光和照明   (B)抽风量越大越好

(C)吸尘罩应有足够的强度   (D)检修方便

95. 一般等离子切割时都采用（   ）气体。

(A)压缩空气   (B)氧气   (C)氢气

(D)氮气   (E)一氧化碳

96. 用于支撑工件，防止变形和校正变形的夹紧器都有哪几种（   ）。

(A)螺旋夹紧器   (B)快速夹紧器   (C)撑圆

(D)拉紧和推撑夹具   (E)千斤顶

97. 常用的埋弧焊焊剂是（   ）。

(A)熔炼焊剂   (B)烧结焊剂   (C)粘结焊剂

(D)酸性焊剂   (E)气剂

98. 我国国家标准对焊缝符号的有关规定中，表示焊缝符号有哪些组成（   ）。

(A)辅助符号   (B)补充符号   (C)基本符号

(D)焊缝尺寸符号   (E)指引线

99. 在焊缝符号和焊接方法代号的标注方法中，标注在基本符号的上侧有（   ）。

(A)坡口角度   (B)焊角   (C)组对间隙

(D)钝边   (E)焊接方法

100. 拉伸试验主要测定焊缝金属或焊接接头的（   ）。

(A)抗拉强度   (B)屈服强度   (C)塑性

(D)弹性   (E)韧性

101. 射线探伤时若底片上出现的缺陷特征是圆形黑点一般是（   ）缺陷。

(A)气孔   (B)裂纹   (C)未焊透

(D)条状夹渣   (E)点状夹渣

102. 铝及铝合金焊接时，产生气孔的水分主要是（   ）吸收的水分。

(A)焊丝   (B)母材表面   (C)氩气

(D)空气   (E)弧柱气体

103. 对于铝合金的焊接性，叙述正确的是（   ）。

(A)焊缝中易产生氢气孔   (B)焊缝中易产生热裂纹

(C) 烧穿   (D)高温下形成的氧化物形成夹渣

(E)接头强度一般大于母材强度

104. 弧光中的紫外线可造成对人眼睛的伤害,引起( )。

(A)畏光　　　　(B)眼睛剧痛　　　　(C)电光性眼炎　　　　(D)眼睛流泪

105. 堆焊过程中,为了防止裂纹的产生,操作不正确的是( )。

(A)焊接过程中应快速加热、快速冷却

(B)接头收尾时火焰应迅速移出熔池表面

(C)堆焊应间断进行,不可以连续作业

(D)淬火零件堆焊前必须先退火

106. 点状加热法不能校正的有( )。

(A)厚度较大、刚性较强的弯曲变形　　　　(B)薄板波浪变形

(C)厚度较小、刚性较弱的弯曲变形　　　　(D)厚度较大但刚性较弱弯曲变形

107. 有关乙炔站的布置,以下说法中正确的是( )。

(A)乙炔站应与车间分开　　　　(B)站内应采用自然通风

(C)内部应用电灯照明　　　　(D)室内温度不低于5℃

(E)配备消防器材

108. 有关吸尘罩的要求,叙述正确的是( )。

(A)应尽量靠近有害物散发源　　　　(B)应不妨碍采光照明

(C)抽风量应尽量小　　　　(D)要有足够的强度

109. 钨极氩弧焊保护效果可以用观察颜色法来观察,在试板上焊后,观察焊缝表面的氧化色彩,对于不锈钢,焊缝表面颜色是( ),保护效果较好。

(A)金黄色条纹　　(B)蓝色条纹　　　　(C)银白色条纹

(D)灰色条纹　　(E)黑色条纹

110. 编制焊接工艺规程的依据包括( )。

(A)结构设计说明书　　　　(B)产品图样及零部件图

(C)产品图样的技术要求　　　　(D)确定预热温度、后热温度

(E)焊接设备、材料等

111. 剪切的主要设备是剪床,剪床按对钢板进行机械分离的方法可分为 ( )剪床。

(A)龙门剪板机　　(B)斜口剪床　　　　(C)圆盘剪床

(D)振动剪床　　(E)联合冲剪机

112. 金属材料淬火时,一般采用( )作为冷却介质。

(A)水　　　　(B)盐水　　　　(C)矿物油

(D)植物油　　(E)汽油

113. 金属在外力作用下的变形过程分为( )三个过程。

(A)弹性变形　　　　(B)弹塑性变形

(C)拉断　　　　(D)断裂

(E)屈服变形

114. 冲击试验时,常用的试样有( )试样。

(A)V形缺口　　(B)K形缺口　　　　(C)U形缺口　　　　(D)Y形缺口

115. 焊接性试验中用得最多的检测方法是( )。

(A)力学性能试验　　　　　　　　(B)无损检测

(C)裂纹试验　　　　　　　　　　(D)宏观金相试验

(E)外观检测

116. 电阻表达式不正确的应为(　　)。

(A)$R=\rho\dfrac{A}{\delta}$　　　(B)$R=\rho\dfrac{A}{L}$　　　(C)$R=\rho\dfrac{L}{A}$　　　(D)$R=\dfrac{A}{\rho L}$

117. 有关并联电路的特点的叙述,正确的是(　　)。

(A)电路有分压作用　　　　　　(B)电阻两端的电压相等

(C)电路有分流作用　　　　　　(D)总电流等于各并联电阻的电流之和

(E)总电阻小于任何一个电阻值

118. 在焊接过程中操作不正确,容易引发触电、漏电事故的是(　　)。

(A)水下焊接时,采用 48 V 电压　　(B)干燥环境下,使用 36 V 的电压照明

(C)电焊机使用时不用接地　　　　(D)用铁丝代替熔丝

(E)用手持焊钳焊接

119. 氧气瓶内有水被冻结时,正确操作的是(　　)。

(A)用火焰烘烤使之解冻　　　　(B)用热水解冻

(C)应关闭阀门　　　　　　　　(D)自然解冻

(E) 热蒸汽缓慢加热

120. 气焊焊炬在点火时,操作不正确的是(　　)。

(A)先旋开氧气调节阀,然后打开乙炔调节阀

(B)先旋开乙炔调节阀,然后打开氧气调节阀

(C)氧气调节阀和乙炔调节阀同时打开

(D)只打开乙炔调节阀

121. 导致乙炔压力低、火焰调节不大原因的说法中,正确的是(　　)。

(A)喷嘴未拧紧　　　　　　　　(B)导管被挤压或堵塞

(C)焊炬被堵塞　　　　　　　　(D)乙炔手轮打滑

122. 常用的焊接方法哪些气体采用的是压缩气瓶(　　)。

(A)氧气　　　　(B)液化石油气　　　(C)二氧化碳

(D)氢气　　　　(E)氩气

123. 对于减压器的安全使用,叙述正确的是(　　)。

(A)乙炔减压器和瓶阀的连接必须可靠严密,严禁在漏气时使用

(B)氧气表和乙炔表不能交换使用

(C)减压器能准确地显示瓶内压力,但不能显示工作压力的高低

(D)使用溶解乙炔瓶需配备专用乙炔减压器,以便调整乙炔的使用压力

124. 对于 H01-6 型焊炬,叙述正确的是(　　)。

(A)可用于焊接 1～6 mm 厚的钢板　　(B)属射吸式焊炬

(C)只适用于低压乙炔　　　　　　(D)焊炬不许沾染油脂等污物

125. 割炬有射吸式和等压式两种,有关这两种割炬,叙述正确的是(　　)。

(A)G01-30 型割炬属于射吸式割炬　　(B)等压式割炬不易回火

(C)G01-100 型割炬属于射吸式割炬　　(D)等压式割炬适用于中压乙炔发生器

126. 有关氧对焊缝金属的影响,叙述正确的是(　　)。

(A)易形成气孔　　　　　　　　　　(B)可能会造成晶界氧化

(C)可能会降低焊缝金属的强度　　　(D)使材料的塑性提高

(E)使材料的塑性韧性降低

127. 对焊接接头的性能没有影响的因素是(　　)。

(A)加热速度　　(B)最高加热温度　　(C)高温停留时间

(D)加热方法　　(E)冷却速度

128. 关于焊接热输入对焊缝性能的影响的描述,错误的是(　　)。

(A)采用小的热输入可以得到粗大的组织

(B)大的热输入容易得到细小的过热组织

(C)小的热输入使得焊缝中的偏析小而分散

(D)热输入越大,晶粒越细小

129. 有关 CG2-150 型仿型切割机的说法中,正确的是(　　)。

(A)切割机应放在通风干燥处,避免受潮

(B)它可以切割厚度为 100 mm 以上的钢板

(C)它是一种高效率的半自动气割机

(D)下雨天不能在露天使用切割机

130. 关于焊缝强度,说法正确的是(　　)。

(A)焊缝金属在单位面积上所能承受的最大应力称作焊缝强度

(B)常用金属材料焊接结构的设计都采用等强度匹配原则

(C)如果焊接接头强度比母材强度高,则会降低整个结构的承载能力

(D)焊缝强度是评定焊缝承载能力的一项技术指标

131. 对搭接接头工作应力分布的叙述,不正确的是(　　)。

(A)侧面角焊缝的长度对接头的应力集中无明显影响

(B)改变正面角焊缝接头的外形和尺寸,可以改变焊趾处的应力集中程度

(C)正面角焊缝接头的应力集中比侧面角焊缝接头的应力集中更为严重

(D)改变正面角焊缝两个焊脚尺寸的比值,应力集中系数不变

132. 焊接接头的 4 种基本形式包括哪些(　　)。

(A)对接接头　　(B)卷边接头　　　(C)搭接接头

(D)角接接头　　(E)T 型接头

133. 不易淬火钢焊接接头包括(　　)。

(A)焊缝　　　　(B)熔合区　　　　(C)热影响区

(D)退火区　　　(E)正火区

134. 对焊件采用(　　),可以消除焊接残余应力的作用。

(A)整体淬火　　　　　　　　　　　(B)振动法

(C)局部高温回火　　　　　　　　　(D)温差拉伸法

(E)消除应力热处理

135. 关于铜合金的钎焊的说法,不正确的是(　　)。

(A)用火焰加热钎料棒使其熔化

(B)钎焊加热时间应尽量长

(C)零件焊后应尽快摆动

(D)由于铜的导热性好,因此要用较大的焊嘴加热

136. 有关异种金属火焰钎焊的描述,正确的是( )。

(A)异种金属钎焊时,两种材料的导热系数是不同的

(B)若采用套接,一般将熔点高、导热性好的材料套在里面

(C)应将钎焊的火焰偏向导热率大的零件

(D)若采用套接接头,被套入的零件的线膨胀系数大于外套零件,则应当适当增加其预留
间隙

137. 关于钎焊的接头缺陷的说法,错误的是( )。

(A)钎焊缺陷会导致接头强度的降低

(B)钎焊缺陷对接头的气密性、水密性无不良影响

(C)焊接过程的不均匀急冷易造成裂纹的产生

(D)由于钎焊过程中,母材金属向液态钎料过渡溶解,会在焊件表面出现凹陷等溶蚀缺陷

138. 可以用火焰校正方法校正焊接变形的材料是( )。

(A)低碳钢   (B)15MnTi

(C)Q345   (D)不锈钢

(E)钛

139. 对于利用火焰加热后性能有所下降的材料,如( ),其变形能采用火焰校正。

(A)低碳钢   (B)不锈钢

(C)Q345   (D)15MnTi

(E)钛

140. 火焰校正焊接变形时,可采用线状加热方式加热,属于线状加热方式的是( )。

(A)直线加热   (B)三角形加热

(C)链状加热   (D)带状加热

(E)点状加热

141. 采用三角形加热法进行火焰校正焊接变形时,下列说法中正确的是( )。

(A)加热区为三角形   (B)多用于校正弯曲变形

(C)加热面积大,但收缩量很小   (D)可用两个或多个焊炬同时加热

142. 铣削采用逆铣时,每个刀齿的切削厚度说法,不正确的是( )。

(A)从薄变厚   (B)恒定值

(C)从最大值减小到零   (D)先减小后增大

143. 焊接生产现场安全检查的内容包括( )。

(A)焊接与切割作业现场的设备、工具、材料是否排列有序

(B)焊接作业现场是否有必要的通道

(C)焊接作业现场面积是否宽阔

(D)检查焊接作业现场的电缆线之间,或气焊(割)胶管与电焊电缆线之间是否互相缠绕

144. 焊接质量会对以下哪些方面带来影响( )。

（A)产品的使用性能　　　　　　(B)产品的使用寿命
（C)人身安全　　　　　　　　　(D)财产安全

145. 下列属于埋弧自动焊缺点的有(　　)。
(A)只能在水平或倾斜度不大的位置施焊
(B)焊接设备复杂,机动灵活性差,仅适用于长焊缝的焊接
(C)埋弧焊对气孔的敏感性较大
(D)浪费焊接材料和电能

四、判断题

1. 变形量主要是由引起变形的应力大小决定的。(　　)
2. 在焊缝尺寸相同的情况下,多层焊比单层焊的收缩量要小。(　　)
3. 氧化铝比铝轻,不易形成夹渣。(　　)
4. 物体受外力越大,则所引起的应力和变形越大。(　　)
5. 紫铜的焊接接头性能低于母材。(　　)
6. 还原反应是指熔池金属氧化物被脱氧的过程。(　　)
7. 金属材料的变形可分为弹性变形和塑性变形两种。(　　)
8. 铅不适于横焊、立焊和仰焊,只适于平焊。(　　)
9. 焊接接头的刚度越大,焊接残余应力越小。(　　)
10. 为了防止氧的有害作用,应选用合适的熔剂和焊丝。(　　)
11. 铬能阻止铸铁的石墨化过程,并降低碳化物的球化速度。(　　)
12. 焊接残余变形主要有纵向和横向缩短变形、角变形、弯曲变形、波浪变形以及扭曲变形等。(　　)
13. 线膨胀系数大的金属材料,焊后焊缝的纵向收缩量小。(　　)
14. 角焊缝比对接焊缝的横向收缩量大。(　　)
15. 若焊件上既有对接焊缝又有角接焊缝时,应先焊角焊缝。(　　)
16. 合金钢中,铬是提高抗腐蚀性能最主要的一种元素。(　　)
17. 电阻焊属于埋弧焊的一种。(　　)
18. 焊缝的纵向收缩和横向收缩不受结构的拘束作用只与焊接内应力有关。(　　)
19. 焊缝的纵向收缩一般随着焊缝长度的增加而减少。(　　)
20. 焊缝纵向收缩易引起角变形。(　　)
21. 校正变形的实质是以一种新的变形去抵抗原来的变形。(　　)
22. 校正变形较大的型钢时,可将其加热到 300℃左右。(　　)
23. 机械校正即反变形法校正。(　　)
24. 机械校正法就是利用机械力的作用,将焊件缩短部分加以延伸,使其恢复到所要求的形状和尺寸。(　　)
25. 机械校正法只适用于高塑性的材料。(　　)
26. 火焰校正的效果,主要取决于火焰加热位置和加热温度,而与焊件加热后的冷却速度关系不大。(　　)
27. 用加热校正变形的钢板,采用冷水或压缩空气急冷加热区将有助于变形的校正。(　　)

28. 气体火焰校正是利用金属的局部受热后的膨胀所引起的新变形，来抵消原来的变形。
（　　）

29. 全面质量管理中的三检制即抽检、全检和免检。（　　）

30. 全面质量管理的基本工作方法是 PDCA 循环。（　　）

31. 产品技术标准，标志着产品质量特性应达到的要求。（　　）

32. 焊接工艺规程是生产过程中最主要和最根本的指导性技术文件，是焊工工作的依据。
（　　）

33. 焊接技术人员需将编好的工艺规程送交校对、会签和审核人员签字后，方可贯彻执行。（　　）

34. 调质钢主要用于综合机械性能要求较高的零件。（　　）

35. 金属塑性是指金属在破坏断裂前吸收能量的大小。（　　）

36. 持久强度是指钢在高温和应力的长期作用下抵抗破坏的能力。（　　）

37. 钨极氩弧焊铝镁及其合金时，常采用交流电源。（　　）

38. 力学性能是钢材在一定温度条件和外力作用下抵抗变形和断裂的能力。（　　）

39. 熔点是金属从液态变为固态时的温度。（　　）

40. 沸腾钢的脱氧安全，其优点是化学成份均匀，组织密实。（　　）

41. 在普低钢中，耐热钢，低温钢及耐蚀钢又称专业用钢。（　　）

42. 凡含碳量小于 0.65% 的碳钢都叫低碳钢。（　　）

43. 高合金钢的合金元素总量大于 15%。（　　）

44. 钢中含有一种或多种合金元素的钢称为合金钢。（　　）

45. 工业上用钢，含碳量很少超过 1.4%。（　　）

46. 气体火焰切割金属时，切割速度越快，变形量越大。（　　）

47. 铅有阻止各种射线穿透的能力。（　　）

48. 焊缝的一次结晶就是焊缝的结晶过程。（　　）

49. 合金元素的烧损即合金元素的氧化。（　　）

50. 退火是将钢加热到临界温度以上 30～50℃，保温一段时间，然后水冷的过程。
（　　）

51. 硫是对钢的热裂纹影响最大的元素之一。（　　）

52. 氧气瓶内保留一定的压力是为了防止空气进入瓶内，使充氧后纯度降低。（　　）

53. 熔池是在静止状态下结晶的。（　　）

54. 采用钨极氩弧焊焊不锈钢时，常采用直流正接。（　　）

55. 金属抵抗另一种更硬物体压入自己体内的能力叫硬度。（　　）

56. 物体在一定的压力下容纳电压的能力叫电容量。（　　）

57. 使用瓶装 CO_2 气体，必须在通过减压器后才能进行干燥。（　　）

58. Q235A 级钢即为原来的 45 号钢。（　　）

59. 铅具有良好的延展性和塑性。（　　）

60. 电荷的运动称为电流。（　　）

61. 火口裂纹就是咬边引起的裂纹。（　　）

62. 时效是指金属经冷加工后硬度不断下降的现象。（　　）

63. 电功率的计算公式为：$P=V/I$（　　　）

64. 气焊铝时，产生的气孔主要是氮气孔。（　　　）

65. CG1—30 是自动气割机的一种。（　　　）

66. CG—Q$_2$ 是半自动气割机的一种。（　　　）

67. 各种型号的半自动气割机的工作原理都基本上相似，只是因为用途略有差异而稍有不同。（　　　）

68. 水下气割火焰宜用氧炔焰。（　　　）

69. 在应力作用下经常会产生裂纹，这种裂纹一般是在 400℃ 以下才可产生，但不属于热裂纹，故称为热应力裂纹。（　　　）

70. 物体受到外力或内力作用后，物体本身形状和尺寸发生的变化称为变形。（　　　）

71. 金属的理论结晶温度与实际结晶温度的差值叫过冷度。（　　　）

72. 铝及其合金的溶剂为白色粉末状混合物，极易吸潮。（　　　）

73. 当外力去除后，物体能恢复到原来的形状和尺寸，这种变形称为塑性变形。（　　　）

74. 焊接构件受三向应力时，最容易受到破坏。（　　　）

75. 偏析不仅使焊缝金属的化学成分不均匀，同时也是产生裂纹、夹渣、气孔等焊接缺陷的主要原因之一。（　　　）

76. 焊接热循环是指焊件上各点在某一时刻的温度。（　　　）

77. 焊接应力与变形产生的根本原因是由于焊接时对焊件不均匀加热和冷却的结果。

（　　　）

78. 正火后钢的晶粒粗大，机械性能差。（　　　）

79. 振动气割适用某些燃烧时产生高熔点氧化物的金属。（　　　）

80. 焊丝中含碳量太高，易引起飞溅和气孔。（　　　）

81. 铝镁合金焊接时常选用比母材含镁量高的焊丝。（　　　）

82. 起割时焰芯可触及到割件表面。（　　　）

83. 气割时氧气压力与切割厚度无关。（　　　）

84. 根据割件的厚度，选择割炬和割嘴的型号。（　　　）

85. 气割面质量，可根据切割面平面度、割纹深度及缺口的最小间距进行分等。（　　　）

86. 不锈钢和铸铁均可采用一般的气割方法进行切割。（　　　）

87. 割嘴结构与切割氧孔道内腔的几何形状是决定高速气割的关键。（　　　）

88. 当导线断开，使电流中断，称为短路。（　　　）

89. 高速气割的切割速度如果过快，不仅后拖量迅速增加，切口纹路变粗，而且还会出凹心和挂渣等缺陷。（　　　）

90. 用组合式割嘴切割薄板时，应采用圆柱齿槽式嘴芯。（　　　）

91. 切割常用的方法有剪切、气割和等离子弧切割等。（　　　）

92. 预热可以减慢焊缝及热影响区的冷却速度，有利于避免产生淬硬组织。（　　　）

93. 特种作业就是对操作者本人以及对他人和周围设施的安全有重大危害因素的作业。

（　　　）

94. 随含碳量的增加，钢在进行气焊时，易产生裂纹，但不易产生气孔。（　　　）

95. 二次结晶是熔池从液相向固相的转变过程。（　　　）

96. 氧气减压器调节螺栓处,为防止生锈,应常涂仪表油。(   )

97. 珠光体是铁素体和奥氏体的机械混合物。(   )

98. 坡口角度是指两坡口面之间的夹角。(   )

99. 焊趾是指焊缝表面和母材的交界处。(   )

100. 氧-乙炔火焰金属粉末喷涂最适用紫铜的喷涂。(   )

101. 喷涂工艺的预热温度不宜过高,约为 100℃左右。(   )

102. 氧-乙炔火焰金属粉末的喷涂工艺的主要缺点是设备复杂。(   )

103. 焊接不锈钢及耐热钢的溶剂牌号是气剂 201。(   )

104. 钢在 AC_3 以上温度停留时间过长,有利于奥氏体均匀化,但将使晶粒粗大。(   )

105. 奥氏体具有面心立方晶格,它是碳溶于面心立方晶格铁中的固溶体。(   )

106. 弯曲变形是由于焊件焊缝布置不对称,或焊件断面形状不对称,焊后焊缝的纵向收缩和横向收缩不一致所引起的。(   )

107. 碳弧气刨所选用的焊机应该是功率较大的交流焊机。(   )

108. 不锈钢和铸铁可以用氧-乙炔焰振动切割法切割。(   )

109. 采用射线探伤时,如果底片感光量较小,则底片经暗室处理后就变得较黑。(   )

110. 表现淬火的目的是为了提高构件的表面强度。(   )

111. 气割速度正确与否,主要由切口的光滑程度来决定。(   )

112. 氧气瓶使用到最后时,不能全部用完,而应留 0.1~0.2 MPa 压力在内。(   )

113. Q3—1 型乙炔发生器属于低压乙炔发生器。(   )

114. 波浪变形最容易产生于厚板的焊接。(   )

115. Q345 钢的气焊工艺与低碳相差很大。(   )

116. 焊接不锈钢时,电焊比气焊更容易造成焊缝晶间腐蚀。(   )

117. 气割过程中,割嘴离开割件表面的距离一般为 3~5 mm。(   )

118. 气割时,割嘴后倾角应随钢板厚度的增加而增加。(   )

119. 高速气割的气割速度可比普通气割提高 26%~30%,但切口表面粗糙。(   )

120. 当使用普通割嘴切割钢板时,气流出口流速的最大值为声速。(   )

121. 焊接对称焊缝时,可以不考虑焊接的顺序和方向。(   )

122. 铝的熔点很低,最容易进行气割。(   )

123. 射吸式焊炬适用于低压乙炔,不能用中压乙炔。(   )

124. 仿型气割机不适用高碳钢板的切割。(   )

125. 熔池的最高温度,位于火焰的下面,熔池的表面上。(   )

126. 熔池头部的温度比尾部温度梯度要高。(   )

127. 焊缝中含氢越高,塑性下降越严重。(   )

128. 乙炔分解和燃烧后不能产生氢。(   )

129. 氢是焊缝金属中有害的气体之一。(   )

130. 扩散主要发生在熔池尚未凝固或在熔池虽已经凝固但温度仍然很高时。(   )

131. 当凝固过程中,气体来不及逸出,就会形成熔渣上浮。(   )

132. 当熔池凝固很快,熔渣尚未浮出,熔池就已凝固,形成夹渣。(   )

133. 扩散得越好,焊缝金属的化学成分越均匀。(   )

134. 扩散是指气焊时熔池内的金属和母材相结合的过程。（　　）

135. 焊缝的化学成分和质量在很大程度上和气焊丝的化学成分和质量有关。（　　）

136. 焊接不锈钢时,应选用含碳量和含铬、镍量都比母材成分高的焊丝。（　　）

137. 冬季要防止氧气瓶阀冻结,如果已经冻结,只能用明火加热。（　　）

138. 焊缝倾角就是焊缝轴线与水平面之间的夹角。（　　）

139. 焊缝的宽深比越小,越不容易产生裂纹。（　　）

140. 铝焊丝 ER5356 是纯铝的焊丝。（　　）

141. 乙炔在氧气中燃烧的过程是一个先吸热、后放热的过程。（　　）

142. 氮是提高焊缝强度、降低其塑性和韧性的元素。（　　）

143. 气焊时氧气侵入焊接区,完全是气体火焰保护不好。（　　）

144. 加热减应区法是一种利用金属热胀冷缩的特性,只加热焊件的某一部位,而使补焊区的应力大为减小,从而达到避免产生裂纹的焊接方法。（　　）

145. 按产生的乙炔压力不同,乙炔发生器可分为低压式、中压式和高压式三类。（　　）

146. 乙炔发生器应适应于一切粒度的电石。（　　）

147. 气焊采用右焊法焊接比采用左焊法焊接,焊缝金属氧化严重。（　　）

148. 氢是在焊缝和热影响区中引起气孔和裂纹的主要因素之一。（　　）

149. 乙炔在净化过程中的水洁处理是为了去除磷化氢。（　　）

150. 金属的碳化物在焊缝金属中会使焊缝金属强度、硬度降低。因此气焊时一般都采用中性焰。（　　）

151. 氧气不但能够帮助其他可燃物质燃烧,而自身也可燃。（　　）

152. 焊接熔池的一次结晶完毕时的组织一般是等轴晶粒。（　　）

153. 铸造铝合金的补焊特点与焊接变形铝合金相似。（　　）

154. 补焊灰铸铁采用裁丝的目的是为了增强焊缝的塑性。（　　）

155. 气焊灰铸铁只能进行平焊,不能进行立焊和仰焊。（　　）

156. 纯铜气焊时要选择较大的火焰能率,但不需要预热。（　　）

157. 灰铸铁补焊时,应在空气流畅的地方施焊。（　　）

158. 补焊锡青铜时,可采用气焊铝的熔剂,即气剂 401。（　　）

159. 乙炔存在于毛细管中时,爆炸的危险性大大地减小。（　　）

160. 光电跟踪气割机的优点之一是对仿形图绘制精度要求不高。（　　）

161. 靠模气割只适宜于大批量的产品割件。（　　）

162. 气焊时的物理冶金过程有熔渣上浮、气体逸出、元素的扩散、熔池金属的飞溅、元素的蒸发。（　　）

163. 线膨胀系数大的金属材料,焊接后收缩量大。（　　）

164. 备料主要是原材料和零件坯料的准备,其中包括钢材入内复验及钢材的校正。（　　）

165. 焊接、气割操作不属于特殊工种。（　　）

166. 特种作业人员不必培训就可以上岗独立操作。（　　）

167. 在常温下进行的成形加工称为冷加工。（　　）

168. 高空作业时,焊、割工必须使用标准的安全带,并将其紧固系牢。（　　）

169. 佩戴和使用相应的防护用具是防止人员自身免遭危害的重要措施。（　　）

170. 安全技术就是为了防止工伤、火灾、爆炸等事故的发生,并创造良好的安全劳动条件而采取的各种技术措施。(   )

171. 光电跟踪自动气割机是由光电自动跟踪台和自动气割机两大部分组织。(   )

172. 射吸式割炬是应用较为广泛的一种割炬,这种割炬适用于低压或中压乙炔。(   )

173. 堆焊是为增大或恢复焊件尺寸或使焊件表面获得有特殊性能的熔敷金属而进行的焊接。(   )

174. 堆焊前焊件不必预热。(   )

175. 焊缝中的偏析主要有显微偏析、区域偏析、层状偏析和弧坑偏析。(   )

176. 氢容易在焊接接头中引起冷裂纹。(   )

177. 巴氏合金又称为乌金。(   )

178. 钎焊时,接头间隙不合适,焊件表面未清理干净,都会产生各种缺陷。(   )

179. GB150《钢制压力容器》标准规定,容器封头直边部分的纵向皱折深度应不大于2.5 mm。(   )

180. 根据长度焊、割缝需要的气体消耗量不能计算出总的耗气量。(   )

181. 焊接生产质量管理的内容很广,几乎包括一切从事产品生产的人员调配与工作质量管理。(   )

182. 为了保证等离子弧的稳定燃烧,等离子弧设备都采用直流电源。(   )

183. 在进行下料时,应留出适当的切割加工余量。(   )

184. 对构件的弯曲变形、波浪变形及角变形,一般可用圆规来进行检测。(   )

185. 平面图形放样可以在坯料上划出,供下料和制作样板使用。(   )

186. 班组作业管理工作的主要任务是:及时全面地了解生产过程,使生产过程中的各个工序协调进行,保证实现班组的生产作业计划。(   )

187. 磁粉探伤可发现焊件内部缺陷。(   )

188. 铝合金焊接时强度比较低,所以应尽量采用搭接接头。(   )

189. 搭接接头静载强度计算时,正面焊缝与侧面焊缝受拉时采用不同的计算公式。

(   )

190. 采用火焰校正薄板的波浪变形时,要采用点状加热,加热的位置为波浪的最低点。

(   )

191. 结构的截面积越大,结构的刚性越大,抵抗变形的能力越大。(   )

192. 普通数控气割机简称 NC。(   )

193. 激光切割法的切割速度一般超过机械切割。(   )

194. 制定焊接工艺规程必须从本厂的实际出发,充分利用现有设备,结合具体生产条件以消除生产中的薄弱环节。(   )

195.《特种设备焊接操作人员考核细则》中规定,焊工技能操作考试试件焊缝表面应是焊后原始状态,没有加工、修磨或返修焊。(   )

196.《国家职业标准——焊工》中规定初级工为国家职业资格一级。(   )

197. CO_2 气体保护焊时,熔滴不应呈粗粒状过渡,因为飞溅加大,焊缝成型差。(   )

198. 技术总结是一种正式在刊物上发表文章的形式。(   )

199. 蒸汽管道应用压缩氮气进行吹扫。(   )

200. 环境影响评价制度的运用范围一般限于对环境有影响的开发建设工程及活动。

　　　　　　　　　　　　　　　　　　　　　　　　　　　　　　（　　）

201. 洛氏硬度常用 HRA、HRB、HRC 表示，其中 HRC 应用最广。（　　）

202. 横向可变拘束试验是用来评价材料对热裂纹敏感性的试验。（　　）

203. 减压器上不得沾染油脂、污物，如果有则必须擦拭干净后才能使用。（　　）

204. 安全阀应定期做排气试验。（　　）

205. 安装在乙炔发生器上的回火保险器，气流压力必须与该发生器的乙炔生产压力相适应。（　　）

206. 焊接热影响区根据其主要组织特征可分为熔合区、过热区、重结晶区、不完全重结晶区。（　　）

207. 对接接头中，由于余高的影响，在焊缝与母材的过渡处易引起应力集中。（　　）

208. 氧乙炔喷涂的涂层由过渡层和工作层两部分组成。（　　）

209. 波浪变形是因为薄板焊接时，远离焊缝区域的压应力超过临界值造成薄板失稳而产生的。（　　）

210. 不锈钢与紫铜进行钎焊时，如采用黄铜钎料，则可以采用钎剂 301。（　　）

五、简 答 题

1. 铝合金怎样分类？铝具有哪些优点？

2. 铝及其合金焊接时会出现哪些问题？

3. 气焊铝时，焊缝中为何易产生气孔？

4. 铝镁合金气焊用焊丝如何选择？为什么？

5. 为什么铝和铝合金焊接时容易造成烧穿？防止烧穿的方法有哪些？

6. 铜有哪些优点？

7. 黄铜气焊时，选用什么牌号的焊丝？采用什么性质的火焰？

8. 焊接纯铜时容易产生热裂纹有哪些原因？

9. 钢焊丝中的含硫量是怎样规定的？

10. 钢焊丝中的含磷量是怎样规定的？

11. 钢焊丝中碳元素对焊接和焊后焊缝性能有何影响？

12. 钢焊丝中硅元素对焊接和焊后焊缝性能有何影响？

13. 焊件焊后缓冷的方法有哪些？

14. 焊件焊前预热温度的高低取决于哪些因素？

15. 焊接热循环的参数主要有哪几个？

16. 焊前预热有什么作用？

17. 什么是焊接的热循环？有何作用？

18. 可锻铸铁有何特征？主要用在什么场合？

19. 铸件焊前预热的方法有哪些？

20. 铸铁热焊法的优缺点各是什么？

21. 气焊灰口铸铁使用焊剂时应注意哪些事项？

22. 焊补铸铁时产生气孔的原因是什么？

23. 气焊铸铁时,预防热应力裂纹应采取哪些措施?
24. 钢材中铬元素对钢性能及焊接性有何影响?
25. 氮对焊缝金属有何影响?
26. 氢对焊缝金属有何影响?
27. 氧对焊缝金属有何影响?
28. 校正焊接变形的方法分哪两类? 其实质各是什么?
29. 防止和减少焊接应力的工艺措施有哪些?
30. 控制焊接变形的设计措施有哪些?
31. 产生波浪变形的原因是什么?
32. 影响焊接残余变形的因素有哪些?
33. 焊后消除焊接残余应力的方法有哪些?
34. 减小、防止焊接残余变形有哪些措施?
35. 如何选择合理的焊接顺序?
36. 非对称的焊缝,为什么要先焊焊缝少的一侧?
37. 什么是定位器? 有几种类型?
38. 夹紧器的作用是什么? 有哪几种形式?
39. 装配焊接胎具、夹具的作用是什么?
40. 影响切割变形的主要因素有哪些?
41. 何谓垂直度?
42. 何谓不直度?
43. 符合哪些条件的金属才能进行气割?
44. 高速气割的特点是什么?
45. 简述铅的焊接特点。
46. 镁及其合金气焊时,可否用"气剂 401"?
47. 镁合金气焊用焊丝如何制造和检查?
48. 铜与铝之间焊接的主要困难是什么?
49. 为何说合金钢中的锰具有抗热裂的性能?
50. 低合金高强度钢焊缝的组织是怎样的?
51. 气焊合金时,必须采取哪些工艺措施?
52. 消除应力退火的保温时间如何确定?
53. 最常用的焊后热处理有哪几种方法?
54. 什么是焊后热处理?
55. 焊接结构件在什么情况下需要焊后热处理?
56. 为什么铬钼钢焊后应及时进行热处理?
57. 影响热影响区冷却速度的因素有哪些?
58. 焊缝的一次结晶组织对焊缝性能有何影响?
59. 何为变质处理?
60. 防止冷裂纹的措施有哪些?
61. 焊接区的水份对气孔的生成有何影响?

62. 试述钢焊缝中一氧化碳气孔产生的原因。
63. 影响热裂纹的因素有哪些?
64. 防止热裂纹的措施有哪些?
65. 冷裂纹的产生原因是什么?
66. 何谓氧－乙炔焰金属粉末喷焊工艺?
67. 氧－乙炔焰金属粉末喷焊主要设备有哪些?
68. 氧－乙炔焰金属粉末喷涂时,涂层与基体结合有哪几种形式?
69. 氧－乙炔焰金属粉末喷涂工艺包括哪几个方面?
70. 什么是工艺纪律? 制定工艺纪律的目的是什么。
71. 什么是编制复杂气焊(割)件的工艺规程?
72. 为什么要对气焊工进行安全教育?
73. 铆工划线时,怎样预放加工余量?

六、综 合 题

1. 怎样看懂金属构件图?
2. 简述铝及其合金的气焊工艺。
3. 焊接铝及其合金时,使用熔剂的作用是什么。
4. 怎样防止铝及其合金焊接时产生气孔?
5. 铝及其合金表面的氧化膜给焊接带来了哪些困难?
6. 铝及铝合金焊接时产生裂纹的原因是什么?
7. 铜及铜合金焊接时的主要问题有哪些?
8. 为什么紫铜焊接接头的性能一般均低于母材?
9. 纯铜焊后需进行哪些处理?
10. 纯铜焊接时为何易产生热裂纹?
11. 如何防止铜及其合金焊接时产生的气孔?
12. 铸铁采用气焊有何好处?
13. 灰口铸铁焊接时存在哪些问题?
14. 怎样提高气割切口表面质量?
15. 提高切割速度的主要途径有哪些?
16. 气割切口的质量检验标准主要从哪几方面衡量?
17. 影响气割质量的因素有哪些?
18. 气割碳钢时,为什么要根据含碳量来选择火焰?
19. 简述加铁丝气割不锈钢的特点。
20. 钢中有哪些主要合金元素? 其中铬和钼各起什么作用?
21. 钢焊丝中锰元素对焊接和焊后焊缝性能有何影响?
22. 预防气孔产生的措施有哪些?
23. 铅焊的安全防护措施有哪些?
24. 焊后热处理的作用有哪些?
25. 根据什么原则选择回火热处理规范?

26. 气焊工艺过程卡和工序卡应包括哪些内容?

27. 氧气纯度对气焊质量有何影响?

28. 氧气纯度对气割质量有何影响?

29. 氧气、乙炔气体压力的稳定性对气割质量有何影响?

30. 如何从母材的力学性能考虑选用气焊丝?

31. 简述气焊丝中硅对焊接质量的影响。

32. 测量某一焊接熔渣,其中各种碱性氧化物的总质量为 8 kg,酸性氧化物的总质量为 5 kg,试计算该熔渣是碱性渣还是酸性渣?

33. 为什么合金元素能提高钢的回火稳定性,且能提高钢的强度?

34. 已知一焊接拉板为 Q235A 级(A3)钢焊成,其厚度为 2 mm,宽 50 mm,焊接接头许用拉应力 $[\sigma']$ 为 155 MPa,求此焊接拉板能承受的最大拉力是多少?

35. 空氧气瓶的质量是 57 kg,装入氧气后质量为 63 kg,氧气的温度为 20℃(氧气在 20℃时密度为 1.429 kg/m³),试求瓶内贮存的氧气是多少标准立方米?

36. 一根截面为 12 mm×12 mm 的焊接拉杆,当两端施加的拉力逐渐增大到 43 200 N 时,焊接拉杆被拉断,试求焊接拉杆抗拉强度。

气焊工(中级工)答案

一、填 空 题

1. 500～600	2. 垂直于	3. 热应力	4. 热胀冷缩
5. 三角形加热	6. 氧化膜	7. 保温	8. 低熔点
9. 化学	10. 中	11. 好	12. 结构简单
13. 不稳定	14. 减压	15. 低	16. 中
17. 过热现象	18. 颗粒度	19. 集气室	20. 0.1
21. 大	22. 卷边	23. 焊件(或焊件坡口)	
24. 慢	25. 机械加工	26. 氧化	27. 脱氧
28. 液态	29. 形核	30. 中心	31. 变质处理
32. 弧坑	33. 火口裂纹(或弧坑裂纹)		34. 热裂
35. 冷脆	36. 细	37. 移出	38. I 型
39. 带钝边 V 型	40. 311	41. 放炮回火	42. 焊件(或母材)
43. 用途	44. 降低	45. 增大	46. 正比
47. 酸	48. 铸铁	49. 三氧化二铝(Al_2O_3)	
50. 母材或熔合区	51. 裂纹	52. 细	53. 夹渣
54. 气孔	55. 均匀	56. 飞溅	57. 越高
58. 加热和冷却	59. 氧化烧损	60. 中性	61. 上下跳动
62. 1/3 以上	63. 管子表面	64. 基层	65. 220
66. 毫米	67. 圆孔型	68. 焊嘴	69. 热裂纹
70. FeS	71. 600～700	72. 焊缝中	73. 含碳量
74. 锌	75. 12	76. 局部	77. 左焊法
78. 气体火焰保护不好		79. 波浪变形	80. 1 mm
81. 气割速度	82. 3	83. 3 050～3 150	84. 800
85. 粗大	86. 波浪	87. 流动方向	88. 垂直
89. 90	90. 切割氧流	91. 组合式	92. 亚音速
93. 高	94. 塑性	95. 显微	96. 氧气
97. 不用	98. 大	99. 大	100. 切割
101. 安全教育	102. 完工零件	103. 低	104. 容易
105. 铈钨极	106. 过热	107. 过冷度	108. 大
109. 小	110. 钢丝	111. 熔剂	112. 变形
113. 温度	114. 铈钨极	115. 硫	116. 氢
117. 弹性	118. 偏析	119. CJ101	120. 直

121. 气焊　　　　　122. 增加　　　　　123. 硫化氢　　　　124. 乙炔
125. 熔点　　　　　126. 压　　　　　　127. 机械　　　　　128. 收缩
129. 残余应力　　　130. 易裂的(或脆性)　131. 三角形　　　132. 越大
133. 材料　　　　　134. 50　　　　　　135. 相近　　　　　136. 好
137. 1.1∶1.2　　　138. 质量证明书　　139. 合格　　　　　140. 上限
141. 1∶1　　　　　142. 2 m　　　　　143. 60°　　　　　144. 相反
145. 气体　　　　　146. 焊缝金属　　　147. 根部　　　　　148. 水封式
149. 气体　　　　　150. 垂直度　　　　151. 接头强度　　　152. 气孔
153. 冷裂纹　　　　154. 太低　　　　　155. 不直　　　　　156. 低凹
157. 爆炸　　　　　158. 晶核的长大　　159. 非破坏性　　　160. 塑性
161. 腐蚀　　　　　162. 磁性　　　　　163. 安全　　　　　164. 手套
165. 易燃、易爆　　166. 不填加焊丝　　167. 停止作业　　　168. 电弧燃烧
169. 铈钨极　　　　170. 钨极发热　　　171. 热影响区　　　172. 局部剖视图
173. 非转移弧　　　174. 等离子弧　　　175. 熔透型　　　　176. 高温高速
177. CJ401　　　　178. 脱氧　　　　　179. 氧化焰　　　　180. 根部
181. 方向性好　　　182. 熔池　　　　　183. 火焰成份和能率　184. 乙炔瓶
185. 弱碳化焰

二、单项选择题

1. A	2. B	3. A	4. D	5. B	6. B	7. C	8. B	9. A
10. C	11. B	12. A	13. C	14. A	15. C	16. B	17. B	18. C
19. A	20. C	21. B	22. A	23. B	24. A	25. B	26. D	27. B
28. A	29. B	30. C	31. C	32. B	33. A	34. B	35. B	36. A
37. B	38. A	39. A	40. A	41. C	42. C	43. A	44. B	45. B
46. B	47. C	48. C	49. B	50. C	51. B	52. C	53. B	54. A
55. B	56. A	57. C	58. D	59. C	60. C	61. D	62. D	63. B
64. C	65. A	66. A	67. B	68. B	69. D	70. B	71. A	72. B
73. B	74. C	75. A	76. B	77. B	78. B	79. B	80. C	81. A
82. B	83. A	84. B	85. A	86. C	87. A	88. A	89. B	90. C
91. A	92. A	93. B	94. C	95. B	96. C	97. D	98. B	99. B
100. A	101. A	102. A	103. C	104. A	105. B	106. A	107. A	108. B
109. B	110. C	111. A	112. B	113. B	114. C	115. A	116. C	117. B
118. B	119. D	120. A	121. B	122. B	123. B	124. C	125. B	126. B
127. A	128. B	129. D	130. U	131. D	132. A	133. B	134. B	135. B
136. C	137. B	138. D	139. B	140. A	141. B	142. B	143. B	144. A
145. B	146. B	147. A	148. B	149. C	150. A	151. B	152. B	153. A
154. A	155. B	156. C	157. B	158. B	159. B	160. A	161. A	162. B
163. A	164. D	165. A	166. C	167. A	168. B	169. D	170. D	171. B
172. C	173. C	174. A	175. B	176. A	177. B	178. C	179. A	180. B

181. B 182. C 183. D 184. D 185. C 186. A 187. A 188. C 189. B
190. A 191. B 192. B 193. D 194. D 195. C 196. B 197. C 198. C
199. A 200. C 201. C 202. D 203. B 204. D 205. A 206. C 207. C
208. D 209. B 210. B 211. D 212. C 213. B 214. C 215. D 216. D
217. B 218. D 219. A 220. B 221. A 222. A 223. C 224. C 225. A
226. A 227. C 228. A 229. D 230. C 231. C 232. A 233. A 234. D
235. D 236. B 237. A 238. B 239. B 240. B 241. A 242. A 243. C
244. A 245. C 246. C 247. C 248. A 249. A 250. D 251. C 252. A
253. D 254. D 255. C 256. C 257. A 258. B 259. C 260. B 261. B
262. C 263. C 264. C 265. C 266. B 267. D 268. B 269. B 270. A
271. D 272. A 273. B 274. D 275. A 276. A 277. C 278. D 279. A
280. C 281. D 282. B 283. B 284. B 285. A 286. B 287. C 288. B
289. A 290. D 291. A 292. C 293. A 294. D 295. B 296. C 297. A
298. B 299. C 300. B 301. B 302. A 303. A 304. A 305. D 306. A
307. C 308. D 309. A 310. B 311. B 312. C 313. C 314. B 315. D
316. C 317. A 318. A 319. C 320. A 321. C

三、多项选择题

1. AB 2. ABCD 3. ABCD 4. ABC 5. ABC 6. ABCDE 7. ADE
8. ABD 9. ABCE 10. BCD 11. ABCDEF 12. ABDE 13. ABD
14. BCD 15. BCD 16. ABCD 17. ABCD 18. AC 19. CD 20. ABCD
21. AD 22. ABCD 23. ABCD 24. BC 25. ABCD 26. ABCD 27. ABCD
28. ABC 29. ABCD 30. ABCD 31. ABCD 32. ABCD 33. ABC 34. ABC
35. ABCD 36. ABCD 37. ABCD 38. ABC 39. ABCD 40. ABCD 41. ABC
42. ABCD 43. ABC 44. ABCDE 45. AE 46. BC 47. ABD 48. ABC
49. ACD 50. ABCDE 51. ABC 52. ABCD 53. ABC 54. ABCDEF
55. ABCDE 56. ABCDE 57. ACD 58. ABCD 59. ABD 60. ACE 61. DE
62. BC 63. ABCD 64. BE 65. ABCD 66. AE 67. ACE
68. ABCDE 69. ACD 70. ACE 71. BE 72. CE 73. BDE 74. CE
75. ABE 76. BCD 77. BE 78. ABDE 79. BE 80. DE 81. AE
82. AB 83. CE 84. BE 85. ACDF 86. BC 87. BD 88. ABDE
89. AB 90. CE 91. BCE 92. ABDE 93. ABCE 94. ACD 95. AD
96. ABDE 97. ABC 98. ABCDE 99. ACD 100. ABCE 101. AE 102. AB
103. ABCD 104. ABCD 105. ABC 106. ABD 107. ABDE 108. ABD 109. AC
110. ABCE 111. ACDE 112. ABC 113. ABD 114. AC 115. ABDE 116. ABD
117. BCDE 118. ACDE 119. BCE 120. BCD 121. BCD 122. ADE 123. ABD
124. ABD 125. ABCD 126. ABCE 127. ABCE 128. ABD 129. ABCD 130. ABD
131. ACD 132. ACDE 133. ABC 134. BCDE 135. ABC 136. ACD 137. ACD
138. ABC 139. ACD 140. ACD 141. ACD 142. BCD 143. ABCD 144. ABCD

145. ABCD

四、判 断 题

1. √	2. √	3. ×	4. √	5. √	6. √	7. √	8. √	9. ×
10. √	11. √	12. √	13. √	14. √	15. ×	16. √	17. √	18. ×
19. ×	20. ×	21. √	22. √	23. √	24. √	25. √	26. √	27. ×
28. ×	29. ×	30. √	31. √	32. √	33. √	34. √	35. ×	36. √
37. √	38. √	39. √	40. ×	41. √	42. ×	43. ×	44. √	45. √
46. ×	47. √	48. √	49. √	50. √	51. √	52. √	53. √	54. √
55. √	56. √	57. √	58. √	59. √	60. ×	61. √	62. ×	63. ×
64. ×	65. ×	66. √	67. √	68. √	69. √	70. √	71. √	72. √
73. ×	74. √	75. √	76. ×	77. ×	78. ×	79. √	80. √	81. √
82. √	83. √	84. √	85. √	86. √	87. √	88. √	89. √	90. √
91. √	92. √	93. √	94. √	95. ×	96. ×	97. √	98. √	99. √
100. ×	101. √	102. √	103. √	104. √	105. √	106. √	107. √	108. √
109. ×	110. √	111. √	112. √	113. √	114. √	115. √	116. √	117. ×
118. ×	119. √	120. √	121. √	122. √	123. ×	124. √	125. √	126. √
127. √	128. ×	129. √	130. √	131. ×	132. √	133. √	134. ×	135. √
136. √	137. √	138. √	139. √	140. √	141. √	142. √	143. √	144. √
145. ×	146. √	147. √	148. √	149. √	150. √	151. √	152. √	153. √
154. ×	155. √	156. ×	157. √	158. √	159. √	160. √	161. √	162. √
163. ×	164. √	165. ×	166. √	167. √	168. √	169. √	170. √	171. √
172. √	173. √	174. √	175. √	176. √	177. √	178. √	179. √	180. ×
181. √	182. √	183. √	184. √	185. √	186. √	187. √	188. √	189. ×
190. ×	191. √	192. √	193. √	194. √	195. √	196. ×	197. √	198. ×
199. ×	200. √	201. √	202. √	203. √	204. √	205. √	206. √	207. √
208. √	209. √	210. ×						

五、简 答 题

1. 答:铝合金一般分为变形铝合金和铸造铝合金两大类,其中变形铝合金又可分为热处理强化铝合金和非热处理强化铝合金(2分)。按其中主要合金元素不同,又可分为铝镁合金、铝锰合金和铝铜合金等(2分)。

铝具有比重小、抗腐蚀性好、导电性强及导热性高等优点(1分)。

2. 答:铝及其合金焊接时会出现下列问题:

(1)铝的氧化。(1分)

(2)合金元素的氧化和蒸发。(1分)

(3)气孔。(0.5分)

(4)热裂纹。(0.5分)

(5)接头强度低。(1分)

(6)烧穿。(1分)

3. 答:气焊铝及铝合金时,产生气孔的气体主要是氢气。氢能大量溶于液态铝中,但几乎不溶于固态铝。因此,在熔池结晶时,原来溶于液态铝中的氢几乎全部逸出,形成氢气泡,如果冷却速度快,形成的氢气泡来不及跑出熔池,便在焊缝中形成气孔。(5分)

4. 答:铝镁合金气焊时常选用比母材含镁量高的焊丝,因为镁与氧的亲和力较大,气焊时,往往选用比母材含镁量高的焊丝,以补偿镁的烧损。(5分)

5. 答:铝及铝合金由固态转变为液态时,没有显著的颜色变化,不易判断熔池温度变化情况,其次温度升高时,铝的机械强度降低。因此,焊接时常因温度过高同时又没有被观察人员发觉而造成烧穿。(2分)

铝及铝合金焊接时防止烧穿的方法有:

(1)调整焊点间距。(0.5分)

(2)工件对准、装夹好。(0.5分)

(3)改进操作技术,工作时人员集中精力。(0.5分)

(4)保证气焊熔剂质量。(0.5分)

(5)控制焊接熔池温度。(0.5分)

(6)背面加衬垫。(0.5分)

6. 答:铜具有良好的导电性、导热性和优良的机械性能,并且在非氧化性酸中具有耐腐蚀性。(5分)

7. 答:黄铜气焊时,一般选用丝221、丝224等,因为这些焊丝中含有硅、锡、铁等元素,能防止和减少熔池中锌的蒸发和烧损。火焰采用轻微氧化焰或中性焰。(5分)

8. 答:焊接纯铜时,产生热裂纹的原因是:铜的线膨胀系数和收缩率均比低碳钢大,对于钢性较大的焊件,焊接时产生较大的内应力,熔池在结晶过程中,在晶界上易生成低熔点的$Cu_2O—Cu$共晶,当铜材中含有杂质铋(Bi)、铅(Pb)等过多时,就更容易形成热裂纹。(5分)

9. 答:在一般焊丝中规定含硫量不大于0.04%,在优质焊丝中不大于0.03%,在高级优质焊丝中不大于0.025%。(5分)

10. 答:在一般焊丝中规定含磷量不大于0.04%,在优质焊丝中不大于0.03%,在高级优质焊丝中不大于0.025%。(5分)

11. 答:碳是钢中的主要合金元素,当含碳量增加时,钢的强度、硬度明显增加,耐磨性也增加,但塑性降低,若含碳量过高,会使钢的淬硬倾向增加,特别是钢中有较多的合金元素存在时,这种倾向就更大。在焊接过程中,碳是一种良好的脱氧剂,但由于还原作用过分强烈会使飞溅增大和产生气孔,因此低碳钢焊丝中含碳量规定要小于0.20%。(5分)

12. 答:硅元素是一种较好的脱氧剂和合金剂,在钢中含适量的硅能提高钢的强度、弹性及抗酸的能力。在焊接过程中,硅具有较强的脱氧能力,它的脱氧能力比锰还强,与氧形成二氧化硅,当含硅量和二氧化硅量过多时,容易造成夹渣和降低焊缝塑性,所以,一般在焊丝中含硅量应作适当的限制。(5分)

13. 答:焊件焊后缓冷的方法有随炉冷却;用保温材料(石棉灰、草木灰等)进行保温;用红外线加热器控制降低温度,实现缓冷;焊后用气焊火焰再次加热实现缓冷。(5分)

14. 答:取决于四个因素:一是材料的化学成份(1分);二是焊件的厚度,焊件的厚度增加,预热温度应相应提高(1.5分);三是周围环境的温度,环境温度越低,预热温度应增加(1.5

分);四是焊接接头的拘束度(1分)。

15. 答:焊接热循环的参数主要有以下四个:

(1)加热速度。(1分)

(2)加热的最高温度。(1.5分)

(3)高温停留时间。(1.5分)

(4)冷却速度。(1分)

16. 答:焊接前预热能够降低焊后冷却速度。对于易淬火钢,通过预热可以减小淬硬程度,防止产生焊接裂纹。另外,预热还可以减小热影响区的温度差别,能在较宽的范围内得到比较均匀的温度分布,有助于减小因温度差别而造成的焊接应力。预热对焊接热循环的这种有利影响,对于焊接具有淬硬倾向的钢材是十分理想的。(5分)

17. 答:在焊接时,焊件上某一点温度是随着时间而变化的。焊接过程中该点温度随着焊接火焰的移近而逐渐升高,达到最高温度后又逐渐降温,直到焊件冷却,该点就恢复到初温,这种热过程称为热循环。根据热循环的特征,能判断焊件上的各焊点性能变化和热影响区的宽度,焊接时就可根据不同金属材料的物理性质来选择焊接火焰的大小,以提高接头的质量。(5分)

18. 答:可锻铸铁(俗称马铁)中的石墨呈团絮状和球状形状存在,由于石墨呈棉絮状和球状对基体割裂作用减小,与灰口铸铁相比,大大提高了强度,并具有一定的塑性和韧性,主要用在一些重要的铸件中。(5分)

19. 答:铸件焊前预热的方法有:

(1)砖砌加热炉加热。(1分)

(2)电磁感应加热。(0.5分)

(3)电阻加热。(0.5分)

(4)燃气管喷烧器加热。(1分)

(5)氧-乙炔火焰加热。(1分)

(6)红外线板式加热器加热。(1分)

20. 答:热焊的优点是焊接质量好,接头加工性能好。缺点是工艺较复杂,需要有一套特殊的加热设备,并且操作工人的劳动条件也较差。(5分)

21. 答:(1)将焊丝和工件加热后加焊剂。(1分)

(2)在施焊时不断用焊丝搅动使熔剂能充分发挥作用,以便焊渣易于浮起。(1.5分)

(3)施焊时如焊渣浮起过多,应用焊丝将其随时抹去。(1.5分)

(4)熔剂放置时应保持干燥,谨防受潮。(1分)

22. 答:(1)焊件的加热温度太低,熔池的形成速度过快。(1.5分)

(2)焊丝填送太快,焊丝和熔池底部金属化合不均匀。(1.5分)

(3)填送焊丝时火焰过低,使熔池受到火焰冲击。(1分)

(4)铁水温度过高及火焰离开熔池太快等。(1分)

23. 答:气焊铸铁时,预防热应力裂纹应采用热焊并把焊接温度控制在600℃以上;采用加热减应区法,使焊缝冷却时,能不受阻碍地自由收缩;改变焊缝的化学成分和合金系统,使焊缝具有较好的塑性和较低的硬度。(5分)

24. 答:铬在钢中能提高钢的强度和硬度,同时使塑性和韧性降低一些。铬具有很强的抗

氧化能力和耐热性,耐蚀、耐酸能力也很强。(2分)

铬能阻止铸铁的石墨化过程,并降低碳化物的球化速度。含铬的钢具有回火脆性,同时铬能提高钢的淬硬性,使焊接时易产生裂纹,所以钢中含铬量越高,钢的可焊性越差。(3分)

25. 答:(1)氮是提高焊缝强度,降低塑性和韧性的元素。(3分)

(2)易形成气孔。(1分)

(3)产生时效脆化。(1分)

26. 答:氢对焊缝金属的有害影响主要表现在以下三个方面:

(1)氢脆性。氢引起钢的塑性严重下降的现象称为氢脆性。焊缝含氢量越高,脆化倾向越大,但焊缝经过时效后,由于氢的逸出,其塑性可以恢复。(2分)

(2)易产生白点,使焊缝塑性下降。(1分)

(3)易形成气孔和裂纹。氢是在焊接接头中引起气孔和冷裂纹的主要原因之一。(2分)

27. 答:氧对焊缝金属的影响主要表现在以下几个方面:

(1)降低机械性能。随着焊缝金属含氧量增加,其强度、硬度和塑性明显下降。(3分)

(2)易产生 CO 气孔。(1分)

(3)易烧损合金元素。(1分)

28. 答:校正焊接变形的方法分机械校正和火焰校正两类,各类校正变形的方法实质都是设法造成新的变形去抵消已发生的变形。(5分)

29. 答:(1)采用合理的焊接顺序和方向。(1分)

(2)选择合理的焊接规范。(1分)

(3)采用整体预热法。(1分)

(4)加热减应区法。(1分)

(5)锤击焊缝法。(1分)

30. 答:(1)选择合理的焊缝尺寸和形状。(2分)

(2)尽可能减少焊缝数量。(1分)

(3)合理安排焊缝位置。(1分)

(4)留出装焊卡具的位置。(1分)

31. 答:波浪变形主要出现在薄板结构中。产生的原因是焊后存在于平板中的内应力,一般情况下在焊缝附近是拉应力,离开焊缝较远的区域为压应力,在压应力的作用下,薄板可能失稳产生波浪变形。另外,由于焊缝横向收缩引起的角变形也会产生波浪变形。有些是两种原因共同作用所造成的。(5分)

32. 答:影响焊接残余变形的因素有:

(1)焊接位置。(1分)

(2)结构刚性。(1分)

(3)装配焊接顺序。(1分)

(4)焊接长度及坡口形式。(1分)

(5)焊接方向和次序。(1分)

33. 答:消除焊后残余应力的方法有以下几种:

(1)高温回火有整体高温回火和局部高温回火两种。(2分)

(2)温差拉伸法,也称低温消除应力法。(1分)

(3)机械拉伸法,也叫过载法。(1分)

(4)振动法。(1分)

34. 答:影响焊接残余变形的因素有结构的刚性、焊缝的位置、装配顺序以及母材的线膨胀系数、焊接层次、火焰能率、焊接速度等。(5分)

35. 答:合理的焊接顺序是为了减少焊接残余应力,应按下列原则选择:

(1)焊接平面上的焊缝时,应尽量使焊缝的纵向及横向收缩比较自由,且不受拘束。(1.5分)

(2)应先焊焊件中收缩量最大的焊缝。(1分)

(3)焊接对接长焊缝时,应由中间向两端施焊,且焊接方向指向自由端,以使焊件两端能自由收缩。(1.5分)

(4)焊接平面上的交叉焊缝时,应选择使刚性拘束较小的焊接顺序。(1分)

36. 答:非对称焊焊缝先焊焊缝少的一侧是由于:先焊的焊缝虽然变形大,但因为这侧焊缝少,焊接后总变形量不大;另外,部分的变形还会被另一侧焊缝所引起的变形抵消,这样可以使整个焊件的变形减少。(5分)

37. 答:作为工作定位基准的工具叫定位器(1分)。定位器通常有以下几种:

(1)挡铁:可以作为工件在水平面上或垂直面上的定位基准。(2分)

(2)定位销:用于管道安装工程。(1分)

(3)V型铁和型材:用于管子对口焊接。(1分)

38. 答:作用:圆筒纵缝的点固;筒体与封头的装配点固;平板拼接时的点固;多层钢板的气割通常都需要用夹紧器来找齐、定位(3分)。经常使用的夹紧器有以下几种:楔铁;夹紧钳;板把夹紧器;弓形夹紧器。(2分)

39. 答:装配焊接胎具、夹具的作用如下:

(1)可以减轻装配时零件的装置和定位方面的繁重劳动。(1分)

(2)在绝大多数情况下可免除装置时零件的划线。(1分)

(3)缩短装配时间和辅助作用时间。(0.5分)

(4)减少焊接过程中翻转焊件的时间。(0.5分)

(5)可将焊件安置在最便于焊接的位置。(0.5分)

(6)可以减少焊件的变形。(0.5分)

总之,使用装配焊接胎具、夹具是缩短装配时间和辅助作业时间,提高装配焊接质量、减轻劳动强度的有效措施。(1分)

40. 答:影响切割变形的主要因素是割件厚度和切割速度。割件厚度大则刚性大,但变形小,而切割速度快时,变形也小。(5分)

41. 答:垂直度(用 C 表示)是指实际切割面与切割金属表面的垂线之间的最大偏差,以被切割钢板厚度 δ 的百分比来计算。(5分)

42. 答:不直度(用 P 表示)是在切割直线时,沿切割方向将起止两端连成的直线同实际切割面之间的间隙。(5分)

43. 答:不是所有的金属都能气割,只有符合下列条件的金属才能进行气割:

(1)金属的燃点应低于金属的熔点。(1分)

(2)金属燃烧后,生成熔渣的熔点应低于金属的熔点,且流动性好。(1.5分)

(3)金属燃烧时要放出大量的热,且导热性要低。(1分)

(4)金属中含阻碍切割过程进行和提高淬硬性的成分及杂质要少。(1.5分)

44.答:高速气割特点如下：

(1)采用高速气割时，虽然氧气流量比普通气割要大，但由于切割速度快(一般比普通气割要提高40%～100%)，故每单位长度的切割费用反而降低。(2分)

(2)由于切割速度快，传到钢板上去的热量较少，因此钢板的变形就小。(1分)

(3)因氧气的动量较大以及氧气射流很长，所以可以切割较厚的钢材，或增加成叠切割的钢板厚度(2分)。

45.答:(1)因铅的熔点低，要求热源温度低、功率小。(1分)

(2)铅的比重大，液态流动性好，横焊、仰焊时困难较大。(1分)

(3)焊接时生成的气化铅妨碍焊接的正常进行。(1分)

(4)不易产生裂纹，焊后不易进行热处理。(1分)

(5)铅的沸点为1 520～1 620℃，焊接时需防止铅的蒸发引起中毒。(1分)

46.答:可以用。但由于这种熔剂对镁合金腐蚀性较强，因此焊后应彻底清洗干净。(5分)

47.答:镁合金气焊用焊丝均须采用与母材同牌号的镁合金。此焊丝可用挤压和铸造法制造。直径最好为5～8 mm。(3分)

检查方法：将焊丝弯成90°再进行校直，其中未断的说明质量良好，可以使用，否则不能使用。(2分)

48.答:铜与铝焊接的主要困难如下：

(1)二者熔点相差悬殊。(2分)

(2)两者互不粘合，需加钎料作媒介。(3分)

49.答:因为锰与硫的亲和力大，钢中硫是焊接时促使焊缝形成热裂纹的元素，而锰可与硫化合生成 MnS 不溶于液态铁而浮出熔池，使得焊缝中含硫量降低，热裂倾向下降，所以说锰在合金钢中具有抗热裂的性能。(5分)

50.答:低合金高强度钢焊缝的组织与合金元素的含量有关。含合金元素较少的低合金钢，其焊缝组织与低碳钢焊缝相近，一般冷却条件下为铁素体加入少量珠光体，当冷却速度增大时也会产生粒状贝氏体。含合金元素较多，渗透性较好的低合金高强度钢，其焊缝组织为贝氏体或低碳马氏体。高温回火后为回火索氏体。(5分)

51.答:气焊合金钢时，必须采取的工艺措施有：施焊前要彻底清除焊接处及其附近的杂质和氧化皮等；焊接时要用中性焰，焰心离开熔池表面5～8 mm 使火焰始终罩住熔池，其火焰能率要比焊接同样厚度、大小的低碳钢件约小1/3；焊接收尾时，火焰要缓慢离开熔池。(5分)

52.答:消除应力退火的保温时间一般根据板厚确定，每毫米厚度1～2 min，最短不少于30 min，最多不超过3 h。(5分)

53.答:最常用的是600～650℃范围内的消除应力退火，以及低于 AC_1 点温度的高温回火。另外还有改善铬镍奥氏体不锈钢抗腐蚀性能的稳定化处理。(5分)

54.答:焊后热处理从广义上来讲包括消除内应力退火、固溶处理、调质处理、回火、正火等。但是对一般碳素结构钢和普低钢而言，主要是消除内应力退火，即将焊件整体或局部均匀加热到550～650℃(不超过金属相变温度723℃)，保温一定时间，然后均匀冷却。(5分)

55.答:一般说来，构件较薄，不用于动载，而且用塑性较好的低碳钢材焊成的，就不需要

进行焊后热处理,对于承受动载,且外形尺寸大,焊缝多而长厚大构件,其内应力也相应较大,这就需要进行焊后热处理。(5分)

56.答:铬钼钢具有较高的淬火倾向,接头焊后在空气中冷却其热影响区往往会形成马氏体组织,裂纹倾向较高,而且这种裂纹往往具有延迟性。所以焊后应立即进行热处理,以消除氢气和焊接残余应力,改善焊缝及热影响区组织。(5分)

57.答:影响热影响区冷却速度的因素有以下五个:

(1)被焊金属的物理性质。(1分)

(2)被焊钢板的尺寸及板厚。(1分)

(3)钢板的初始温度。(1分)

(4)焊接时输入的热量。(1分)

(5)焊接接头形式。(1分)

58.答:当焊缝的一次结晶组织为细的柱状晶时,其性能要比粗大的柱状晶好,粗大的柱状晶不仅强度低,塑性和韧性也差。从组织特征来看,树枝晶比脆状晶的裂纹倾向大,从偏析程度上看,偏析严重,整体焊缝的机械性能、耐腐蚀性能及抗裂性能均变差。(5分)

59.答:变质处理是指焊接时通过填充材料向熔池加入碳化物或氮化物形成元素,以便形成弥散、细小的高熔点化合物质点,作为人工晶核使在柱状晶还没有发展时,熔池中的固态金属就借助这些人工晶核长大,从而得到细晶组织。(5分)

60.答:防止冷裂纹的措施主要从以下几个方面进行:

(1)焊前预热和焊后缓冷。(2分)

(2)控制火焰成份。(1分)

(3)清除污物。(1分)

(4)减少拘束应力。(1分)

61.答:由于水是由氢和氧两种元素组成的,在常温时,水是比较稳定的,但在高温时可分解为氢气和氧气,因而既增加了氢气孔的生成倾向,也增加了一氧化碳气孔的生成倾向,因而焊接区水份的存在对焊接是极为不利的。(5分)

62.答:钢中一氧化碳气孔产生的原因主要是在热源离开熔池开始结晶时,由于偏析使局部氧化铁和碳的浓度偏高(2分)。发生如下化学反应:

$$FeO+C=CO+Fe(1分)$$

因为结晶时溶池金属的粘度不断增大,此时产生的一氧化碳就不能逸出,留在焊缝中形成了气孔。(2分)

63.答:影响热裂纹的因素有以下几个方面:

(1)各种元素。(1分)

(2)一次结晶组织。(1分)

(3)焊缝形状。(1分)

(4)结构刚性。(1分)

(5)焊件冷却速度。(1分)

64.答:(1)控制焊缝中有害杂质的含量。(1分)

(2)焊前要预热。(1分)

(3)控制焊缝形状。(1分)

(4)降低接头刚性。(1分)

(5)控制焊接规范。(1分)

65. 答:产生冷裂纹的主要原因是钢种的淬硬倾向、焊接接头的含氢量及其分布和焊接接头受到的拘束应力三方面。(5分)

66. 答:这是一种用自熔性金属粉末通过氧-乙炔火焰加热后喷洒、沉淀并熔化在金属零件表面上,形成具有特殊性能的表面涂层的热处理工艺方法。(5分)

67. 答:氧-乙炔焰喷焊设备包括喷焊枪、氧和乙炔供给装置以及其他一些辅助装置(5分)。

68. 答:有以下四种形式:

(1)机械结合。(1分)

(2)微焊接。(1分)

(3)金属键结合。(1.5分)

(4)微扩散焊接。(1.5分)

69. 答:包括五个方面:

(1)工件表面准备。(1分)

(2)预热。(1分)

(3)喷涂过渡层。(1分)

(4)喷涂工作层。(1分)

(5)喷涂层的加工。(1分)

70. 答:产品的生产过程中,有关人员应遵守的工艺秩序称为工艺纪律。(2分)

制定工艺纪律的目的是为了保证工艺规程、工艺守则和工艺文件在生产实践中得到贯彻和执行,以确保产品的质量。(3分)

71. 答:所谓复杂焊件的焊接,一般指形状复杂、几何尺寸较大、焊接分布密集且数量也多、使用要求高、施工条件差以及被焊材料的可焊性不良等焊件的焊接。对于这样的焊接要先编制一个工艺规程。(5分)

72. 答:焊接操作属于特殊工种,危险性较大,一旦发生爆炸、火灾等事故,对整个企业安全生产有较大的影响,所以应严格要求气焊工掌握必要的焊接安全技术知识。对气焊工进行安全教育是搞好焊接安全工作的一项重要内容,它的意义和作用是使广大气焊工掌握安全技术的科学知识,提高焊接操作技术水平,使气焊工认识工伤事故的原因,掌握其规律,从而充分发挥人的主观能动性,严格遵守安全操作规程,避免工伤事故的发生,只有这样,才能使各项有关的焊接安全防护措施更加行之有效。(5分)

73. 答:铆工划线时,一般可参考下列数据预放加工余量,自动切割切断时加工余量是3 mm,手工切割切断时加工余量为4 mm;气割后需铣端面或刨边的,加工余量为4~5 mm,不铣或不刨的余量为零,对于焊接结构零件的样板,除放出加工余量外,还必须考虑焊接零件的收缩量。(5分)

六、综合题

1. 答:一般金属构件图如钢结构施工样图中具有下列几个特点,看图时应特别注意:

(1)同一构件在不同的方向上可以有不同的比例。如桁架施工时往往轴线上一个比例,而

断面和节点又用一个比例,把某些重点部分放大。因此看图时要掌握好图上所标注尺寸,其形状只作参考。(2分)

(2)各杆件中心线和重心线的尺寸以及它们之间的关系和各构件的轴线要彻底了解。在看图时,首先应看清楚这些关系,然后精确计算各部分尺寸。(2分)

(3)具有详细的材料明细表,看图时应把视图上的零件编号和明细表对照起来查看。以便把所有零件掌握清楚。(2分)

(4)桁架施工样图上,一般附有几何简图,看时应看清楚标明的桁架几何尺寸,构件内力性质及其大小。(2分)

(5)看清结构的连接方式,熟悉施工详图中用的代号和图例意思。(1分)

(6)读图纸的说明、技术要求及标题栏,掌握图纸的全部内容。(1分)

2. 答:气焊火焰采用中性焰,焊薄小件时不用预热,若焊厚度大于 5 mm 及结构复杂的构件,可进行 250℃ 以下预热,焊嘴根据工件厚度和大小、坡口形式、焊接位置而定,焊薄板采用比低碳钢小的焊嘴,焊厚板则采用比低碳钢大的焊嘴,焊接 3 mm 以下板时,焊嘴倾角为 10°～30°,对较厚铝板,可增至 30°～80°,焊接过程中焊嘴倾角可以改变,开始时大,结束时小,焊丝与焊嘴的倾角一般在 80°～100°。(7分)

焊接 5 mm 厚度以下钢板时,可采用左焊法,焊厚板采用右焊法。整条焊缝尽可能一次焊完。(3分)

3. 答:气焊铝及其合金时必须使用熔剂,其作用是熔解或消除覆盖在熔池表面的氧化膜并在熔池表面形成较薄的熔渣,保护熔池金属不被继续氧化,并排除熔池中的气体、气化物和其他夹渣物,改善熔池流动性。(5分)

铝及其合金的气焊熔剂为"气剂 401",其主要组成物为卤族元素的碱金属化合物。熔点为 560℃,白色粉末状混合物,极易吸潮和氧化,使用时用水调成糊状涂于焊丝和焊件表面。(5分)

4. 答:防止铝及其合金产生气孔的措施如下:

(1)保证乙炔的纯度。(2分)

(2)保证熔剂的质量。(2分)

(3)焊丝及母材坡口处要清理干净。(2分)

(4)正确选用焊接规范参数。(2分)

(5)必要时可采取预热措施。(2分)

5. 答:(1)氧化铝的熔点(2 050℃)远比铝的熔点(660℃)高,焊接时难于熔化,易在焊缝中形成未熔合缺陷。(3分)

(2)氧化铝的密度大,很容易在焊缝中形成夹渣,使接头性能降低。(2分)

(3)氧化铝对水份有很高的吸收能力,使得在焊接过程中易形成氢气孔。(2分)

(4)气焊时,在熔池表面的氧化膜会影响气体火焰和母材直接接触,妨碍焊接正常进行。(3分)

6. 答:纯铝及非热处理强化铝合金焊接时,一般不会出现裂纹,但当焊丝成分不合适或工艺措施不当时,则会出现裂纹(1分)。常见的是焊缝的纵向裂纹和火口裂纹(1分)。裂纹形成的原因如下:

(1)焊丝选用不当。当铝镁合金焊缝含镁量小于 3% 或硅铁等杂质含量超过规定时,裂纹

倾向就大。(2分)

(2)起焊处选择不当。(3分)

(3)焊接结束或中断时,如果热源撤离过快或火口未填满,常常会出现火口裂纹。(3分)

7. 答:铜及铜合金焊接时的主要问题有:

(1)容易产生焊不透和未熔合现象。(2分)

(2)焊接结构和工件易产生较大的变形。(2分)

(3)易产生热裂纹。(1分)

(4)在焊缝和熔合区常产生大量气孔。(2分)

(5)接头的机械性能低于母材。(1分)

(6)焊铜合金时有合金元素的氧化和蒸发问题。(2分)

8. 答:紫铜在常温下不易被氧化,但随着温度的升高,氧化能力随之增加,超过300℃时,氧化能力增大很快,当接近熔点时,氧化能力最强,氧化的结果生成氧化亚铜。熔池结晶时,氧化亚铜和铜形成低熔点共晶体分布在晶界上,使接头强度仅为母材的二分之一到三分之一,因此紫铜的焊接接头性能一般均低于母材。(10分)

9. 答:气焊纯铜所获得的接头的机械性能比母材低,为了提高其机械性能,可以进行锤击和热处理。(3分)

焊件厚度小于5 mm时,在冷态下锤击;较厚的焊件在250～350℃下锤击。经过锤击,焊接接头的塑性和强度都得到提高。(3分)

把工件加热到500～600℃,然后在水中急冷,可以提高焊接接头金属的塑性和韧性,这种处理通常叫做水韧处理。(4分)

10. 答:纯铜焊接时易产生热裂纹的原因如下:

(1)铜的线膨胀系数较大,焊接时易产生较大的内应力。(2分)

(2)熔池结晶时易在晶界形成Cu_2O-Cu低熔点共晶体。(2分)

(3)熔池当中的氢、水蒸气在快速冷却时来不及逸出,留在焊缝中形成较大的应力,易产生微裂纹。(2分)

(4)母材中的杂质铋、铅等可直接和铜形成低熔点共晶体。(2分)

由以上几点原因可知,纯铜焊接是很容易产生热裂纹的。(2分)

11. 答:防止铜及铜合金焊接时产生气孔,应采取如下措施:

(1)采用含脱氧剂的焊丝。(2分)

(2)采用能溶解氧化铜生成熔渣的铜焊粉。(2分)

(3)去除工件和焊丝吸附的水份。(3分)

(4)采取焊前预热和焊后缓冷等措施。(3分)

12. 答:铸铁焊接最理想的方法是气焊。因为气焊的铸铁焊丝是可锻铸铁制成的,与铸铁焊件的金属元素及化学成分基本相同,焊丝金属和焊件金属可以完全熔合,焊缝强度可以和焊件金属的强度相当,焊后机械加工方便。但采用气焊要有相应的防裂措施,否则容易使焊缝和焊件碎裂,这就要求焊工具有相当丰富的实际操作经验。(10分)

13. 答:灰口铸铁的焊接一般存在如下几个问题:

(1)产生白口。(2分)

(2)产生裂纹。(2分)

(3)易在焊缝中形成气孔。(2分)

(4)易产生高熔点氧化物,妨碍焊接的正常进行。(2分)

(5)只能进行平焊位置焊接。(2分)

14. 答:为了保证气割质量,必须注意:

(1)钢板在气割前应校平、校直,尽量放置在水平位置,切口及其附近要清理干净。(2分)

(2)被割钢板要选择合适的支撑方法,距地面需有一定的间隙。(2分)

(3)割炬要保持清洁,尤其是割嘴内孔要保持光滑、畅通。(2分)

(4)正确选择气割规范,并严格按照气割规范要求操作。(2分)

(5)尽量采用半自动、自动切割机进行切割。(2分)

15. 答:提高切割速度的主要途径有:

(1)提高切割氧的纯度,特别是在切割区域内应尽可能保持切割氧流纯度。(3分)

(2)提高切割氧流的动能和速度,使它不易扩散。(2分)

(3)采取加大预热火焰,充分利用熔渣的热量等措施促使切割区域局部或全部预热。(3分)

(4)降低熔渣粘度,并使之易排除。(2分)

16. 答:气割切口的质量检验标准可根据JB3092—1982《火焰切割面质量技术要求》,该标准对钢材的火焰切割面质量提出了七项评定内容。(2分)

(1)表面粗糙度。(1分)

(2)平面度。(1分)

(3)上缘熔化程度。(1分)

(4)挂渣状态。(1分)

(5)缺陷的极限间距。(1分)

(6)直线度。(1分)

(7)垂直度。(1分)

在每项评定内容中,又各分成四个等级。(1分)

17. 答:影响气割质量的因素有:

(1)气割前工件热处理的情况。(2分)

(2)工件本身的厚度。(1分)

(3)工件气割处的状态。(2分)

(4)工件气割边缘尺寸。(2分)

(5)气割速度。(1分)

(6)钢材成份。(1分)

(7)加热情况。(1分)

18. 答:碳钢气割时,主要根据钢的含碳量来选择火焰,一般采用中性焰,如切割低、中碳钢时,就不能采用碳化焰,那样会由于高温液体金属吸收了火焰中的碳粒,从而产生增碳现象,使割口附近金属的机械性能恶化,而切割高碳钢时,又要求采用碳化焰,以防止切割中碳烧损严重,产生脱碳现象。(10分)

19. 答:在进行不锈钢气割时,把不锈钢加热到熔融状态,开切割氧流,同时把铁丝放入熔融的氧流中,铁丝在高温下与氧流燃烧,放出大量的热,将不锈钢割口处的氧化膜熔掉,铁丝在燃烧过程中,生成低熔点的熔渣,使不锈钢的熔渣粘度下降,流动性增大,在氧流作用下生成的熔渣易被吹除,随着熔渣的吹走,燃烧便可继续进行,不锈钢便可顺利地气割。(10分)

20. 答:钢中的合金元素主要有碳、硅、硫、磷、钒、钼、钛、铝、铬、镍、硼和稀土元素。(2分)

铬的作用:能使钢的强度提高,塑性和韧性降低,还能提高钢的抗大气及海水的腐蚀能力。当含量在 0.5% 以下时对焊接及热加工性能无不利影响。(4分)

钼(Mo):可提高钢的强度、硬度并能细化晶粒,能防止回火脆性和过热倾向,当钼含量不超过 0.6% 时,钼可以提高塑性和减少裂纹倾向。(4分)

21. 答:锰在钢中是一种很好的合金剂。当钢中的含锰量在 2% 以下时,随着锰含量的增加,钢的机械性能在韧性不降低的情况下,强度增加。但含锰量过高,也会增加钢的淬火倾向。在焊接中,锰是一种较好的脱氧剂,当含锰量 0.4%～0.6% 时,脱氧效果最好。锰还是一种很好的脱硫剂,从而减小焊缝的热裂倾向,一般碳素钢焊丝中的含锰量为 0.3%～0.55%,低合金或合金结构钢焊丝的含锰量可达 0.8%～1.1% 或更高些。(10分)

22. 答:为预防气孔的产生,常采用以下措施:

(1)根据工件的材质、性能要求合理选择焊丝。(2分)

(2)焊前要把焊口和焊口附近的铁锈、油污等脏物清理干净。(2分)

(3)尽量选择中性焰进行焊接。(1分)

(4)熔剂一定要保持干燥,避免受潮。(1分)

(5)正确进行焊接过程中的工艺操作,避免不合理的操作方法。(2分)

(6)选择合理的焊接规范,焊接过程中焊接规范要稳定。(2分)

23. 答:铅焊作业由于铅的化合物进入人体可造成铅中毒,所以应采取下列安全防护措施:(1分)

(1)工作现场要有良好的通风条件,减少空气中的含铅量。(2分)

(2)搞好环境卫生,经常清扫,使现场避免铅灰尘。(1分)

(3)休息室与工作现场隔离。(1分)

(4)工作时人员要戴好口罩,穿好工作服,戴上手套。工作时不吃东西,不抽烟。(2分)

(5)下班时换掉工作服,并要洗手、洗脸、刷牙。(2分)

(6)长期从事此项工作的人员要定期检查身体。(1分)

24. 答:焊后热处理的作用有:

(1)降低残余应力。(1分)

(2)增加组织的稳定性。(2分)

(3)软化硬化区。(1分)

(4)促使氢气逸出,降低焊缝含氢量。(2分)

(5)提高抗应力腐蚀能力。(2分)

(6)增强接头塑性、韧性和高温力学性能。(2分)

25. 答:回火热处理规范包括加热速度、加热最高温度、保温时间和冷却速度四个方面(2分),它们的选择原则如下:

(1)加热速度:上限要避免工件整个截面加热不均匀,下限要求尽量缩短热处理时间。(2分)

(2)加热最高温度:上限低于 Ac_1,一般低于钢材原始回火温度,下限选钢材的最高使用温

度加 100～150 ℃。(2分)

(3)保温时间:上限要防止性能劣化,缩短热处理时间,下限降低残余应力,改善金相组织和机械性能。(2分)

(4)冷却速度:上限避免重新产生残余应力,下限要求能防止再热裂纹的产生和性能的劣化。(2分)

26. 答:气焊工艺过程卡中应规定零件或部件装配-焊接的整个工艺路线,所经过的车间、各道工序工步的名称内容,使用的设备型号、名称和工艺装备的编号、工种、人数和定额等。气焊工工序卡中应详细地规定焊接工艺参数,操作方法和操作中应注意的事项,并附有焊接节点图或装配简图,成批生产的关键零件或大量生产的零件都应编制焊接工序卡。(10分)

27. 答:由于工业用氧气通常采用液化空气法制取,所以在氧气中常含有氮气。气焊时有氮气存在,使氧气纯度降低,其中的氮气或水蒸气等杂质就会进入火焰,从而污染熔滴和熔池,形成非金属夹杂物。由于氮气混入会使火焰温度降低,并与熔化金属发生化学反应,形成氮化物,生成氮化铁。焊接接头中有了氮化铁后,会使强度提高,使焊缝的脆性增大,塑性和冲击韧性严重下降,结果是整个焊缝力学性能恶化。由于水蒸气混入,破坏了焊接气氛,增加了形成气孔的可能性。同时降低焊缝的焊接质量,因此,用于气焊的氧气,要求其纯度越高越好。为了保证焊接质量,减少氧气的消耗,要求气焊时氧气纯度不小于 99.2%。(10分)

28. 答:从切割原理来看,切割氧具有使金属氧化燃烧和吹除燃烧生成的熔渣两个作用。氧气纯度越低,会使金属氧化过程减慢,切割速度降低,割口质量也变差。这主要是由于存在杂质的原因,如氮吸收了过多的热量,使得火焰功率降低,燃烧速度减慢,并且氮气易在切口表面形成气体薄膜,阻碍了气割的正常进行。尤其是切割大厚度工件时,由于火焰功率的降低会使割缝间隙增大,表面不洁,挂渣较多,并会产生较大的后拖量。另外,氧气中混入水蒸气后,在气割时也吸收热量,使金属表面温度降低,气割速度减慢,同时影响切割效率和切割质量。(10分)

29. 答:气割时,氧气、乙炔气体压力的变化首先会改变预热火焰的功率,其次,氧气的压力的变化将使切割氧的流量随之变化。压力越大,气体流量相应增加,除需供应金属燃烧的氧气外,过量的不能参加燃烧反应的氧气本身是一种强烈的冷却因素,而割口温度的下降会使燃烧速度减慢,也使割口质量下降。因此,在气割过程中必须保证氧气、乙炔气体压力的稳定。(40分)

30. 答:气焊丝的化学成分直接影响到焊接接头的力学性能,因此一般应根据焊件的化学成分来选用焊丝。但遇到某些合金元素在焊接过程中,易于被烧损或蒸发的情况时,就得选用该合金元素含量高一些的焊丝,来补充其烧损或蒸发的一部分损失,使焊件达到原来的力学性能。因此在选用焊丝时,首先要考虑焊件的受力情况,例如:需要强度高的焊接接头,就要选用比母材强度高或相同的焊丝;如焊接受冲击力的焊件时,就需要选用韧性好的焊丝;如要求焊件耐磨,就要选用耐磨材料的焊丝。总之,焊丝材料的选择要符合焊件性能要求。(10分)

31. 答:硅是一种良好的合金剂,对于钢的基体起到一定的强化作用,适量硅还能提高钢的弹性、耐腐蚀性。但含量过高会降低塑性、韧性,在焊接过程中,硅与氧作用生成粘度较大的二氧化硅(SiO_2),易促进非金属夹杂物的生成,形成夹渣。过多的二氧化硅还易产生飞溅,因此,焊芯中硅的含量越少越好,一般限制在 0.030% 以下。(10分)

32. 解:$K=$各种碱性氧化物的总质量/各种酸性氧化物的总质量$=8/5=1.6$

　　　　因为 $K=1.6>1.5$,所以该熔渣为碱性渣。

答:该熔渣为碱性渣。(10分)

33. 答:合金元素在回火过程中,由于合金元素的阻碍作用,推迟了马氏体的分解和残余奥氏体的转变,提高了铁素体的再结晶温度,使碳化物不易聚集长大,而保持较大的弥散度。因此提高钢对回火软化的抗力,即提高了钢的回火稳定性。(8分)

大多数合金元素都能溶于铁素体,形成合金元素和铁的晶格类型和原子半径的差异,引起铁素体的晶格畸变,产生固溶强化,使钢的硬度、强度得以提高。(2分)

34. 解:根据焊接接头许用拉力计算公式:

$$F/A \leqslant [\sigma']$$

式中 F 为许用拉力,$A = 2\ mm \times 50\ mm = 100\ mm^2$。

将已知代入公式得:

$$F = 100 \times 155 = 15\ 500(N)$$

答:此接头能承受的最大许用拉力为 155 00 N。(10分)

35. 解:气体容积与气体质量和密度的关系式:

$$V = W/d$$

式中　V——气体容积(m^3);

　　W——气体质量(kg);

　　d——气体密度(kg/m^3)。

已知:氧气质量为 $63 - 57 = 6(kg)$;$d = 1.42\ kg/m^3$。

将已知代入公式得:$V = 6/1.429 = 4.198\ (m^3)$

答:氧气瓶内储存的氧气是 $4.198\ m^3$。(10分)

36. 解:根据金属材料的强度计算公式:

$$\sigma_P = F/A$$

式中　F——拉力(N);

　　A——接头横截面积(mm^2)。

已知拉力为 43 200 N,接头的横截面积为 $12\ mm \times 12\ mm = 144\ mm^2$,则焊接拉杆的抗拉强度为:

$$\sigma_P = 43\ 200/144 = 300(MPa)$$

答:焊接拉杆的抗拉强度为 300 MPa。(10分)

气焊工(高级工)习题

一、填空题

1. 对于焊接熔池结晶来讲,( )晶核起着主要作用。

2. 当气孔尺寸在( )时,可以不计点数。

3. 加热减应区法是焊补( )的经济而有效的方法。

4. 正确检测焊缝内部缺陷大小及位置的无损检测,效果最好的探伤方法是( )。

5. 焊接熔池从液态向固态转变的过程称为( )结晶。

6. 材料在断裂前没有或只有少量( )变形,断裂突然发生并快速扩展,称为脆性断裂。

7. 在切割氧流中加入纯铁粉或其他( ),利用它们的燃烧热和送渣作用实现切割的方法,称为氧熔剂切割。

8. 通常把适合于( )℃条件下使用的钢材称为低温钢。

9. 合金中化学成分的( )性,称为偏析。

10. 钎焊的主要缺点是钎焊缝的强度( )和钎焊前的准备工作要求较高。

11. 焊接过程中,既有化学冶金问题,也有( )冶金问题,往往会使焊缝的化学成分或组织,同母材有相当大的差别。

12. 焊前,被焊金属开坡口的主要目的是保证( ),调整焊缝金属化学成分和便于清渣。

13. 锰、锌二元素不仅由于氧化,还因为蒸发的损失,使( )系数较低。

14. 由于枝晶偏析,低熔点杂质最易存在于( ),还可能在最后凝固的晶间出现不平衡的第二相。

15. 层状偏析不仅造成焊缝力学性能的不均匀性,还可能沿层状线形成( )或气孔。

16. 焊接镍基合金和高强钢时,会出现沿( )的热裂纹。

17. 各类金属材料所采用的强化方式主要有固溶强化、沉淀强化、冷作强化和( )强化四种。

18. 焊接顺序是很重要的,总的原则是尽量使大多数焊缝能在( )条件下焊接,使焊缝受力较小。

19. 选择焊接材料时,必须考虑两个方面的问题:即焊缝没有缺陷和满足( )要求。

20. 内应力按其产生的原因可以分成( )应力、组织应力和收缩应力。

21. 减少焊接应力的设计措施有:尽量减少焊缝数量,在保证使用安全强度时应尽量减少( )长度,避免焊缝过分集中,采用刚性较小的接头型式和避免应力集中等。

22. 焊接变形的校正主要有机械校正法和( )校正法。

23. 在选择焊接顺序和方向时,应先焊收缩量比较大的焊缝,后焊收缩量( )的焊缝。

24. 焊缝如果位于焊接结构的中性轴上,焊后主要产生纵向和横向的( )变形。

25. CO_2气体保护焊用中等的工艺参数焊接时,短路小桥的( )位置,对飞溅影响较大。

26. CO_2气体保护焊回路电感越大,短路电流增长速度将( )。

27. 工作中常用的等离子气体主要有 Ar、( )和 H_2等。

28. 显示射线照相质量即灵敏度高低的器件称为( )。

29. X 射线探伤照相法质量为一级的焊缝内不得有任何( )、未熔合、未焊透和条状夹渣。

30. 适用于焊缝表面质量检验的无损探伤方法有磁粉探伤和( )。

31. 焊接应力按形成原因可分为热应力、( )应力、凝缩应力、拘束应力和氢致集中应力五种。

32. 焊缝金属的抗拉试验可以检查焊缝金属的强度、塑性,亦可检验所用焊材质量和( )是否正确。

33. 等离子切割用电源的( )电压和空载电压都较高。

34. 低碳钢焊接时,碳的烧损多半是由于碳和( )相互作用的结果。

35. 结晶开始出现的晶体总是向着结晶方向( )的方向长大。

36. 焊接熔池结晶后,焊缝中的杂质大多聚集在( )。

37. 焊缝中的夹杂物不仅降低焊缝金属的塑性,增加低温回火脆性,同时也增加了产生( )的倾向。

38. 着色检查法主要用于检查( )材料焊缝表面的缺陷。

39. 磁粉探伤主要用来检查磁性焊缝( )处的缺陷。

40. 奥氏体不锈钢的热影响区可分为( )、σ 相脆化区和敏化区等三个区域。

41. 对一般等离子焊接、喷焊、堆焊来说,要求电源空载电压为( )V 以上。

42. 等离子切割和喷焊,一般要求电压在( )V 以上。

43. 焊缝金属的脱氧主要有两个途径即:脱氧剂脱氧和( )脱氧。

44. 碳烧损将产生( )气体,致使焊接时飞溅现象增加。

45. 不易淬火钢的焊接热影响区可分为:( )、正火区和不完全重结晶区。

46. 易淬火钢的焊接热影响区可分为淬火区、( )和回火区。

47. 编制工艺规程必须掌握( )和经济性两个基本原则。

48. 奥氏体不锈钢气焊时,如果采用碳化焰,焊缝易出现渗碳,促使( )大量析出,从而使接头的耐蚀性降低。

49. 微束等离子弧焊电流通常小于( )A。

50. 改善气焊焊缝一次结晶组织的途径有( )和控制焊接热量两种方法。

51. 低碳钢二次相变的组织是( )和珠光体 P。

52. 在熔滴或熔池金属中,利用溶于液态金属中的脱氧剂,直接使液态金属中的 FeO( ),这样的脱氧过程称为沉淀脱氧。

53. 所谓薄板一般是指厚度不大于 2 mm 的钢板,薄板焊接的主要困难是容易产生( )、变形较大、焊缝成型不良等缺陷。

54. 刚性固定法是采用强制的手段来减小焊后的变形,在焊接( )时,多用这种方法。

55. 冷裂纹从金相结构而言一般为( )型裂纹,在少数情况下,也可沿晶界发展。

56. 焊接接头是由( )、熔合区、热影响区和母材组成的。

57. 用较低的线能量进行单层焊,焊缝金属的( )和硬度均升高。

58. 正面角焊缝的应力集中点是在( )和焊趾处。

59. 焊接低碳钢时,焊缝中的夹杂物主要有两类:一类是氧化物;另一类是( )。

60. 不易淬火钢热影响区加热温度为 $AC_1 \sim AC_3$ 的区域,称为( )。

61. 焊接熔池的一次结晶由( )的形成和晶核的成长两个过程组成。

62. 预热的主要目的是( ),减小淬硬倾向和防止冷裂纹。

63. 中性焰内焰气体主要成分是 CO 和 H_2,它们对许多金属的氧化物有( )作用。

64. 氧化切割切口表面由于增碳,故( )升高。

65. 乙炔化学净化的过程是水洗、( )和干燥。

66. 回火保险器一般有( )和干式两种。

67. 回火保险器必须可靠地阻止( )和爆炸波的传播,并把爆炸混合气排除到大气里去。且还应有一定的强度,能承受爆炸时所产生的压力。

68. 黄铜堆焊到黑色金属上需要熔剂,通常采用( )位置左焊法进行焊接。

69. 铝及其合金气焊后,应消除残留在焊缝表面及边缘附近的熔渣和熔剂,以免引起( )。

70. 钢与铜及其合金焊接时产生的裂纹有( )和热影响区渗透裂纹两种。

71. 黄铜焊接的困难,除了在焊缝中产生气孔和裂纹之外,( )的氧化和烧损也是一个突出的问题。

72. 铝和钢相比,膨胀系数大,在高温时( )很差,强度也低,因此铝及其合金在气焊时容易产生热裂纹。

73. 铝及其合金在室温下能把空气中的氧结合成( ),给焊接带来困难。

74. 实际切断面与被切割金属表面的垂线之间的最大偏差叫做( )。

75. 铬钼不锈钢气焊时应采用( )火焰。

76. 灰口铸铁中促进石墨化的元素,主要是碳和( )。

77. 焊接接头的两个基本属性是不均匀性和( )。

78. 焊接中碳钢的弧坑中经常出现( )裂纹。

79. 焊接接头中韧性最低处是在( )。

80. 温度降低时材料的韧性变差,此时容易产生( )断裂。

81. 刚性固定法、反变形法主要用来预防焊后产生的( )和角变形。

82. 焊接冷裂纹的直接评定方法可分为自由拘束试验和( )两大类。

83. 劳动定额包括( )和产量定额两部分。

84. 气焊过程中,熔池内会吸收大量的气体,当熔池冷却凝固时( )分离析出。

85. 交流电焊机安装后,经( )后,确定焊机工作正常,则可投入使用。

86. 后热的作用是减缓焊缝和( )的冷却速度。

87. 过热区是焊接接头中最危险的区域,是最易( )的部位,气焊时该区宽度应该是5~6 mm。

88. 过热区的温度是处于( )至固相线之间的温度区间。

89. 蓝脆区的温度在( )之间,使钢类焊件呈蓝色状态。

90. 焊接过程中,热的传递有传导、(　　)和辐射三种形式。

91. 焊接接头计算等强度的原理是指设计的(　　)应该与整个构件截面强度相等。

92. 通过焊缝的合金化,从而可获得化学成分、(　　)、机械性能与母材相同或相近的焊缝金属。

93. 黄铜焊接时熔池易产生白色烟雾,这是(　　)在高温下挥发所造成的。

94. 氢的有害作用主要表现为在焊缝中形成(　　)。

95. 氢的有害作用主要表现为在热影响区中形成(　　)。

96. 不易淬火钢热影响区综合力学性能最好的区域是(　　)。

97. 易淬火钢的淬火区焊后冷却时很容易获得(　　)组织。

98. 激光切割和等离子切割均属于(　　)切割。

99. 铝及铝合金氧-乙炔气焊时的火焰应采用(　　)。

100. 纯铜及青铜氧-乙炔气焊时的火焰应严格采用(　　)。

101. 淬火主要是为了获得马氏体组织,提高钢的硬度和(　　)。

102. 退火可以降低钢的硬度和(　　)。

103. 凡是需要焊接的部件,在焊接装配图上都应标注焊缝(　　)及代号。

104. 含铬量低是奥氏体不锈钢焊缝产生(　　)腐蚀的原因之一。

105. 为防止奥氏体不锈钢焊缝产生晶间腐蚀,必须严格控制焊缝金属含(　　)量。

106. 氧气纯度(　　)是造成气割割口纹路粗糙的原因之一。

107. 钢板放置不平易引起气割后工件直线缝(　　)。

108. 高碳钢与低碳钢相比,前者气割后引起的硬度变化较(　　)。

109. 预热焰过大或预热焰离割缝太近,易使工件割缝出现(　　)。

110. 切割氧过大,易造成割面中部(　　)。

111. 氧-乙炔焰钎焊时,焊件加热不足或不均匀,容易产生(　　)或气孔。

112. 布氏硬度主要用于硬度(　　)金属的硬度测定。

113. 同一种材料,在高温时容易产生塑性断裂,低温时容易产生(　　)断裂。

114. 金属塑性用(　　)或断面收缩率来衡量。

115. 严禁将漏气的焊炬带入容器内,以免混合气体遇火(　　)。

116. 气焊焊缝金属表面变黑并起氧化皮是一种(　　)缺陷。

117. 超声探伤主要适用于(　　)。

118. 磁粉探伤主要用来检查焊缝(　　)的缺陷。

119. 利用水压试验既可检验焊接容器的气密性又可以作为焊接容器的(　　)试验。

120. 检验有无漏水、漏气和渗油、漏油等现象的试验叫(　　)试验。

121. 不锈钢和铸铁可以用氧-乙炔焰(　　)切割法切割。

122. 焊件上某点的温度随(　　)变化的过程称为焊接的热循环。

123. 等离子弧的切割过程,实质是(　　)切割过程。

124. (　　)元素是提高焊缝强度,降低其塑性和韧性的元素。

125. 气焊低碳钢和低合金钢时,火焰保持微碳化焰,是为了通过还原气氛(　　)和减小合金元素烧损。

126. 不锈复合钢板的坡口形式,应考虑过渡层的焊接特点,最常用的是 V 形坡口,其坡应开在( )一侧。

127. 金属的焊接性,既与( )本身的材质有关,也与焊接工艺条件有联系。

128. 低合金钢焊后消除应力退火温度,一般应比基本金属的回火温度低( )℃。

129. 铬钼珠光体耐热钢焊接后热处理的方式是( )。

130. ( )元素是在焊缝和热影响区中引起气孔和裂纹的主要因素之一。

131. ( )是焊接接头中,焊缝向热影响区过渡的区域。

132. ( )对焊缝质量有很大影响,产生化学成分不均匀和裂纹、夹渣、气孔等。

133. 气割时,未割透往往是( ),切割太快或割件金属夹渣所引起的。

134. 气割清理焊根要求切割氧风线( )。

135. 对气割工来说,气割某一厚度长 1 m 的钢材所消耗的时间称为( )。

136. 作业时间是由( )和辅助时间组成的。

137. 气割基本时间就是( )的时间,它包括气割开始预热金属的时间和气割金属的时间。

138. 可用万用表的( )挡大致测量二极管和三极管的好坏。

139. Q345 钢气焊时采用的火焰类型为( )。

140. 为防止高碳钢焊接接头产生裂纹,可选用( )热处理工艺措施。

141. 珠光体耐热钢气焊时不应选择的气体火焰是( )。

142. 喷焊后,对于沉淀硬化钢零部件,需采用( )措施。

143. 氧-乙炔火焰粉末喷涂时,通常采用的火焰是( )。

144. 射线探伤时,( )缺陷的特征为形状不规则的点状或条状,且黑度均匀。

145. 纯铝具有( )晶格结构,没有同素异构转变,塑性好,无低温脆性转变,但强度低。

146. 低碳钢焊缝一次结晶的晶粒都是( )晶粒。

147. 对铬镍不锈钢来说,抗晶间腐蚀最有效的元素是( )。

148. 其他条件不变,只增加焊件的刚性,焊后焊件应力( )。

149. 对薄板的波浪变形进行火焰校正,通常采用( )加热。

150. 网状裂纹一般发生在( )材料中。

151. 工件坡口根部间隙( )焊条电弧焊的打底焊道宜使用连弧法。

152. 检查焊缝金属的( )时,常进行焊接接头的断口检验。

153. 焊接接头的金相检验的目的是检验焊接接头的( )。

154. 荧光磁粉探伤时,应在( )下观察磁痕。

155. 检查气孔、夹渣等立体状缺陷最好的方法是( )探伤。

156. 能够正确发现缺陷大小和形状的探伤方法是( )。

157. 气割面零级表面粗糙度规定的波纹高度不应大于( )μm。

158. 熔化极脉冲气体保护焊时,在等速送丝情况下,主要通过调节送丝速度来改变总得( )的大小。

159. CG1—30 型仿型气割机割圆最大直径为( )mm。

160. 高速气割切口表面粗糙度与( )速度有关。

161. 黄铜气焊时,为防止锌的蒸发,焊丝中应含有( )元素。

162. 合金钢气焊时,最容易引起( )元素被氧化。

163. 斜 Y 形坡口对接裂纹试验,被广泛用于评价打底焊缝及其热影响区的(　　)倾向。

164. 气焊灰口铸铁时,为防止出现白口组织,可以在焊丝中增大(　　)的含量。

165. 在所有焊接缺陷中,对脆性断裂影响最大的是(　　)。

166. 球墨铸铁的白口化倾向及淬硬性倾向比灰铸铁(　　)。

167. 焊接作业场地局部排风系统由(　　)、风管、风机、净化装置组成。

168. 气焊铸铁与低碳钢焊接接头时,应选用(　　)焊丝和气焊熔剂,使焊缝能获得灰铸铁组织。

169. 铸铁采用热焊法进行焊接,(　　)化不严重,便于加工。

170. 采用气焊方法焊接铸铁与低碳钢时,必须对低碳钢要进行焊前预热,焊接时气焊火焰要偏向(　　)一侧。

171. 浅拉深和成型冲压件对材料抗拉强度的要求是不超过(　　)。

172. 采用碳钢焊条焊接铸铁与低碳钢接头时,可先在铸铁坡口上堆焊(　　)mm 的隔离层,冷却后再进行装配点焊。

173. 气焊的操作方法有两种一种是左向焊,另一种是(　　)。

174. 气焊操作中左向焊适用于板厚小于(　　)的工件。

175. 气焊操作中右向焊适用于板厚大于(　　)的工件。

176. 气焊操作中左向焊适于厚度较薄和熔点(　　)的焊件焊接。

177. 气焊操作中右向焊适于厚度较大和熔点(　　)的焊件焊接。

178. 为了驱除焊接过程中生成的氧化物和改善润湿性能,气焊灰铸铁常使用(　　),又叫焊粉。

179. 球墨铸铁的白口化倾向及淬硬性倾向比灰铸铁(　　)。

180. 灰铸铁气焊应采用中性焰或(　　),火焰始终要覆盖住熔池,以减少碳、硅的烧损。

181. 非转移型等离子弧(等离子束)的电弧建立在电极与(　　)之间。

182. 转移型等离子弧(等离子弧)的电弧建立在电极与(　　)之间。

183. 等离子弧焊接的电源一般采用(　　)的特性曲线。

184. 穿透型等离子弧焊接是靠(　　)进行焊接的。

185. 奥氏体不锈钢与珠光体钢焊接时,所选用的焊接材料应保证焊缝具有较高抗裂性能的单相(　　)组织。

186. 金属断裂的形式分为塑性断裂和(　　)两种。

187. 铝和钢相比,膨胀系数大,在高温时塑性很差,(　　)也低,因此铝及其合金在气焊时容易产生裂纹。

188. 金属过烧的特征除晶粒粗大外,晶粒表面还被(　　),破坏了晶粒之间的相互连接,使金属变脆。

189. 热裂纹都是沿晶界开裂,而冷裂纹一般是(　　)开裂。

190. 熔池中心和周围化学成分不均的现象称为(　　)。

191. 咬边不仅削弱焊接接头的强度,而且会引起(　　),故承载后在咬边处有可能产生裂纹。

二、单项选择题

1. 纯铝具有(　　)结构,没有同素异构转变,塑性好,无低温脆性转变,但强度低。

(A)面心立方晶格　　　(B)体心立方点阵　　　(C)密排立方点阵　　　(D)菱形立方点阵

2. 低碳钢焊缝一次结晶的晶粒都是(　　)晶粒。

(A)铁素体　　　　　　(B)珠光体　　　　　　(C)渗碳体　　　　　　(D)奥氏体

3. 维氏硬度是用测定压痕(　　)来求得的硬度。

(A)直径　　　　　　　(B)深度　　　　　　　(C)对角线　　　　　　(D)周长

4. 布氏硬度是用测定压痕(　　)来求得的硬度。

(A)对角线　　　　　　(B)直径　　　　　　　(C)深度　　　　　　　(D)周长

5. 刚性就是结构抵抗(　　)的能力。

(A)拉伸　　　　　　　(B)冲击　　　　　　　(C)变形　　　　　　　(D)压缩

6. 含碳量大于 0.6%的钢称(　　)钢。

(A)低碳钢　　　　　　(B)合金钢　　　　　　(C)中碳钢　　　　　　(D)高碳钢

7. 容器内的照明用灯的工作电压为(　　)。

(A)12 V　　　　　　　(B)36 V　　　　　　　(C)24 V　　　　　　　(D)220 V

8. 物体由于受外力作用,在单位面积上出现的内力叫(　　)。

(A)应力　　　　　　　(B)内应力　　　　　　(C)强度　　　　　　　(D)应变

9. 当没有外加载荷的情况下,物体内部所存在的应力,叫(　　)。

(A)应力　　　　　　　(B)内应力　　　　　　(C)内应变　　　　　　(D)强度

10. 焊缝距工件断面中性轴的距离越大,则(　　)越大。

(A)角变形　　　　　　(B)弯曲变形　　　　　(C)波浪变形　　　　　(D)扭曲变形

11. 在火焰成形加工时,火焰能率(　　),则钢板的横向收缩量和角变形量增大。

(A)加大　　　　　　　(B)恒定　　　　　　　(C)减小　　　　　　　(D)大小不一

12. 焊接变形的种类很多,但基本上都是由(　　)引起的。

(A)角变形　　　　　　　　　　　　　　　　(B)焊缝的纵向收缩和横向收缩

(C)弯曲变形　　　　　　　　　　　　　　　(D)扭曲变形

13. 其他条件不变,只增加焊件的刚性,焊后焊件(　　)。

(A)变形大　　　　　　(B)应力大　　　　　　(C)应力小　　　　　　(D)强度小

14. 加热减应区法是焊补(　　)的经济而有效的方法。

(A)铝镁合金　　　　　(B)高碳钢　　　　　　(C)铜锌合金　　　　　(D)铸铁

15. 对焊件进行磁化时,为使所产生的磁场限在焊件的表面即具有"趋肤效应",通常采用
(　　)。

(A)直流电　　　　　　(B)交流电　　　　　　(C)整流电　　　　　　(D)逆变直流

16. 分段退焊法可以(　　)。

(A)降低强度　　　　　(B)提高冲击韧性　　　(C)减少应力　　　　　(D)减少变形

17. 焊接性较好的材料采用水冷校正时,其浇水温度应在加热后钢材(　　)时再进行。

(A)桔黄色　　　　　　(B)达到樱红色　　　　(C)失去桔黄色　　　　(D)失去红态

18. 对薄板的波浪变形进行火焰校正,通常采用(　　)。

(A)点状加热　　　　　(B)线状加热　　　　　(C)三角形加热　　　　(D)正方形加热

19. (　　)是质量管理的基本工作方法。

(A)数理统计　　　　　(B)经济分析　　　　　(C)PDCA　　　　　　　(D)方后法

20. 企业标准包括两个方面的内容,一是技术标准,二是(　　)。

(A)产品标准　　　　　　(B)工艺标准　　　　　　(C)管理标准　　　　　　(D)工艺纪律

21. 商业秘密的界定最早出现在哪项国家法律中( )。

(A)合同法　　　　　　　　　　　　　　(B)劳动法

(C)反不正当竞争法　　　　　　　　　　(D)商业秘密保护法

22. 焊趾裂纹是属于( )。

(A)热裂纹　　　　　　(B)延迟裂纹　　　　　　(C)再热裂纹　　　　　　(D)热应力裂纹

23. 网状裂纹一般发生在( )材料中。

(A)脆性　　　　　　　(B)塑性　　　　　　　　(C)韧性　　　　　　　　(D)其他

24. 容易出现淬硬组织的材料气焊时,避免产生冷裂纹的主要措施是( )。

(A)增加线能量　　　　(B)焊后热处理　　　　　(C)减小线能量　　　　　(D)预热

25. 焊缝中条虫状的气孔通常认为是( )。

(A)氢气孔　　　　　　(B)氮气孔　　　　　　　(C)一氧化碳气孔　　　　(D)二氧化碳气孔

26. 水压试验,可用来检验压力容器的( )。

(A)强度　　　　　　　(B)焊缝内部缺陷　　　　(C)致密性　　　　　　　(D)强度和致密性

27. 对压力容器水压试验的压力为工作压力的( )倍。

(A)1.0　　　　　　　　(B)1.25　　　　　　　　(C)1.5　　　　　　　　　(D)2.0

28. 零件序号指引线,不得互相( ),不得与零件剖面线平行。

(A)平行　　　　　　　(B)倾斜　　　　　　　　(C)交叉　　　　　　　　(D)重合

29. 检查焊缝金属的( )时,常进行焊接接头的断口检验。

(A)强度　　　　　　　(B)内部缺陷　　　　　　(C)致密性　　　　　　　(D)冲击韧性

30. 焊接接头的金相检验的目的是检验焊接接头的( )。

(A)致密性　　　　　　　　　　　　　　(B)强度

(C)冲击韧性　　　　　　　　　　　　　(D)组织及内部缺陷

31. T8/5( ),有利于减轻淬硬倾向,并有利于扩散氢的逸出,从而防止冷裂纹的产生。

(A)增大　　　　　　　(B)不变　　　　　　　　(C)减小　　　　　　　　(D)不确定

32. 在下列各种焊接缺陷中,最容易被射线检验发现的缺陷是( )。

(A)气孔　　　　　　　(B)夹渣　　　　　　　　(C)未熔合　　　　　　　(D)表面裂纹

33. 在射线检验的胶片上,焊缝夹渣的特征图象是( )。

(A)黑点　　　　　　　　　　　　　　　(B)白点

(C)对比度很小的云彩状区域　　　　　　(D)黑色或浅黑色的点状或条状

34. 射线探伤,母材厚度不大于 25 mm,当气孔尺寸在( )时,可以不计点数。

(A)0.5 mm 以下　　　(B)0.8 mm 以下　　　　(C)1.0 mm 以下　　　　(D)1.5 mm 以下

35. 荧光磁粉探伤时,应在( )下观察磁痕。

(A)荧光　　　　　　　(B)任何光线　　　　　　(C)氖灯光　　　　　　　(D)黑光

36. 检验不锈钢表面裂纹的探伤方法是( )。

(A)超声波探伤　　　　(B)磁粉探伤　　　　　　(C)X 射线探伤　　　　　(D)着色检验

37. 进行着色检验时,检查试件的缺陷应该在( )进行。

(A)施加显示剂后立即　　　　　　　　　(B)施加显示剂后的任何时间

(C)施加显示剂并经适当时间后　　　　　(D)清洗后立即

38. 检查气孔、夹渣等立体状缺陷最好的方法是(　　)探伤。
(A)射线　　　　　(B)超声波　　　　　(C)磁粉　　　　　(D)渗透

39. 能够正确发现缺陷大小和形状的探伤方法是(　　)。
(A)X射线检验　　　(B)超声波探伤　　　(C)磁粉探伤　　　(D)着色检验

40. 工时定额中的准备时间随焊件批量的加大而(　　)。
(A)加大　　　　　(B)不变　　　　　(C)减小　　　　　(D)不确定

41. (　　)能探明焊缝表面缺陷。
(A)X射线探伤　　　(B)超声探伤　　　(C)着色探伤　　　(D)γ射线探伤

42. 检验焊缝内部缺陷,效果最好的探伤方法是(　　)。
(A)超声波探伤　　　(B)X射线检验　　　(C)磁粉探伤　　　(D)着色探伤

43. 气割面零级表面粗糙度规定的波纹高度不应大于(　　)μm。
(A)20　　　　　(B)40　　　　　(C)60　　　　　(D)80

44. 实际切断面与被切割金属表面的垂线之间的最大偏差叫做(　　)。
(A)直线度　　　　　(B)垂直度　　　　　(C)平面度　　　　　(D)粗糙度

45. 重要结构零件的边缘在剪切后应刨去(　　),以消除冷作硬化区的影响。
(A)1~2 mm　　　(B)2~4 mm　　　(C)4~5 mm　　　(D)0~1 mm

46. 氧矛切割所用的钢管,其内径为(　　)mm。
(A)2~6　　　　　(B)4~8　　　　　(C)4~10　　　　　(D)6~10

47. 后拖量大、上下缘呈圆角,特别是上缘的下方咬进的缺陷,主要是由切割(　　)引起的。
(A)速度过慢　　　(B)速度过快　　　(C)氧压太高　　　(D)氧压较低

48. 铬钼耐热钢及其焊接接头在(　　)℃温度区间长期运行过程中发生剧烈脆变的现象称为回火脆性。
(A)150~300　　　(B)250~350　　　(C)350~500　　　(D)500~650

49. 跟踪白线的光电传感器的优点是可以把传感器安装在喷嘴(　　),从而消除传感器附加跟踪误差。
(A)前面　　　　　(B)后面　　　　　(C)侧面　　　　　(D)上面

50. 数控切割是指按照数字指令规定程序进行的(　　)方式。
(A)冷切割　　　　　(B)热切割　　　　　(C)自动切割　　　　　(D)机械切割

51. 高速气割用的割嘴,常用的有(　　)割嘴。
(A)梅花式　　　　　(B)收缩式　　　　　(C)阶梯式　　　　　(D)组合式

52. 高速气割切口表面粗糙度与(　　)有关。
(A)材料　　　　　(B)气割速度　　　　　(C)气体消耗量　　　　　(D)割炬

53. 合金元素总的质量分数不超过(　　)的合金结构钢称为低合金钢。
(A)2.11%　　　　　(B)5%　　　　　(C)8%　　　　　(D)11%

54. 氧-乙炔火焰粉末喷焊所采用的热源是氧乙炔火焰,喷焊材料为(　　)。
(A)小颗粒状金属　　　　　　　　　(B)液态金属
(C)自熔性合金粉末　　　　　　　　(D)金属粉末与液态非金属混合物

55. 热影响区最高硬度值,可以用来间接判断材料的(　　)。

(A)强度   (B)塑性   (C)韧性   (D)焊接性

56. 黄铜气焊时,为防止锌的蒸发,焊丝中应含有( )元素。

(A)Pb   (B)Si   (C)Al   (D)Sn

57. 焊接铝青铜时,为了除去氧化铝膜,其熔剂应选择( )。

(A)气剂 201   (B)气剂 301   (C)气剂 401   (D)气剂 224

58. 含锂焊粉主要用于气焊( )。

(A)不锈钢   (B)铝及铝合金   (C)铜及铜合金   (D)灰口铸铁

59. 铝及铝合金气焊时,一般宜采用( )。

(A)对接接头   (B)搭接接头   (C)角接接头   (D)卷边拉

60. 气焊灰铸铁时,生成的难熔氧化物是( ),它覆盖在熔池表面,会阻碍焊接过程的正常进行。

(A)Cr_2O_3 (B)SiO_2 (C)Al_2O_3 (D)MnO

61. 气焊灰口铸铁时,为防止出现白口组织,可以在焊丝中增大( )的含量。

(A)锰   (B)硅   (C)镁   (D)钒

62. 合金钢气焊时,最容易引起( )。

(A)焊缝热裂纹   (B)热影响区冷裂纹   (C)合金元素被氧化   (D)焊接时咬边

63. 斜 Y 形坡口对接裂纹试验,广泛用于评价打底焊缝及其热影响区的( )倾向。

(A)热裂   (B)再热裂   (C)冷裂   (D)层状撕裂

64. T 形接头焊接裂纹试验的焊缝应采用( )位置进行焊接。

(A)水平焊   (B)船形焊   (C)垂直焊   (D)横焊

65. 利用热影响区最高硬度法评定冷裂纹敏感性,应该采用( )硬度。

(A)洛氏   (B)维氏   (C)布氏   (D)肖氏

66. 铬钼珠光体耐热钢气焊后应作( )处理,以消除应力,改善组织。

(A)消应力   (B)高温回火   (C)正火   (D)高温淬火

67. 检验焊后热处理规范的准确性主要是检查焊缝的( )。

(A)抗拉强度   (B)硬度   (C)韧性   (D)塑性

68. 在所有焊接缺陷中,对脆性断裂影响最大的是( )。

(A)气孔   (B)裂纹   (C)夹渣   (D)咬边

69. 气焊时,焊接区的气体主要来自( )。

(A)工件表面的污物   (B)焊丝表面的铁锈   (C)焊粉中的水分   (D)气体火焰

70. 氧气瓶一般应( )放置,并必须安放稳固。

(A)水平   (B)倾斜   (C)直立   (D)倒立

71. 扩散越好,焊缝金属的( )越好。

(A)化学性能   (B)机械性能

(C)物理性能   (D)化学成分均匀性

72. 熔合区是在焊接接头中,焊缝向热影响区( )的区域。

(A)扩散   (B)传导   (C)融合   (D)过渡

73. 不易淬火钢热影响区加热温度在 $AC_1 \sim AC_3$ 的区域,称为( )。

(A)熔合区   (B)正火区   (C)不完全重结晶区   (D)过热区

74. 蓝脆区的温度一般是( )之间。

(A)300～400℃
(B)400～500℃
(C)AC_1～AC_3
(D)AC_3～1 100℃

75. 提高焊缝的形状系数可以减少产生( )的倾向。

(A)气孔
(B)夹渣
(C)未熔合
(D)热裂纹

76. 对于焊接熔池结晶来讲,( )晶核起着主要作用。

(A)自发
(B)非自发
(C)柱状晶
(D)等轴晶

77. 低碳钢焊缝一次结晶的晶核是( )晶粒。

(A)铁素体
(B)奥氏体
(C)珠光体
(D)马氏体

78. 焊接熔池从液态向固态转变的过程称为( )结晶。

(A)一次
(B)二次
(C)三次
(D)再

79. 熔池中各点的温度分布是不均匀的,熔池的最高温度位于( )。

(A)熔池的头部
(B)熔池的尾部
(C)熔池的中部
(D)火焰下面的熔池表面上

80. 熔池中的液态金属是( )运动着的。

(A)不断激烈
(B)慢慢移动
(C)不停地
(C)时快时慢

81. 熔池中各点的温度分布是( )的。

(A)很均匀的
(B)合理
(C)不合理
(D)不均匀

82. 低碳钢焊缝含碳量较低,其二次结晶组织主要是铁素体加少量的( )。

(A)珠光体
(B)贝氏体
(C)马氏体
(D)魏氏体

83. 锤击焊道表面可改善焊缝二次组织。一般多采用风铲锤击,锤击方向应( )依次进行。

(A)先中央后两侧
(B)先两侧后中央
(C)由一端向另一端
(D)逐步后退

84. 当钢材的含碳量为( )时,热影响区的淬硬倾向小,一般不需预热。

(A)0.6%～1%
(B)<10%
(C)0.4%～0.6%
(D)<0.4%

85. 后热能够对焊缝和热影响区的冷却速度( )。

(A)加快
(B)减缓
(C)无影响
(D)加大

86. 焊件上某点的温度随( )变化的过程称为焊接的热循环。

(A)材料
(B)形状
(C)速度
(D)时间

87. 对铬镍不锈钢来说,抗晶间腐蚀最有效的元素是( )。

(A)碳
(B)硅
(C)硫
(D)磷

88. 钎焊时,钎料的选择主要应考虑( )。

(A)接头型式
(B)间隙
(C)钎剂
(D)母材

89. 钎焊时,钎料的成分和性能与母材( )。

(A)完全相同
(B)大致相同
(C)有明显的差别
(D)完全不一样

90. 决定钎焊焊缝强度和致密性的重要因素是( )。

(A)接头型式
(B)间隙
(C)钎剂
(D)母材

91. 焊接接头中的夹杂以硅酸盐为主时,层状撕裂呈( )状。

(A)直线
(B)曲线
(C)阶梯
(D)不规则阶梯

92. 当焊缝的应力集中处存在着(　　)时,构件的疲劳强度将降低。
(A)压缩内应力　　　(B)拉应力　　　(C)压缩外应力　　　(D)剪应力

93. 焊接锌及其合金时,所选用的熔剂为(　　)。
(A)CJ101　　　(B)CJ201　　　(C)CJ301　　　(D)CJ401

94. 碳弧气割时,碳棒伸出长度一般为(　　)。
(A)20～30 mm　　　(B)40～60 mm　　　(C)60～80 mm　　　(D)80～100 mm

95. 珠光体耐热钢中的铬元素,主要是用来提高钢材的(　　)。
(A)热强能力　　　(B)热氧化性能　　　(C)抗热裂纹性能　　　(D)抗气孔能力

96. 气焊高合金钢、铸铁和有色金属及其合金时,都要加入(　　),其主要目的是为保护熔池和脱氧。
(A)熔剂　　　(B)合金元素　　　(C)合金剂　　　(D)脱氧剂

97. 不易淬火钢热影响区综合力学性能最好的区域是(　　)。
(A)熔合区　　　　　　　　　　(B)过热区
(C)正火区　　　　　　　　　　(D)不完全重结晶区

98. 铝及铝合金的焊接热影响区可分为晶粒长大区和(　　)两个区。
(A)完全重结晶区　　　(B)再结晶区　　　(C)不完全重结晶区　　　(D)过热区

99. 在焊接碳钢和合金钢时,常选用含(　　)的焊丝,这样能有效地脱氧。
(A)Mn 与 Si　　　(B)Al 与 Ti　　　(C)V 与 Mo　　　(D)Zn 与 Al

100. 焊缝金属中若存在体积分数为(　　)的氢,就会对焊接接头质量产生严重的影响。
(A)1/100　　　(B)1/1 000　　　(C)1/10 000　　　(D)1/100 000

101. 沿样板外轮廓切割零件内形时,所切割零件板边圆周最小的曲率半径 $R_{\min}$ 等于(　　)
(A)0　　　(B)$(d-b)/2$　　　(C)$(d+b)/2$　　　(D)$d-b$

102. 沿样板的内轮廓切割零件内形时,零件板边的最小曲率半径 $R_{\min}$ 等于(　　)。
(A)0　　　(B)$(d-b)/2$　　　(C)$(d+b)/2$　　　(D)$d-b$

103. 激光切割和等离子弧切割均属于(　　)切割。
(A)高速　　　(B)高能密度　　　(C)高效率　　　(D)高质量

104. 压缩角 α 为(　　)时,等离子弧稳定、压缩好,切割能力强。
(A)30°　　　(B)45°　　　(C)60°　　　(D)75°

105. 用等离弧切割厚大件时,一般应采用(　　)气体。
(A)氩气　　　(B)氮气　　　(C)空气　　　(D)氮氢混合

106. 二氧化碳激光器的输出功率与放电管的长度成正比,大约每米(　　)W。
(A)500　　　(B)50　　　(C)5　　　(D)100

107. 激光的切割速度随激光功率和喷吹气体压力的增加而(　　),随被切割材料厚度的增加而降低。
(A)降低　　　(B)不变　　　(C)增加　　　(D)不确定

108. 屈服点为 294～490 MPa 的低合金钢,都在热轧或正火状态下使用,属于(　　)钢。
(A)热处理强化　　　(B)高强钢　　　(C)高合金钢　　　(D)非热处理强化

109.( )是热轧钢中最常用的合金元素。

(A)Mn (B)Si (C)V (D)Mo

110. 气焊热轧、正火钢的热输入过大时,其粗晶区将因晶粒长大或出现( )组织而降低韧性。

(A)马氏体 (B)魏氏体 (C)托氏体 (D)索氏体

111. 厚度大于 30 mm 的 Q345(16Mn)钢焊接时的预热温度一般为( )。

(A)300~350℃ (B)250~300℃ (C)125~250℃ (D)100~150℃

112.( )中的碳化物以片状石墨的形式存在,断口呈灰色。

(A)灰铸铁 (B)球墨铸铁 (C)可锻铸铁 (D)蠕墨铸铁

113. 铸铁气焊应在焊缝温度处于( )时进行整形处理。

(A)熔化状态 (B)半熔化状态 (C)室温 (D)低温

114. 清除吸附于焊丝及工件坡口两侧表面的油脂、水分及其他杂质,是避免焊缝出现( )的最基本、最有效的工艺措施。

(A)裂纹 (B)未熔合 (C)气孔 (D)夹渣

115. 气焊 8 mm 以下的铅板时,条件允许时,首先应采用( )。

(A)氧-乙炔焰 (B)氢-氧焰 (C)煤气-氧焰 (D)液化气-氧焰

116. 气焊 8 mm 以上的铅板时,宜采用( )。

(A)氧-乙炔焰 (B)氢-氧焰 (C)煤气-氧焰 (D)液化气-氧焰

117. 去除铅板坡口及附近区域的氧化铅层,常采用( )的方法。

(A)砂轮打磨 (B)专用刮刀刮 (C)砂纸打磨 (D)钢丝刷刷

118. 气割大厚度工件时,切割速度要慢,割嘴要做( )摆动。

(A)横向月牙形 (B)直线往复式 (C)横向锯齿形 (D)横向往复式

119. 低碳钢的脆化区在热影响区的 400~200℃ 之间;高强度钢的脆化区常在( )之间。

(A)400~200℃ (B)AC_1~500℃
(C)AC_3~AC_1 (D)AC_3~1 100℃

120. 在承受动载荷情况下,焊接接头的焊缝余高值应为( )。

(A)0~3 mm (B)趋于零 (C)越高越好 (D)大于 3 mm

121. 削平焊缝余高或增大过渡圆弧,均可使应力集中系数 K_T( )。

(A)减小 (B)不变 (C)增加 (D)不确定

122. 断口表现为闪亮发光而无高温氧化色彩的裂纹是( )。

(A)热裂纹 (B)再热裂纹 (C)冷裂纹 (D)层状撕裂

123. 当钢材的碳当量的质量分数为( )时,就容易产生焊接冷裂纹。

(A)0.45% (B)0.45%~0.25% (C)<0.25% (D)>0.8%

124. 试样达到弯曲角度后,其拉伸面上有长度( )的横向裂纹或缺陷时,弯曲为不合格。

(A)>0.5 mm (B)>1.5 mm (C)>3 mm (D)>4.5 mm

125. 焊接接头进行弯曲试验时,其目的主要是为了检验焊缝的( )。

(A)弹性 (B)刚性 (C)硬度 (D)塑性和致密性

126. X 射线探伤能检查的焊缝厚度范围为(　　)。
(A)<30 mm　　　　(B)<50 mm　　　　(C)<100 mm　　　　(D)<300 mm

127. 管子焊接接头的断口检验,对(　　)十分敏感。
(A)裂纹　　　　(B)气孔　　　　(C)未熔合　　　　(D)夹渣

128. 测定焊缝金属扩散氢的含量,最常用的方法是(　　)。
(A)甘油法　　　　(B)水银法　　　　(C)气相色谱法　　　　(D)光谱法

129. 只沿一个方向存在的应力称为(　　)。
(A)线应力　　　　(B)平面应力　　　　(C)体积应力　　　　(D)热应力

130. 对接仰焊位置焊接时,要保持(　　)的电弧长度,以使熔滴在很短时间过渡到熔池中。
(A)最长　　　　(B)最短　　　　(C)中等　　　　(D)较长

131. 整体高温回火可消除(　　)左右的残余应力。
(A)50%　　　　(B)60%　　　　(C)80%　　　　(D)100%

132. 采用双面对称坡口形式,(　　)所产生的焊接变形最小。
(A)对称施焊　　　　(B)交替施焊　　　　(C)一侧先焊　　　　(D)分段退焊

133. 火焰成型加工时,在钢板厚度、火焰能率和加热速度相同的情况下,采用(　　)的方式获得的角变形和横向收缩量最大。
(A)背面跟踪水冷　　　　(B)正面跟踪水冷　　　　(C)空冷　　　　(D)缓冷

134. 中型产品大量生产时,其年产量为(　　)件以上。
(A)1 000　　　　(B)5 000　　　　(C)10 000　　　　(D)50 000

135. 焊接工艺卡是直接发到(　　)手里的指导生产的焊接工艺文件。
(A)焊工　　　　(B)班组长　　　　(C)技术员　　　　(D)车间主任

136. 为防止结晶裂纹的产生,应严格控制母材金属和焊丝中(　　)的含量。
(A)Mn、Si、Ni　　　　(B)S、P　　　　(C)C、Mn　　　　(D)Mn、C

137. 具有穿晶开裂特征的裂纹是(　　)。
(A)热裂纹　　　　(B)再热裂纹　　　　(C)冷裂纹　　　　(D)氢致裂纹

138. 对于厂区和车间的乙炔管道,乙炔的工作压力在 0.007～0.15 MPa 时,其最大流速为(　　)。
(A)4 m/s　　　　(B)8 m/s　　　　(C)12 m/s　　　　(D)16 m/s

139. 氧气的工作压力为 0.6 MPa 时,在碳钢管道中其最大流速为(　　)。
(A)5 m/s　　　　(B)10 m/s　　　　(C)15 m/s　　　　(D)20 m/s

140. 架空铺设的氧气管道,安装在可燃油管道的上面时,上下两管的间距至少为(　　)。
(A)0.2 m　　　　(B)0.5 m　　　　(C)1 m　　　　(D)2 m

141. 侧吸罩合适的"零点"控制风速一般为(　　)。
(A)0.5～1 m/s　　　　(B)1～2 m/s　　　　(C)2～3 m/s　　　　(D)4～5 m/s

142. 自熔性合金粉末 F105-Fe 属于(　　)合金粉末。
(A)镍基　　　　(B)钴基　　　　(C)铁基　　　　(D)铅基

143. 容易氧化材料采用二步法喷焊时,一般应采用预保护方法,预保护层厚度约为(　　)。

(A)0.1 mm　　　　(B)0.3 mm　　　　(C)0.5 mm　　　　(D)1 mm

144. 马氏体不锈钢喷焊时,为防止产生裂纹,喷焊后必须立即在电炉或保护氧气炉内作(　　)。

(A)等温处理　　　(B)消应力处理　　　(C)回火处理　　　(D)回溶处理

145. 喷焊刚度大、结构复杂的构件,特别是复杂的铸铁件(如缸头),应采用(　　)预热和缓冷,以避免产生裂纹。

(A)局部　　　　　(B)整体　　　　　(C)高温　　　　　(D)低温

146. 基体金属表面上的凸点受高温金属粒子的碰撞加热而温度升高,并和高温颗粒熔合在一起,从而形成(　　)。

(A)机械结合　　　(B)金属键结合　　　(C)微焊接　　　(D)微扩散焊接

147. (　　)仅适用于小件或中小件边角部位的补焊。

(A)热焊法　　　　(B)加热减应区法　　　(C)反变形法　　　(D)不预热气焊法

148. 主要适用于钢材的焊接接头热影响区的冷裂倾向,以及作为母材金属和焊条组合的裂纹试验方法是(　　)。

(A)斜Y法　　　　(B)T形接头法　　　(C)压板对接法　　　(D)刚性拘束法

149. (　　)在底片上的特征通常是呈一条断续或连续的黑直线。

(A)裂纹　　　　　(B)未焊透　　　　(C)未熔合　　　　(D)条状夹渣

150. (　　)只能用于5 mm以上焊件的探伤。

(A)X射线探伤　　　(B)超声波探伤　　　(C)磁粉探伤　　　(D)渗透探伤

151. 通过(　　)可以了解焊缝一次结晶组织的粗细程度和方向性,以及熔池的形状和尺寸。

(A)低倍检验　　　(B)断口检验　　　(C)微观金相试验　　　(D)宏观金相试验

152. 焊件内部由于温度差所引起的应力称(　　)。

(A)收缩应力　　　(B)组织应力　　　(C)热应力　　　(D)面应力

153. (　　)对接接头的角变形最大。

(A)V形坡口　　　(B)双V形坡口　　　(C)U形坡口　　　(D)双U形坡口

154. 长焊缝(长1 m以上)焊接时,焊接变形量最小的操作方式是(　　)。

(A)直通焊　　　　　　　　　　　(B)逐段跳焊

(C)从中心向两端焊　　　　　　　(D)从中心向两端逐段退焊

155. 低碳钢和低合金结构钢构件火焰校正时,当钢材颜色为(　　)时为最佳温度区间。

(A)褐红色　　　　(B)深樱红色　　　(C)亮黄色　　　(D)黄棕色

156. 具有沿奥氏体晶界开裂,多贯穿于焊缝表面,断口呈氧化色等特征的裂纹属于(　　)。

(A)冷裂纹　　　　(B)热裂纹　　　　(C)再热裂纹　　　(D)层状撕裂

157. 既可防止焊接应力,又可减小焊接变形的工艺措施是采取(　　)。

(A)刚性固定法　　　(B)反变形法　　　(C)焊前预热　　　(D)压板固定

158. 水压试验时,周围环境温度应高于(　　)。

(A)0℃　　　　　　(B)5℃　　　　　　(C)15℃　　　　　　(D)25℃

159. 焊接性较好,焊接结构中应用最广的铝合金是(　　)。

(A)防锈铝(LF)　　(B)硬铝(LY)　　(C)锻铝(LD)　　(D)超硬铝(LC)

160. 氢氧焰中的过氢焰呈(　　)。

(A)淡黄色　　　　　(B)深黄色　　　　　(C)蓝色　　　　　(D)浅红色

161. (　　)实质上是固态金属被液态金属所熔解而相互结合的过程。

(A)钎焊　　　　　　(B)喷焊　　　　　　(C)喷涂　　　　　　(D)熔化焊

162. 钢中对焊接性影响最大的元素是(　　)。

(A)碳　　　　　　　(B)锰　　　　　　　(C)硅　　　　　　　(D)硫和磷

163. (　　)是表示层状撕裂敏感性最好的指标。

(A)σ_s　　　　　　　(B)σ_b　　　　　　　(C)δ　　　　　　　(D)ψ

164. 试样受拉面为焊缝纵剖面的弯曲称(　　)。

(A)横弯　　　　　　(B)纵弯　　　　　　(C)侧弯　　　　　　(D)旁弯

165. 正圆锥台最常用的展开方法是(　　)。

(A)放射线法和计算法　　　　　　(B)平行线法和放射线法

(C)三角形法和计算法　　　　　　(D)平行线法和计算法

166. 关于施工组织设计和焊接工艺规程,叙述错误的是(　　)。

(A)是指导生产和进行组织管理的重要指导性文件

(B)在实际生产中如发现问题,应当场立即修改

(C)制定时必须从本单位实际出发

(D)必须保证生产者和设备的安全

167. 纯银气焊时应选择(　　)。

(A)中性焰　　　　　(B)碳化焰　　　　　(C)氧化焰　　　　　(D)轻微碳化焰

168. 气焊紫铜时,下列选项所述正确的是(　　)。

(A)选用熔剂 201

(B)采用氧化焰进行焊接

(C)一般不使用垫板

(D)焊后水韧处理可以提高接头的塑性和韧性

169. 载荷平行于焊缝的 T 形接头,产生最大应力的危险点在焊缝的(　　)。

(A)中间　　　　　　(B)最上端　　　　　(C)最下端　　　　　(D)偏左

170. 在铸铁基体上堆焊黄铜时,应采用机械加工待焊面,表面粗糙度应达到(　　)。

(A)5 μm　　　　　(B)10 μm　　　　(C)12.5 μm　　　(D)15 μm

171. 焊接结构质量检查报告的焊接资料部分不包括(　　)的内容。

(A)焊接方法　　　　(B)焊接工艺　　　　(C)焊工钢印　　　　(D)焊接检验

172. 施工图样是焊接结构生产中使用的最基本资料,图样中规定的内容不包括(　　)。

(A)原材料　　　　　(B)焊缝位置　　　　(C)坡口形式　　　　(D)技术标准

173. 气焊时的产物中,无毒的是(　　)。

(A)一氧化碳　　　　(B)磷化物　　　　　(C)硫化物　　　　　(D)二氧化碳

174. 为实现基本工艺过程而进行的各种辅助操作所消耗的时间,称为(　　)。

(A)辅助时间　　　　　　　　　　(B)工作时间

(C)劳动时间　　　　　　　　　　(D)布置工作场地时间

175. 熔敷金属质量的理论计算公式为(　　)。

(A)$G_f = AL\rho \times 10^{-6}$　　　　　　　(B)$G_f = \dfrac{A}{L\rho} \times 10^{-6}$

(C)$G_f = \dfrac{A\rho}{L} \times 10^{-6}$　　　　　　　(D)$G_f = \dfrac{L\rho}{A} \times 10^{-6}$

(注:A——焊缝的横截面积,mm^2;L——焊缝长度,mm;ρ——材料密度,g/cm^3)

176. 只有(　　)时,才能切成直角。

(A)沿样板外轮廓切割零件外形　　　　(B)沿样板外轮廓切割零件内形

(C)沿样板内轮廓切割零件内形　　　　(D)沿样板内轮廓切割零件外形

177. 焊件在夹具中要得到确定的位置,必须遵从物体定位的(　　)定则。

(A)三点　　　　(B)四点　　　　(C)五点　　　　(D)六点

178. 关于焊接缺陷的危害性的描述中,错误的是(　　)。

(A)焊接缺陷直接影响结构的强度和使用寿命

(B)焊接缺陷会引起应力集中

(C)焊接缺陷严重影响结构的疲劳极限

(D)较小的焊接缺陷不影响产品的使用

179. 与管道的机械强度有关的设计给定压力是指(　　)。

(A)工作压力　　　(B)公称压力　　　(C)试验压力　　　(D)实际压力

180. 在焊接领域中应用的计算机技术中,(　　)是人工智能的一个分支,它是一组具有逻辑推理能力的计算机程序。

(A)计算机仿真技术　　(B)模式识别技术　　(C)专家系统技术　　(D)数据库技术

181. 焊接装配图与一般装配图的不同在于图中必须清楚地表示与(　　)有关的问题。

(A)气割　　　(B)焊接　　　(C)机械加工　　　(D)热处理

182. 焊接接头拉伸试样的形状分为(　　)种。

(A)2　　　　(B)3　　　　(C)4　　　　(D)5

183. 射线探伤时若底片上出现的缺陷特征是一条断续的黑直线,则说明是(　　)缺陷。

(A)点状气孔　　　(B)密集气孔　　　(C)未焊透　　　(D)咬边

184. 焊接性最好的材料是(　　)。

(A)LF2　　　(B)LF3　　　(C)LY11　　　(D)L2

185. 铝合金焊接时应选用(　　)气剂。

(A)CJ401　　　(B)CJ301　　　(C)CJ201　　　(D)CJ101

186. 铝合金焊接时,叙述正确的是(　　)。

(A)采用轻微氧化焰进行焊接

(B)工件厚度小于 5 mm 时,采用右焊法

(C)对于厚度较大的工件,焊前应进行预热

(D)整条焊缝尽可能分几次焊,不要一次焊完

187. 关于进行焊接结构设计的说法,正确的是(　　)。

(A)焊缝位置可任意设置,不必考虑焊缝的检查

(B)应便于施工,使施工时具有良好的工作环境

(C)尽可能增加机械加工量

(D)尽可能增加焊接工作量

188. 对接接头静载强度计算,如果两板厚度不同,则应取(　　)。

(A)较薄者　　　　　(B)较厚者　　　　　(C)平均值　　　　　(D)两者之和

189. 搭接接头正面焊缝受拉时静载强度的计算公式是(　　)。

(A)$\tau=F/(1.4KL)$　　(B)$\tau=F/(0.7KL)$　　(C)$\sigma=F/(KL)$　　(D)$\sigma=F/(2KL)$

190. 氧-乙炔气体火焰堆焊的堆焊层与基材的线膨胀系数的关系是(　　)。

(A)堆焊层线膨胀系数大于基材的线膨胀系数

(B)堆焊层线膨胀系数小于基材的线膨胀系数

(C)堆焊层线膨胀系数与基材的线膨胀系数相近

(D)堆焊层线膨胀系数与基材的线膨胀系数的关系没有要求

191. 气体火焰校正是利用(　　)来抵消原来的变形。

(A)金属的热膨胀　　　　　　　　　(B)金属的热缩性

(C)金属局部受热后的收缩引起的新变形　　(D)高温金属的塑性变形

192. 三角形加热法主要用于(　　)的校正。

(A)厚度较大、刚性较强的弯曲变形　　(B)薄板的弯曲变形

(C)厚度较小、刚性较弱的弯曲变形　　(D)厚度较大但刚性较弱的弯曲变形

193. 乙炔站内的温度应(　　)。

(A)大于 0℃　　　(B)大于 5℃　　　(C)小于 4℃　　　(D)小于 0℃

194. 工序余量和加工总余量之间的关系是(　　)。

(A)没有任何关系　　　　　　(B)工序余量之和就是加工总余量

(C)工序余量大于加工总余量　　(D)工序余量与加工总余量完全相等

195. 搞好班组工艺管理不应(　　)。

(A)定期进行工序质量分析　　(B)涂改焊接工艺卡

(C)认真阅读工艺技术文件　　(D)按工艺文件施工

196. 焊缝在结构中的位置不对称,容易引起(　　)

(A)扭曲变形　　　(B)弯曲变形　　　(C)角变形　　　(D)波浪变形

197. 利用局部加热的温差来拉伸焊缝区,消除残余应力的方法是(　　)。

(A)整体高温回火法　　(B)局部高温回火法　　(C)机械拉伸法　　(D)温差拉伸法

198. 机械校正法一般适用于(　　)材料。

(A)高塑性　　　(B)高刚度　　　(C)高强度　　　(D)低塑性

199. 焊接应力和变形产生的原因是焊接过程中焊接接头各部分金属的(　　)不同。

(A)热胀冷缩程度　　(B)强度　　　(C)导热性　　　(D)塑性

200. 自由电弧强迫通过等离子弧焊的喷嘴细孔,使弧柱强迫收缩,称为(　　)。

(A)磁收缩　　　(B)机械压缩　　　(C)热收缩　　　(D)电收缩

201. 焊接工艺评定的目的在于获得一种使焊接接头的(　　)符合设计要求的焊接工艺。

(A)机械性能　　　　(B)强度　　　　(C)硬度　　　　(D)塑性

202. 在焊条电弧焊焊接工艺评定的基本因素中,焊条直径改为大于(　　)时,属于补加因素改变。

(A)3 mm　　　　(B)4 mm　　　　(C)6 mm　　　　(D)7 mm

203. 特种设备作业人员证每(　　)年复审一次。

(A)3　　　　(B)4　　　　(C)5　　　　(D)10

204. 依据《特种设备焊接操作人员考核细则》中规定,手工焊焊工经 FeⅢ类钢任意钢号焊接操作技能考试合格后,当其他条件不变时焊接(　　)类钢时需重新考试。

(A) FeⅠ　　　　(B) FeⅡ　　　　(C) FeⅠ和Ⅱ　　　　(D) FeⅣ

205. 国家职业资格证书与学历证书是并行的,它反映了焊工的(　　)。

(A)职业能力　　　　(B)理论知识水平　　　　(C)技能操作水平　　　　(D)关键能力

206. 用卷板机进行钢板卷圆的过程中,卷压过程的压力不足将导致产生(　　)质量缺陷。

(A)内凹　　　　(B)外凸　　　　(C)腰鼓形　　　　(D)对缝距离大

207. 人工煨制弯管,其最小半径(　　)钢管直径。

(A)小于 3.5 倍　　(B)不小于 3.5～4 倍　　(C)不小于 4 倍　　(D)不小于 4.5 倍

208. CO_2 气体保护焊产生咬边的主要原因之一是(　　)。

(A)喷嘴小　　　　(B)焊速过高　　　　(C)气体流量过小　　　　(D)焊丝过细

209. CO_2 气体保护焊属于(　　)。

(A)钎焊　　　　(B)熔焊　　　　(C)压力焊　　　　(D)电阻焊

210. 焊接方法中,不属于气体保护焊的是(　　)。

(A)氩弧焊　　　　(B)埋弧焊　　　　(C)CO_2 焊　　　　(D)氮弧焊

211. 钢在进行退火处理后(　　)。

(A)塑性降低　　　　(B)晶粒细化　　　　(C)强度降低　　　　(D)韧性降低

212. 淬火的主要目的是使奥氏体化的工件获得尽可能多的(　　),并配以不同温度的回火获得各种需要的性能。

(A)奥氏体　　　　(B)马氏体　　　　(C)珠光体　　　　(D)渗碳体

213. 塑性变形对金属组织结构的影响的描述,错误的是(　　)。

(A)塑性变形使金属的显微组织发生变化

(B)塑性变形使金属的亚结构细化

(C)塑性变形导致变形织构

(D)塑性变形不会导致金属组织结构发生变化

214. 关于塑性变形对金属性能的影响的描述,正确的是(　　)。

(A)金属外形改变了,但内部组织和性能不受影响

(B)内部组织改变了,但外形和性能不受影响

(C)金属外形改变了,对内部组织和性能都有影响

(D)性能发生改变,但组织与外形不发生变化

215. 金属在塑性变形时,外力所做的功大部分转化为( )。
(A)热能 (B)内应力 (C)内能 (D)动能

216. 断裂前产生宏观大范围的塑性变形,此种断裂称为( )。
(A)塑性断裂 (B)脆断 (C)低应力断裂 (D)解理断裂

217. 断裂前金属材料产生永久变形的能力称为( )。
(A)塑性 (B)屈服点 (C)延伸率 (D)收缩率

218. 维氏硬度用符号( )表示。
(A)HB (B)HR (C)HV (D)HM

219. 金属的疲劳可以用( )指标来衡量。
(A)屈服极限 (B)疲劳极限 (C)冲击韧性 (D)抗拉强度

220. 焊接性试验中用得最多的是( )。
(A)力学性能试验 (B)无损检测 (C)焊接裂纹试验 (D)宏观金相试验

221. 金属焊接性试验的目的不包括( )。
(A)选择适用于母材金属的焊接材料 (B)确定合适的焊接参数
(C)用来研究制造新型材料 (D)确定焊件坡口形式

222. 不属于焊接性试验的是( )。
(A)斜 Y 形坡口裂纹试验 (B)插销试验
(C)刚性固定对接裂纹试验 (D)冲击试验

223. 焊接裂纹试验,随试件坡口间隙尺寸的增加,裂纹率( )。
(A)减小 (B)增大 (C)不变 (D)变化无规律

224. 刚性固定对接裂纹试验时,焊后经过( )以后,才能截取试样做磨片检查。
(A)6 h (B)8 h (C)12 h (D)24 h

225. 国际焊接学会推荐的碳当量计算公式适用于( )。
(A)一切钢材 (B)奥氏体不锈钢
(C)500~600 MPa 的非调质高强度钢 (D)硬质合金

226. 电阻的正确表达式应为( )。
(A)$R = \dfrac{A}{L}$ (B)$R = \rho\dfrac{A}{L}$ (C)$R = \rho\dfrac{L}{A}$ (D)$R = \dfrac{A}{\rho L}$

227. 有关串联电路的特点的叙述,不正确的是( )。
(A)流过各电阻中的电流相等 (B)总电压等于各电阻上的电压降之和
(C)总电阻等于各电阻之和 (D)总电阻小于任何一个电阻值

228. 已知一个 2 Ω 的电阻两端电压为 120 V,则流过电阻的电流为( )。
(A)60 A (B)30 A (C)2 A (D)12 A

229. 在电功率的计算公式中,错误的是( )。
(A)$P = UI$ (B)$P = I^2/R$ (C)$P = U^2/R$ (D)$P = I^2 R$

230. 在磁性线圈中放入( )后,线圈内的磁场就大大增强。
(A)铜 (B)铁 (C)铝 (D)木材

231. 变压器是利用交流电的( )来制造的。
(A)磁化 (B)对称性 (C)自感现象 (D)互感原理

232. 万用表采用串接方式可测得的参数是(   )。

(A)电阻   (B)电压   (C)电流   (D)电动势

233. 在焊接过程中操作正确,不会引发触电、漏电事故的是(   )。

(A)水下焊接时,采用 28 V 电压   (B)干燥环境下,使用 36 V 的电压照明

(C)电焊机使用时不用接地   (D)用铁丝代替熔丝

234. 关于氧气阀的压紧螺母周围漏气的产生原因,说法不正确的是(   )。

(A)压紧螺母未压紧   (B)密封垫圈破裂

(C)螺母规格偏大   (D)阀杆方形磨损

235. 有关氧气瓶使用说法中正确的是(   )。

(A)氧气瓶的外表为白色   (B)氧气瓶内的氧气使用后应全部放净

(C)氧气瓶应倾斜放置   (D)氧气瓶阀处应严禁沾染油脂

236. QD—1 型氧气减压阀属于(   )减压器。

(A)单级反作用式   (B)双级式   (C)多级式   (D)正作用式

237. 导致乙炔压力低、火焰调节不大的原因的说法中,不正确的是(   )。

(A)喷嘴未拧紧   (B)导管被挤压或堵塞

(C)焊炬被堵塞   (D)乙炔手轮打滑

238. 检查安全阀是否漏气可使用(   )。

(A)蒸馏水   (B)肥皂水   (C)汽油   (D)盐水

239. 乙炔瓶出厂前,须经严格检验,并做水压试验,试验压力应该是设计压力的(   )。

(A)1 倍   (B)2 倍   (C)3 倍   (D)4 倍

240. 氧气瓶一般使用(   )后应进行复验,复验内容是水压试验和检查瓶壁腐蚀情况。

(A)一年   (B)两年   (C)三年   (D)四年

241. 对于减压器的安全使用,叙述不正确的是(   )。

(A)减压器发生冻结时,应用热水或蒸汽解冻

(B)每个减压器只能用于一种气体,不得相互换用

(C)减压器上的油脂并不妨碍减压器的使用

(D)减压器必须定期检查、定期校验

242. 对于 H01—6 型焊炬,叙述正确的是(   )。

(A)可用于焊接 1～6 mm 厚的钢板   (B)可用于切割厚钢板

(C)属于等压式焊炬   (D)只能由乙炔瓶供气

243. 焊炬有射吸式和等压式两种,有关这两种焊炬,叙述不正确的是(   )。

(A)等压式焊炬需要中压乙炔   (B)等压式焊炬不易发生回火

(C)射吸式焊炬只适用于低压乙炔   (D)目前国产的焊炬均为射吸式

244. GD1—30 型割炬(   )。

(A)用于切割 2～30 mm 厚的钢板   (B)是一种等压式割炬

(C)可用于焊接 2～30 mm 厚的钢板   (D)只能用乙炔瓶供气

245. 回火保险按通过的乙炔压力可分为(   )两种。

(A)常压式和中压式   (B)低压式和中压式

(C)低压式和高压式　　　　　　　　　　　(D)中压式和高压式

246. 焊接熔池的结晶最容易在(　　)开始。

(A)熔池边缘处　　　(B)熔池中心　　　(C)熔池前端　　　(D)熔池的上表面

247. 有关氧对焊缝金属的影响,叙述不正确的是(　　)。

(A)易形成气孔　　　(B)提高机械性能　　　(C)易造成飞溅　　　(D)造成焊接困难

248. 有关氮对焊缝金属的影响,叙述不正确的是(　　)。

(A)易形成气孔　　　(B)降低焊缝强度　　　(C)降低焊缝塑性　　　(D)引起时效脆化

249. 焊缝中含有(　　)易产生白点。

(A)氮　　　　　　　(B)氢　　　　　　　(C)氧　　　　　　　(D)一氧化碳

250. 焊接薄板时应(　　)。

(A)速度慢,采用焊嘴倾角小　　　　　　　(B)速度快,采用焊嘴倾角小

(C)速度慢,采用焊嘴倾角大　　　　　　　(D)速度快,采用焊嘴倾角大

251. 关于焊后冷却速度叙述错误的是(　　)。

(A)角焊缝比对接焊缝的冷却速度快

(B)导热性好的比导热性差的材料冷却速度快

(C)焊接速度慢的比焊接速度快的冷却速度快

(D)板厚增大时,冷却速度加快

252. 焊件热影响区的尺寸大小不受(　　)的影响。

(A)焊接方法　　　(B)板厚　　　(C)线能量　　　(D)焊接材料

253. 焊接热影响区的各个区域中,温度最高的是(　　)。

(A)熔合区　　　　　　　　　　　　　　(B)过热区

(C)重结晶区　　　　　　　　　　　　　(D)不完全重结晶区

254. 随着焊缝金属层间温度的增加,(　　)。

(A)焊缝金属的硬度增加　　　　　　　　(B)屈服点上升

(C)抗拉强度降低　　　　　　　　　　　(D)焊缝金属的韧性降低

255. 45 号钢焊接时,热影响区中性能最好的是(　　)。

(A)淬火区　　　(B)部分淬火区　　　(C)回火区　　　(D)475℃脆性区

256. 铁素体不锈钢 Cr25Ni13 冷却后,在过热区易形成(　　),使该区的塑性和韧性大大降低。

(A)马氏体　　　(B)粗大铁素体　　　(C)粗大珠光体　　　(D)粗大奥氏体

257. 对于焊后热处理的主要目的描述中不正确的是(　　)。

(A)消除焊接接头的内应力　　　　　　　(B)改善焊接接头的组织

(C)改善焊接接头的性能　　　　　　　　(D)增大开裂倾向

258. CG1—30 型气割机可以切割厚度为(　　)的钢板。

(A)1～3 mm　　　(B)3～5 mm　　　(C)5～60 mm　　　(D)80～100 mm

259. 机械气割与手工气割相比,具有(　　)的优点。

(A)劳动强度高　　　　　　　　　　　　(B)气割质量差

(C)批量生产效率高　　　　　　　　　　(D)批量生产成本高

260. 有关 CG2—150 型仿型切割机的说法中,不正确的是(　　)。

(A)切割机应放在通风干燥处,避免受潮　　(B)它可以切割厚度为 100 mm 以上的钢板
(C)它是一种高效率的半自动气割机　　(D)下雨天不能在露天使用切割机

261. 在气割割口表面,有条状挂渣,用铲可清除,其级别为(　　)。
(A)0 级　　　　(B)1 级　　　　(C)2 级　　　　(D)3 级

262. 不锈钢气割时切口表面生成高熔点的氧化铬,阻碍切割的连续性,因此必须采用一些特殊的工艺措施,下列措施中不正确的是(　　)。
(A)采用氧熔剂气割法　　(B)采用加铁丝气割法
(C)采用碳化焰气割法　　(D)采用振动气割法

263. 铸铁的振动气割的操作方法基本上和不锈钢的振动气割相同,有关这两种方法,下列说法中正确的是(　　)。
(A)两者切口表面都易生成高熔点的氧化铬
(B)两者振动频率相同
(C)两者都采用中性火焰并在起割处进行预热
(D)不锈钢振动气割比铸铁的振动气割更易出现裂缝

264. 清理焊根气割的割炬改装后,(　　)。
(A)增大了切割气流的喷射速度,达到表面清根的目的
(B)增大了乙炔的喷射速度,达到表面清根的目的
(C)使切割气流相应增大,使得切割宽度增加,因而提高了切割效率
(D)使切割气流减小,达到清理焊根的目的

265. 清理焊根气割的割炬,可由普通割炬进行改装后使用,改装的方法是(　　)。
(A)适当减小气割氧气流的孔径
(B)适当增加乙炔气流的孔径
(C)适当减小乙炔气流的孔径并相应减小预热火焰出口截面积
(D)适当增加切割氧气流的孔径并相应减小预热火焰出口的截面积

266. 清根切割时应采用(　　)。
(A)碳化焰,火焰能率比一般切割要大一些
(B)中性焰,火焰能率比一般切割要小一些
(C)中性焰,火焰能率比一般切割要大一些
(D)碳化焰,火焰能率比一般切割要小一些

267. 切割的表面粗糙度是指(　　)之间的距离。
(A)波峰与波谷　　(B)波峰与平均值　　(C)波谷与平均值　　(D)波峰与基准线

268. 从强度角度来看,(　　)接头是焊件较理想的接头形式。
(A)对接　　　　(B)搭接　　　　(C)角接　　　　(D)T 形

269. 对电阻焊接头工作应力分布的叙述,不正确的是(　　)。
(A)点焊接头的工作应力分布很不均匀,应力集中系数很高
(B)点焊接头中焊点主要承受切应力
(C)在多排点焊接头中,拉应力较大
(D)缝焊接头的工作应力分布要比点焊接头均匀

270. 焊接接头的 4 种基本形式不包括(　　)。

(A)对接接头　　　　　　(B)卷边接头　　　　　(C)搭接接头　　　　　(D)角接接头

271. 在焊接结构中采用最多的一种接头形式为(　　)接头。

(A)对接　　　　　　　(B)卷边　　　　　　(C)角接　　　　　　(D)搭接

272. 应力集中的程度通常用(　　)来表示。

(A)最大应力值　　　　　　　　　　　(B)最小应力值

(C)平均应力值　　　　　　　　　　　(D)应力集中系数

273. 一般情况下,对接接头由余高引起的应力集中系数不大于(　　)。

(A)1　　　　　　　　(B)2　　　　　　　(C)3　　　　　　　(D)4

274. 对焊接接头工作应力分布的叙述,不正确的是(　　)。

(A)T 形接头应力分布均匀　　　　　　(B)T 形接头应力集中小

(C)T 形接头焊趾处的应力集中最小　　(D)T 形接头焊根处的应力集中很大

275. 焊接接头抗拉强度的计算公式为(　　)。

(A)$\sigma = F/(L \cdot \delta) \leqslant [\sigma'_t]$　　　　　　(B)$\sigma = L/(F \cdot \delta) \leqslant [\sigma'_t]$

(C)$\sigma = \delta/(L \cdot F) \leqslant [\sigma'_t]$　　　　　　(D)$\sigma = F/(L \cdot \delta) \geqslant [\sigma'_t]$

276. 在焊接接头的强度计算时,如果力的单位是牛顿(N),面积的单位是平方毫米(mm^2),则应力的单位是(　　)。

(A)MPa　　　　　　　(B)Pa　　　　　　(C)kg/mm^2　　　　(D)g/mm^2

277. 氧-乙炔火焰喷焊的粉末中通常含有(　　)元素,它在喷焊过程中还可还原氧化物,保护金属不被空气中的氧所氧化。

(A)F　　　　　　　　(B)B、Si　　　　　　(C)H、N　　　　　(D)NaF

278. 国产氧-乙炔火焰喷焊用的合金粉末主要有(　　)四大类。

(A)镍基、钴基、铁基、铜基　　　　　　(B)镍基、钴基、铝基、锰基

(C)铁基、铜基、铝基、锰基　　　　　　(D)铁基、铝基、钠基、锌基

279. 喷焊炬根据火焰能量的大小、用途、工艺特点及不同的应用场合可分为三大类,不包括在其中的一项是(　　)。

(A)由气粉混合送丝　　　　　　　　　(B)由火焰外面送粉

(C)在火焰中心由氧流或其他气体送粉　(D)预先均匀地将气粉撒在工件上

280. 不适于用氧乙炔喷焊的金属材料是(　　)。

(A)紫铜　　　　　　　(B)18-8 型不锈钢　　(C)铝及铝合金　　　(D)灰口铸铁

281. 氧-乙炔火焰喷焊有一步法和二步法两种工艺,下列说法中正确的是(　　)。

(A)一步法工艺中喷焊层不需进行重熔处理

(B)一步法所用合金粉末的颗粒粗而集中

(C)二步法所有工序均采用同一热源

(D)二步法工艺的喷敷合金粉末与重熔工序是分开进行的

282. 关于喷焊层质量的说法中,错误的是(　　)。

(A)喷焊过程中采用预保护法,可减少工件表面的氧化

(B)喷焊层中的缺陷不可修复

(C)由于喷焊层与基体材料的线膨胀系数不同,喷焊层可能发生裂纹

(D)基体材料的金相组织和组织分布对喷焊层也有一定的影响

283. 有关喷涂特点的描述,不正确的是( )。

(A)涂层耐磨性好　　(B)设备复杂　　　　(C)操作简便　　　　(D)工艺灵活

284. 在喷涂作业前,为防止粉末通路的堵塞,应使用( )目筛子筛送。

(A)100　　　　　　(B)150　　　　　　(C)200　　　　　　(D)300

285. 氧-乙炔火焰喷涂前,应该用喷焊炬对工件进行预热,预热温度约为( )。

(A)1 300℃　　　　(B)1 000℃　　　　(C)800℃　　　　　(D)100℃

286. 为减小焊接应力,使先焊的焊缝收缩时受到的阻力比较小,应该( )。

(A)先焊焊件中收缩量最大的焊缝　　　　(B)先焊收缩量小的焊缝

(C)从两边向中间焊　　　　　　　　　　(D)先焊刚性大的焊缝

287. 焊接平面上的交叉焊缝时,应( )。

(A)先焊焊件收缩量最小的焊缝　　　　　(B)选择刚性拘束较小的焊接顺序

(C)增加焊件的刚度　　　　　　　　　　(D)从两边向中间焊

288. 对焊件采用( ),起不到消除焊接残余应力的作用。

(A)整体淬火　　　　(B)振动法　　　　(C)局部高温回火　　(D)温差拉伸法

289. 长焊缝焊接时,( )焊接方法变形最小。

(A)直通焊　　　　　　　　　　　　　　(B)从中段向两端施焊

(C)从中段向两端逐步退焊　　　　　　　(D)逐步跳焊

290. 焊接不对称的细长杆件采用( )法克服弯曲变形。

(A)适当的线能量　　(B)反变形　　　　(C)刚性固定　　　　(D)自重

291. 在焊接法兰盘时,为减少角变形可采用( )。

(A)散热法　　　　　(B)反变形法　　　　(C)刚性固定法　　　(D)自重法

292. 偏离于构件截面中性轴的纵向焊缝,不但会引起构件的纵向收缩,还会引起构件的( )。

(A)弯曲变形　　　　(B)角变形　　　　(C)扭曲变形　　　　(D)波浪变形

293. 对接接头横向收缩量随焊缝金属截面积的增加而( )。

(A)增加　　　　　　(B)减小　　　　　(C)不变　　　　　　(D)不规则变化

294. 如果焊缝角变形沿长度上的分布不均匀或焊件的纵向有错边,则往往会产生( )变形。

(A)弯曲　　　　　　(B)扭曲　　　　　(C)错边　　　　　　(D)角

295. 铜合金钎焊时应采用( )。

(A)氧化焰　　　　　　　　　　　　　　(B)轻微氧化焰

(C)碳化焰　　　　　　　　　　　　　　(D)中性焰或轻微碳化焰

296. 铝合金钎焊时,预热温度一般为( )。

(A)200℃　　　　　(B)300℃　　　　(C)450℃　　　　　(D)550℃

297. 异种金属进行火焰钎焊时,( )。

(A)直接钎焊时应将熔点高、导热性好的材料,套入另一种材料内

(B)所用钎剂应能同时清除两种母材表面的氧化物

(C)火焰应偏向导热系数较小的零件进行加热

(D)对导热系数小的零件进行预热

298. 关于钎焊的接头缺陷的说法,错误的是( )。

(A)钎焊缺陷会导致接头强度的降低

(B)钎焊缺陷对接头的气密性、水密性无不良影响

(C)焊接过程的不均匀急冷易造成裂纹的产生

(D)钎焊过程中,母材金属向液态钎料过渡熔解,会在焊件表面出现凹陷等溶蚀缺陷

299. 关于钎缝成型不良的描述中,不正确的是( )。

(A)钎料漫流性不好　　　　　　　　(B)钎剂数量不足

(C)焊件加热不均匀　　　　　　　　(D)钎剂密度太大

300. 有关钎焊过程中裂纹的产生原因,描述不正确的是( )。

(A)钎料凝固时,零件移动　　　　　(B)钎料结晶间隔大

(C)钎料与母材金属的热膨胀系数相差较大　(D)钎剂数量不足

301. 当两种被焊金属的导热性能和比热容不同时,会改变焊接时的( )的分布。

(A)化学成分　　　(B)温度场　　　(C)电流　　　(D)电压

302. 在常用的异种钢焊接方法中,劳动条件较好的是( )。

(A)焊条电弧焊　　(B)气体保护焊　　(C)埋弧焊　　　(D)气焊

303. 珠光体耐热钢与低碳钢焊接时,采用低碳钢焊接材料,焊后经过热处理,焊接接头具有较高的( )。

(A)冲击韧性　　　(B)强度　　　　(C)硬度　　　　(D)耐腐蚀性

304. 奥氏体不锈钢与珠光体钢焊接时,采用最多的焊接方法是( )。

(A)焊条电弧焊　　(B)CO_2气体保护焊　(C)钨极氩弧焊　(D)气焊

305. 奥氏体不锈钢与珠光体耐热钢焊接时应选择( )型的焊接材料。

(A)珠光体耐热钢　　　　　　　　　(B)含 Ni 量小于 12%的奥氏体不锈钢

(C)含 Ni 量大于 12%的奥氏体不锈钢　(D)低碳钢

306. 奥氏体不锈钢与珠光体钢焊接时,熔合比( )。

(A)应适当增大　　(B)不影响焊接质量　(C)应尽量小　　(D)应尽量大

307. 不能用火焰校正方法校正焊接变形的材料是( )。

(A)低碳钢　　　　(B)15MnTi　　　(C)16Mn　　　　(D)不锈钢

308. 能用火焰校正方法校正焊接变形的材料是( )。

(A)高碳钢　　　　(B)1Cr18Ni9Ti　　(C)15MnTi　　　(D)马氏体不锈钢

309. 对焊接结构的焊接变形进行火焰校正时,首要的是定出正确的( ),否则不但不能校正变形,还可能会加大原来的变形。

(A)加热位置　　　(B)校正场地　　(C)变形量　　　(D)加热时间

310. T 型梁焊接发生了弯曲变形和角变形时,应该( )。

(A)先校正弯曲变形　　　　　　　　(B)先校正角变形

(C)同时校正两种变形　　　　　　　(D)弯曲变形、角变形循环校正

311. 对扭曲变形中变形量的测量,一般将构件放在平台上进行,利用( )进行检测。

(A)圆规　　　　　(B)量角器　　　(C)直规　　　　(D)直角尺

312. 利用火焰校正焊接变形时,可采用点状加热方式加热校正,有关点状加热,以下说法中不正确的是( )。

(A)校正薄钢板时,常采用梅花式点状加热

(B)适用于板厚在 8 mm 以上的钢板

(C)可加热一点或数点

(D)加热完每一点后,可立即用木锤敲打加热点

313. 在对焊件进行水火校正焊接变形时,下列说法中不正确的是(　　)。

(A)淬火倾向大的钢材不能用此方法

(B)加热温度应很高

(C)厚度超过 8 mm 的重要结构不能用此方法

(D)加热温度在 200～300℃时,钢材产生蓝脆性

314. 对焊接变形进行火焰校正时,加热温度主要取决于(　　)。

(A)材料的机械性能　　　　　　　(B)校正场地

(C)校正时间　　　　　　　　　　(D)构件的变形和截面积的大小

315. 刨削的主运动是(　　)。

(A)往复直线运动　　(B)回转运动　　(C)成型运动　　(D)旋转运动

316. 在机械加工方法中,加工精度较高的是(　　)。

(A)车削　　　　　(B)铣削　　　　　(C)磨削　　　　　(D)刨削

317. 钻头一般用(　　)制成。

(A)碳素工具钢　　(B)合金工具钢　　(C)高速钢　　(D)硬质合金

318. 制作具的材料允许切削速度最高的是(　　)。

(A)碳素工具钢　　(B)高速钢　　　　(C)硬质合金　　(D)陶瓷

三、多项选择题

1. 焊接质量会对以下哪些方面带来影响(　　)。

(A)产品的使用性能　(B)产品的使用寿命　(C)人身安全　　(D)财产安全

2. 焊接生产现场安全检查的内容包括(　　)。

(A)焊接与切割作业现场的设备、工具、材料是否排列有序

(B)焊接作业现场是否有必要的通道

(C)焊接作业现场面积是否宽阔

(D)检查焊接作业现场的电缆线之间,或气焊(割)胶管与电焊电缆线之间是否互相缠绕

3. 弧光中的紫外线可造成对人眼睛的伤害,引起(　　)。

(A)畏光　　　　　(B)眼睛剧痛　　　(C)电光性眼炎　　(D)眼睛流泪

4. 氮对焊缝金属的有害作用主要表现在(　　)。

(A)降低塑性和韧性　(B)易形成气孔　　(C)提高塑性和韧性　(D)时效脆化

5. 碳化后会使焊缝金属的(　　)。

(A)强度增加　　　(B)硬度增加　　　(C)塑性降低　　　(D)强度降低

6. 氧气切割时切割氧的压力主要决定于(　　)。

(A)氧气瓶充装量　(B)割件厚度　　　(C)割嘴大小　　　(D)氧气纯度

7. 钎焊的基本特征是加热过程中(　　)。

(A)填充材料不熔化　(B)填充材料熔化　(C)母材不熔化　　(D)母材熔化

8. 铸铁焊接时主要产生两种应力,即( )。

(A)热应力　　　　(B)外应力　　　　(C)组织应力　　　　(D)腐蚀应力

9. 焊接熔池的一次结晶与铸锭相比,具有( )的特点。

(A)熔池冷却速度大　　　　　　　　(B)熔池金属处于过热状态

(C)熔池在运动状态下结晶　　　　　(D)熔池冷却速度小

10. 氧化焰不适合焊接钢,但在焊( )时,可采用轻微的氧化焰。

(A)黄铜　　　　(B)低碳钢　　　　(C)低合金钢　　　　(D)锡青铜

11. 防止冷裂纹的措施主要有( )。

(A)焊前预热　　　　(B)焊后加热　　　　(C)控制火焰成分　　　　(D)减少拘束应力

12. 焊接件变位机械有( )。

(A)变位机　　　　(B)升降台　　　　(C)回转台　　　　(D)滚轮架

13. CG1—30 型气割机的离合器手柄的作用是( )。

(A)气割前对准割线　　　　　　　　(B)正确固定导轨

(C)使电动机顺逆运行　　　　　　　(D)调节气割速度

14. KGL—30 型空气等离子切割机可用来切割( )。

(A)工具钢　　　　(B)不锈钢　　　　(C)碳钢　　　　(D)铸铁

15. 产生压力表来回差超差的可能原因是( )。

(A)轴与孔配合松动 (B)齿牙磨损　　　　(C)弹簧管脏污　　　　(D)指针套松动

16. 气割后工件割缝过宽,可采用( )方法消除。

(A)加快气割速度 (B)调整氧气压力 (C)调整割嘴垂直度 (D)换小号割嘴

17. 气割时工件熔渣吹不掉,割缝被熔渣粘在一起是由于( )。

(A)氧气压力太小 (B)割嘴号码太小 (C)风线太短 (D)割薄板时速度过慢

18. 影响气焊合金元素过渡的因素有( )。

(A)合金元素与氧的亲和力的大小　　(B)气焊火焰性质

(C)火焰能率的大小　　　　　　　　(D)熔池金属的温度高低

19. 焊铜的工艺措施与焊( )相似,如焊前对工件和焊丝清理,焊接过程中注意保护,气焊时涂焊药等。

(A)不锈钢　　　　(B)铜　　　　(C)铝　　　　(D)低碳钢

20. 影响焊接热循环的主要因素有( )。

(A)焊接线能量　　　　　　　　　　(B)预热和层间温度

(C)板厚　　　　　　　　　　　　　(D)材料本身的导热性能

21. 焊接生产中经常使用的定位器有 ( )。

(A)挡铁　　　　(B)定位销　　　　(C)V 字铁　　　　(D)压夹器

22. 校正薄板的焊后变形的方法有 ( )。

(A)手工锤击冷作校正法　　　　　　(B)反变形法

(C)火焰校正法　　　　　　　　　　(D)机械校正法

23. 装焊工夹具的作用( )。

(A)装配、夹紧、定位 (B)防止焊件变形 (C)提高焊接效率 (D)保证质量

24. 铝及铝合金常用的熔化焊焊接中,一般产生的焊接缺陷主要有( )。

(A)气孔　　　　　(B)未熔合　　　　　(C)未焊透　　　　　(D)夹渣

25. 铝及铝合金焊接时,防止产生裂纹的措施有(　　)。

(A)正确选用焊丝,控制焊丝成分

(B)选好起焊处

(C)焊接结束或中断时,火焰应慢慢离开熔池

(D)适当填满火口或在焊缝终焊处装引出板

26. 铝及铝合金焊接时,产生未焊透的原因有(　　)。

(A)技术不熟练或操作不细心　　　　　(B)厚件坡口过小,间隙过小

(C)气焊时火焰能力不足　　　　　(D)母材加热不足,焊速过快

27. 铝及铝合金焊接时,防止未熔合的方法有(　　)。

(A)严格清除焊丝和接头表面上的氧化膜

(B)适当提高电弧线能量或降低焊接速度

(C)气焊时配用焊药均匀适当,始终保持充分溶解氧化膜的作用

(D)钨极氩弧焊时,应充分发挥"阴极破碎"或"阴极雾化"作用,以清除氧化膜

28. 铝及铝合金焊接时,产生烧穿的原因有(　　)。

(A)技术不熟练,操作慢或焊时不细心

(B)定位焊焊点间距过大,焊接时产生错边变形

(C)装夹时工件没有对准

(D)气焊熔剂质量不好,容易产生氧化,而使焊接局部温度过高

29. 铝及铝合金焊接时,防止烧穿的方法有(　　)。

(A)改进操作技术,工作时集中精力　　　　　(B)调整焊点间距

(C)工件对准,装夹好　　　　　(D)保证气焊熔剂质量

30. 根据碳在铸铁中存在的形式,不同铸铁可分为(　　)。

(A)灰口铸铁　　　　　(B)白口铸铁　　　　　(C)球墨铸铁　　　　　(D)可锻铸铁

31. 以下有关熔化极脉冲气体保护焊的描述不正确的是(　　)。

(A)熔滴过渡形式为短路过渡　　　　　(B)可以进行厚钢板窄间隙的焊接

(C)不能用较粗的焊丝焊接薄板　　　　　(D)设备简单,成本较低

32. 以下有关气焊操作中左向焊和右向焊的说法正确的是(　　)。

(A)左向焊火焰指向未焊部分,起到预热作用

(B)左向焊操作方便,易于掌握

(C)右向焊火焰指向熔池并始终笼罩着已焊的焊缝金属,使熔池缓慢冷却

(D)左向焊适于焊接厚度较大、熔点较高的焊件

33. 铸铁的气焊有哪些方法(　　)。

(A)热焊法　　　　　(B)冷焊法　　　　　(C)加热减应区法　　　　　(D)不预热焊法

34. 等离子弧中阴极和阳极之间的自由电弧具有哪些特点(　　)。

(A)高温　　　　　(B)高电离度　　　　　(C)高能量密度　　　　　(D)高焰流速度

35. 等离子弧焊接时容易出现的缺陷有(　　)。

(A)冷隔　　　　　(B)气孔　　　　　(C)咬边　　　　　(D)热裂纹

36. 以下气体属于惰性气体的是(　　)。

(A)H_2 (B)Ne (C)Ar (D)He

37. 以下气体属于活性气体的是( )。

(A)O_2 (B)CO_2 (C)Ar (D)He

38. 下列焊丝型号中( )是铸铁焊丝。

(A)EZC (B)RZCH (C)EZCQ (D)RZC-1

39. RZC 型铸铁焊丝的使用特点是( )。

(A)适用于气焊 (B)采用热焊 (C)采用不预热焊 (D)配合焊粉使用

40. 晶体纯物质与非晶体纯物质在性质上的区别主要是( )。

(A)晶体纯物质具有固定的熔点

(B)非晶体纯物质存在一个软化温度范围,没有明显的熔点

(C)晶体纯物质具有各向异性

(D)非晶体纯物质各向异性

41. 金属元素中最典型、最常见的晶体结构有以下哪几种( )。

(A)体心立方晶格 (B)体心四方晶格 (C)面心立方晶格 (D)密排六方晶格

42. 有色金属气焊时一般都采用熔剂,熔剂的作用是( )。

(A)清除焊件表面的氧化物 (B)使脱氧产物和其他非金属杂质过渡到渣中去

(C)改善液体金属的流动性 (D)对熔池金属起保护作用

43. 按照 GB/T 25343.4—2010《铁路应用 轨道车辆及其零部件的焊接 第 4 部分:生产要求》焊接计划文件包括以下哪些类型的文件( )。

(A)工作计划 (B)焊接顺序计划

(C)检验计划文件 (D)检查各控制按钮是否灵活和有效

44. 预防触电事故应做好以下哪些方面( )。

(A)只能由电工进行网路连接与更换 (B)正确地使用焊接电源和焊接发电机

(C)使用绝缘良好的电缆和焊把 (D)做好劳动保护工作

45. 多台电源焊接时,有关焊接电源的组合以下哪些说法是正确的( )。

(A)应在专家指导下进行 (B)使用相同焊接电流

(C)不允许串联使用 (D)不允许并联使用

46. 以下哪些条件具有较高的电气危险( )。

(A)焊工身体的任一部位与导电体有接触

(B)潮湿及高温工作环境

(C)焊工工作位置 2 m 以内范围有其他电气设备

(D)野外工作环境

47. 焊接、切割产生的有害物质根据对人体的不同反应可分为( )。

(A)化学反应 (B)毒性反应 (C)致癌反应 (D)惰性反应

48. 以下劳动保护用品中具有良好的绝缘作用的是( )。

(A)劳保鞋 (B)耳塞 (C)电焊手套 (D)护目镜

49. 劳动保护工作服的防护功能是防( )。

(A)电流 (B)射线 (C)噪声 (D)飞溅

50. 劳动保护鞋的防护功能是防( )。

(A)电流　　　　　　　(B)射线　　　　　　(C)熔滴坠落物　　　(D)飞溅

51. 气焊铸铁与低碳钢焊接接头时,应选用哪种焊接材料,使焊缝能获得灰铸铁组织(　　)。

(A)碳钢焊丝　　　　　(B)铸铁焊丝　　　　(C)铸铁焊粉　　　　(D)碳钢焊剂

52. 采用气焊方法焊接铸铁与低碳钢时,以下哪些描述是正确的(　　)。

(A)必须对低碳钢进行焊前预热　　　　　(B)不需对低碳钢进行焊前预热

(C)焊接时气焊火焰要偏向低碳钢一侧　　(D)焊接时气焊火焰要偏向铸铁一侧

53. 焊接作业时的主要有害气体主要有(　　)等。

(A)臭氧　　　　　　　(B)氮氧　　　　　　(C)一氧化碳　　　　(D)二氧化碳

54. 按通风范围大小焊接通风可分为(　　)。

(A)局部通风　　　　　(B)台位通风　　　　(C)全面通风　　　　(D)工位通风

55. 局部通风系统由(　　)等部分组成。

(A)净化装置　　　　　(B)排气罩　　　　　(C)风管　　　　　　(D)风机

56. 焊接作业区中对人体健康有害的因素主要是(　　)。

(A)高温　　　　　　　(B)辐射　　　　　　(C)烟尘　　　　　　(D)有毒气体

57. 火焰加热校正法常用的加热方式有(　　)。

(A)环状　　　　　　　(B)点状　　　　　　(C)线状　　　　　　(D)三角形

58. 异种金属焊接的组合类型有(　　)。

(A)异种钢的焊接　　　　　　　　　　　(B)异种有色金属的焊接

(C)钢和有色金属的焊接　　　　　　　　(D)金属与非金属的焊接

59. 焊趾裂纹是属于(　　)。

(A)热裂纹　　　　　　(B)延迟裂纹　　　　(C)再热裂纹　　　　(D)冷裂纹

60. 容易出现淬硬组织的材料气焊时,避免产生冷裂纹的主要措施是(　　)。

(A)减少线能量　　　　(B)焊后缓冷　　　　(C)减小线能量　　　(D)预热

61. 焊缝气孔通常是(　　)几类。

(A)氢气孔　　　　　　(B)氮气孔　　　　　(C)一氧化碳气孔　　(D)二氧化碳气孔

62. 以下关于埋弧焊焊剂性能特点描述正确的是(　　)。

(A)钙-硅酸盐型焊剂(CS)是偏酸性的焊接,在所有焊接中有最高的电流承载能力

(B)锰-硅酸盐型焊剂(MS)具有良好的抗气孔性,焊缝外观也很平滑

(C)锆-硅酸盐型焊剂(ZS)有良好的润湿性,在高速焊接时得到均匀的无咬边的焊缝

(D)金红石-硅酸盐型焊剂(RS)焊缝中有大量的锰烧损,有大量的硅渗入,应配合中锰或高锰焊丝使用

63. 焊接接头的金相检验的目的是检验焊接接头的(　　)。

(A)致密性　　　　　　(B)强度　　　　　　(C)冲击韧性

(D)组织　　　　　　　(E)内部缺陷

64. 在下列各种焊接缺陷中,最容易被射线检验发现的缺陷是(　　)。

(A)气孔　　　　　　　(B)夹渣　　　　　　(C)未熔合

(D)表面裂纹　　　　　(E)未焊透

65. 在射线检验的胶片上,焊缝夹渣的特征图像是(　　)。

(A)黑点　　　　　　　　　　　　　　(B)白点

(C)对比度很小的云彩状区域　　　　(D)黑色或浅黑色的点状　　(E)黑色的条状

66. 常用检验焊缝缺陷的探伤方法是(　　)。

(A)超声波探伤　　　(B)磁粉探伤　　　　(C)X 射线探伤

(D)着色检验　　　　(E)水压试验

67. (　　)能检测焊缝内部缺陷探伤方法。

(A)X 射线探伤　　　(B)超声探伤　　　　(C)着色探伤

(D)γ 射线探伤　　　(E)磁粉探伤

68. 高速气割用的割嘴,常用的有(　　)割嘴。

(A)梅花形　　　　　(B)收缩式　　　　　(C)环形

(D)组合式　　　　　(E)扩散形

69. 论文写作时,被称为三要素的是(　　)。

(A)论点　　　　　　(B)论证　　　　　　(C)引证　　　　　　(D)论据

70. 珠光体耐热钢中的铬和钼元素,主要是用来提高钢材的(　　)。

(A)热强能力　　　　(B)热氧化性能　　　(C)抗热裂纹性能　　(D)抗气孔能力

71. 铜合金钎焊时不应采用(　　)。

(A)氧化焰　　　　　(B)轻微氧化焰　　　(C)碳化焰　　　　　(D)中性焰或轻微碳化焰

72. 关于钎缝成形不良的描述中,正确的是(　　)。

(A)钎料漫流性不好　　　　　　　　(B)钎剂数量不足

(C)焊件加热不均匀　　　　　　　　(D)钎剂密度太大

73. 有关钎焊过程中裂纹的产生原因,描述正确的是(　　)。

(A)钎料凝固时,零件移动

(B)钎料结晶间隔大

(C)钎料与母材金属的热膨胀系数相差较大

(D)钎剂数量不足

74. 在焊接碳钢和合金钢时,常选用含(　　)元素的焊丝,这样能有效地脱氧。

(A)Mn　　　　　　　(B)Ti　　　　　　　(C)Mo　　　　　　　(D)Si

75. 喷焊炬根据火焰能量的大小、用途、工艺特点及不同的应用场合可分为三大类(　　)。

(A)由气粉混合送丝　　　　　　　　(B)由火焰外面送粉

(C)在火焰中心由氧流或其他气体送粉　　(D)预先均匀地撒在工件上

76. 适于用氧乙炔喷焊的金属材料是(　　)。

(A)紫铜　　　　(B)18-8 型不锈钢　　　(C)铝及铝合金　　　(D)灰口铸铁

77. 氧乙炔火焰喷焊有一步法和二步法两种工艺,下列说法中不正确的是(　　)。

(A)一步法工艺中喷焊层不需进行重熔处理

(B)一步法所用合金粉末的颗粒粗而集中

(C)二步法所有工序均采用同一热源

(D)二步法工艺的喷敷合金粉末与重熔工序是分开进行的

78. 关于喷焊层质量的说法中,正确的是(　　)。

(A)喷焊过程中采用预保护法,可减少工件表面的氧化

(B)喷焊层中的缺陷不可修复

(C)由于喷焊层与基体材料的线膨胀系数不同,喷焊层可能发生裂纹

(D)基体材料的金相组织和组织分布对喷焊层也有一定的影响

79. 有关喷涂特点的描述,正确的是( )。

(A)涂层耐磨性好　　(B)设备简单　　　(C)操作简便　　　(D)工艺灵活

80. 用等离弧切割时,一般应采用( )气体。

(A)氩气　　　　　(B)氮气　　　　　(C)压缩空气　　　(D)氢气

81. 焊炬有射吸式和等压式两种,有关这两种焊炬,叙述正确的是( )。

(A)等压式焊炬需要中压乙炔　　　　(B)等压式焊炬不易发生回火

(C)射吸式焊炬只适用于低压乙炔　　(D)目前国产的焊炬均为射吸式

82. 有关氧对焊缝金属的影响,叙述正确的是( )。

(A)易形成气孔　(B)提高机械性能　(C)易造成飞溅　(D)造成焊接困难

83. 有关氮对焊缝金属的影响,叙述正确的是( )。

(A)易形成气孔　(B)降低焊缝强度　(C)降低焊缝塑性　(D)引起时效脆化

84. 关于焊后冷却速度叙述错误的是( )。

(A)角焊缝比对接焊缝的冷却速度快

(B)导热性好的比导热性差的材料冷却速度快

(C)焊接速度慢的比焊接速度快的冷却速度快

(D)板厚增大时,冷却速度加快

85. 焊件热影响区的尺寸大小受( )的影响。

(A)焊接方法　　(B)板厚　　　　(C)线能量　　　(D)焊接材料

86. 对于焊后热处理的主要目的描述中正确的是( )。

(A)消除焊接接头的内应力　　　　(B)改善焊接接头的组织

(C)改善焊接接头的性能　　　　　(D)增大开裂倾向

87. 机械气割与手工气割相比,具有( )的优点。

(A)降低劳动强度　(B)气割质量高　(C)批量生产效率高　(D)批量生产成本低

88. 不锈钢气割时切口表面生成高熔点的氧化铬,阻碍切割的连续性,因此必须采用一些特殊的工艺措施,下列措施中不正确的是( )。

(A)采用氧熔剂气割法　　　　　　(B)采用加铁丝气割法

(C)采用碳化焰气割法　　　　　　(D)采用振动气割法

89. 在焊接结构中采用最多的一种接头形式为( )接头。

(A)对接　　　　　(B)卷边　　　　　(C)角接

(D)搭接　　　　　(E)T 形

90. 铝合金焊接时,叙述正确的是( )。

(A)采用轻微氧化焰进行焊接

(B)工件厚度小于 5 mm 时,采用右焊法

(C)对于厚度较大的工件,焊前应进行预热

(D)整条焊缝尽可能分几次焊,不要一次焊完

91. 磁粉探伤的方法有( )。

(A)干法　　　　　　(B)湿法　　　　　　(C)着色法　　　　　　(D)渗透法

92. 不是检查安全阀是否漏气可使用(　　)。(B、4、Z)

(A)蒸馏水　　　　　(B)肥皂水　　　　　(C)汽油　　　　　　(D)盐水

93. 搞好班组工艺管理应(　　)。

(A)定期进行工序质量分析　　　　　(B)涂改焊接工艺卡

(C)认真阅读工艺技术文件　　　　　(D)按工艺文件施工

94. 断口表现为闪亮发光而无高温氧化色彩的裂纹是(　　)。

(A)热裂纹　　　　　(B)再热裂纹　　　　(C)冷裂纹

(D)层状撕裂　　　　(E)延迟裂纹

95. 焊接接头进行弯曲试验时,其目的主要是为了检验焊缝的(　　)。

(A)弹性　　　　　　(B)刚性　　　　　　(C)硬度

(D)塑性　　　　　　(E)熔合性

96. 依据《特种设备焊接操作人员考核细则》中规定,手工焊焊工经 FeⅢ类钢任意钢号焊接操作技能考试合格后,当其他条件不变时焊接(　　)类钢时不需重新考试。

(A)FeⅠ　　　　　　(B)FeⅡ　　　　　　(C)FeⅠ和 FeⅡ　　(D)FeⅣ

97. CO_2 气体保护焊不属于(　　)。

(A)钎焊　　　　　　(B)熔焊　　　　　　(C)压力焊　　　　　(D)电阻焊

98. 焊接方法中,属于气体保护焊的是(　　)。

(A)氩弧焊　　　　　(B)埋弧焊　　　　　(C)CO_2 焊　　　　(D)氮弧焊

99. 钢在进行退火处理后(　　)。

(A)塑性提高　　　　(B)晶粒细化　　　　(C)强度降低　　　　(D)韧性提高

100. 硬度用符号(　　)表示。

(A)HB　　　　　　(B)HR　　　　　　(C)HV　　　　　　(D)HM

101. 金属的力学性能可以用(　　)指标来衡量。

(A)屈服极限　　　　(B)疲劳极限　　　　(C)冲击韧性

(D)抗拉强度　　　　(E)延伸率

102. 金属焊接性试验的目的包括(　　)。

(A)选择适用于母材金属的焊接材料　　　(B)确定合适的焊接参数

(C)用来研究制造新型材料　　　　　　　(D)确定焊件坡口形式

103. 属于焊接性试验的是(　　)。

(A)斜 Y 形坡口裂纹试验　　　　　　　　(B)插销试验

(C)刚性固定对接裂纹试验　　　　　　　(D)冲击试验

104. 国际焊接学会推荐的碳当量计算公式不适用于(　　)。

(A)铝及铝合金　　　　　　　　　　　　(B)奥氏体不锈钢

(C)500～600 MPa 的非调质高强度钢　　(D)硬质合金

105. 有关氧气瓶使用说法中不正确的是(　　)。

(A)氧气瓶的外表为白色　　　　　　　　(B)氧气瓶内的氧气使用后应全部放净

(C)氧气瓶应倾斜放置　　　　　　　　　(D)氧气瓶阀处可以沾染油脂

106. 为防止结晶裂纹的产生,应严格控制母材金属和焊丝中(　　)的含量。

(A)Si   (B)S   (C)C

(D)Mn   (E)P

107. 具有穿晶开裂特征的裂纹是(　　　)。

(A)热裂纹   (B)再热裂纹   (C)冷裂纹

(D)氢致裂纹   (E)延迟裂纹

108. 自熔性镍基合金粉末都有哪些(　　　)合金粉末。

(A)F105-Fe   (B)F205   (C)F101

(D)F102   (E)F305-Fe

109. 焊接性较好,焊接结构中应用最广的铝合金是(　　　)。

(A)防锈铝(LF)   (B)硬铝(LY)   (C)锻铝(LD)   (D)纯铝(L)

110. 钢中合金元素对焊接性影响较大的元素是(　　　)。

(A)碳   (B)锰   (C)硅

(D)硫   (E)磷

111. 电焊条选用的基本原则有以下哪几项(　　　)。

(A)考虑工件的物理、力学性能和化学成分,工件的工作条件和使用性能

(B)考虑工件的复杂程度、刚度大小、焊接坡口制备和焊接位置等因素

(C)考虑施焊工件条件,改善焊接工艺和保证工人身体健康

(D)考虑经济性和生产效率

112. 属于全优工程目标的是(　　　)。

(A)工程质量好   (B)工期长   (C)消耗低   (D)资料齐全

113. 关于进行焊接结构设计的说法,错误的是(　　　)。

(A)焊缝位置可任意设置,不必考虑焊缝的检查

(B)应便于施工,使施工时具有良好的工作环境

(C)尽可能增加机械加工量

(D)尽可能增加焊接工作量

114. 关于施工组织设计和焊接工艺规程,叙述正确的是(　　　)。

(A)是指导生产和进行组织管理的重要指导性文件

(B)在实际生产中如发现问题,应当场立即修改

(C)制定时必须从本单位实际出发

(D)必须保证生产者和设备的安全

115. 气焊紫铜时,所述错误的是(　　　)。

(A)选用熔剂 201   (B)采用氧化焰进行焊接

(C)一般不使用垫板   (D)焊后水韧处理可以提高接头的塑性和韧性

116. 焊接结构质量检查报告的焊接资料部分包括(　　　)的内容。

(A)焊接方法   (B)焊接工艺   (C)焊工钢印   (D)焊接检验

117. 施工图样是焊接结构生产中使用的最基本资料,图样中规定的内容包括(　　　)。

(A)原材料   (B)焊缝位置   (C)坡口形式   (D)技术标准

118. 气焊时的产物中,有毒物质的是(　　　)。

(A)一氧化碳   (B)磷化物   (C)硫化物   (D)二氧化碳

119. 关于焊接缺陷的危害性的描述中,错误的是(　　　)。
(A)焊接缺陷不直接影响结构的强度和使用寿命
(B)焊接缺陷不会引起应力集中
(C)焊接缺陷不一定影响结构的疲劳极限
(D)较小的焊接缺陷不影响产品的使用

120. 特种作业人员必须具备以下基本条件(　　　)。
(A)年龄满 18 周岁,身体健康,无妨碍从事相应工种作业的疾病和生理缺陷
(B)年龄满 16 周岁,身体健康,无妨碍从事相应工种作业的疾病和生理缺陷
(C)初中以上文化程度,具备相应工种的安全技术知识,参加国家规定的安全技术理论和实际操作考核并成绩合格
(D)符合相应工种作业特点需要的其他条件

121. 气焊有色金属时,哪些材料会产生(　　　)有毒气体。
(A)氟化氢　　　　　(B)锰　　　　　　　(C)铅　　　　　　　(D)锌

122. 长期接触噪声可引起噪声性耳聋以及对(　　　)的危害。
(A)呼吸系统　　　(B)神经系统　　　(C)消化系统　　　(D)血管系统

123. RZC 型铸铁焊丝的使用特点是(　　　)。
(A)适用于气焊　　(B)采用热焊　　(C)采用不预热焊　　(D)配合焊粉使用

124. 焊条电弧焊运条手法一般包括以下哪些方面(　　　)。
(A)焊条角度　　　(B)摆动方式　　　(C)焊接电流　　　(D)焊接电压

125. 焊条电弧焊时克服磁偏吹的方法有(　　　)。
(A)选择质量合格且偏心度小的焊条
(B)适当改变焊件上的接线位置,使焊接电弧远离接地位置
(C)尽量采用短弧施焊,并在焊条允许下,尽量采用交流电源
(D)适当改变焊条角度或运条方向,使焊条偏吹的方向转向熔池

126. 以下有关几种射线的描述正确的是(　　　)。
(A)红外线是一种热射线,长年对眼睛照射会使眼睛的水晶体遭到损害,并是眼睛浑浊,导致白内障
(B)可见光射线(强可见光)能降低视力并导致眼睛发花
(C)紫外线起到闪电作用,会导致眼睛疼痛,流眼泪和眼睑干燥
(D)不可见射线长时间照射眼结膜时可造成角膜分离

四、判 断 题

1. 布氏硬度主要用于硬度较低金属的硬度测定。(　　)
2. 洛氏硬度主要用于合金钢的硬度测定。(　　)
3. 在一个晶格内部和晶格之间的化学成分不均匀现象叫显微偏析。(　　)
4. 同一种材料,在高温时容易产生塑性断裂,低温时容易产生脆性断裂。(　　)
5. 铁与铜的线性膨胀系数和导热系数相差并不大,所以焊接时在接头中不会产生很大的应力。(　　)
6. Al-Mn 及 Al-Mg 合金是时效强化铝合金,有很好的耐蚀性,是用于焊接结构的主要铝

合金。（　　）

7. 奥氏体不锈钢发生晶间腐蚀后就不会再利用了。（　　）

8. 15CrMo、12CrMo 属于珠光体耐热钢,所以不是强度钢。（　　）

9. 奥氏体不锈钢的均匀化处理温度为 600~850℃。（　　）

10. 金属的塑性可用延伸率或断面收缩率来衡量。（　　）

11. 耐热钢中一般含有 Mn、Ni、W,可以形成致密完整的氧化膜,使钢具有很好的抗氧化性能。（　　）

12. 表面淬火的目的是为了提高构件的表面强度。（　　）

13. 严禁将漏气的焊炬带入容器内,以免混合气体遇火爆炸。（　　）

14. 同样的段焊金属,采用 MIG 焊产生的烟尘比采用 TIG 焊时产生的烟尘要小些。（　　）

15. 等离子弧焊产生的有毒气体和金属粉尘的浓度,均比氩弧焊高得多。（　　）

16. 氩弧焊、等离子弧焊的温度越高,产生的紫外线波长越短。（　　）

17. 焊工在进行水下气割时,应采取浮动状态,以免人体失去平衡。（　　）

18. 模拟式晶体管弧焊整流器,只需接通电弧电压反馈线路,就可获得恒压外特性。（　　）

19. 以 Fe、Al 等材料为阴极的氩弧焊时,阴极热小于阳极热。（　　）

20. 电离热小的元素,只有在较高的温度下才能发生电离导电。（　　）

21. 活性斑点区是指带电质点(电子和离子)集中轰击的部位,而且把电能转为热能。（　　）

22. 脉冲 MIG 焊用于空间位置焊接时,可采用两个或两个以上脉冲连续作用下,靠熔滴的重力而脱落的过渡形式。（　　）

23. 熔化极气体保护焊,当脉冲时间相同时,随着焊丝直径的增加,临界脉冲电流成正比例地增加。（　　）

24. 在富 Ar 混合气体中进行气体保护药芯焊接,熔滴采用颗粒过渡形式过渡。（　　）

25. 当脉冲弧焊电源用高频脉冲焊接时,可获得单面焊双面成型的效果,并适合于焊接导热性差别不大的异种金属。（　　）

26. 熔滴的喷射过渡由于焊缝成型不好,所以很少采用。（　　）

27. 陶瓷与金属的扩散焊,既可在真空,又可在氢气气氛中进行。（　　）

28. 1Cr18Ni9Ti 钢与石墨可采用钎焊连接,并且钎焊也不复杂。（　　）

29. 超声波焊焊点的强度要比电阻焊强度高得多。（　　）

30. 钨极氩弧焊采用的熄弧控制环节是极性衰减法。（　　）

31. 超声波焊所采用的波都是纵波。（　　）

32. 一般的自由电弧常受到外界压缩,弧柱电流密度有限,其温度一般在 6 000~8 000℃。（　　）

33. 碳弧气刨所选用的焊机应该是功率较大的交流焊机。（　　）

34. CO_2 气体保护焊的电弧具有较强的还原性。（　　）

35. 目前人们正在致力于开发的新一代智能型机器人弧焊机,能够自动确定焊缝起点位置、精确轨迹、最佳参数。（　　）

36. 焊接接头从凝固开始即进入冷却收缩时期,形成拉伸应力应变,并随温度降低而降低。（　　）

37. 开关式晶体管弧焊电源的输出电流大小是靠改变开关脉冲的占空比,即改变三级管饱和导通的时间在整个周期中占的比例来实现的。（　　）

38. 为了有效地减小焊接应力,应尽可能采用较大的火焰能率,以减小工件的受热温度和受热范围。(　　)

39. 在焊缝尺寸相同的情况下,多层焊要比单层焊的收缩量小。(　　)

40. 角焊缝比对接焊缝横向收缩量要大。(　　)

41. 为减少弯曲应力,搭接接头两条正面角焊缝之间的距离应不大于其板厚的4倍。(　　)

42. 不同的焊接顺序焊后将产生不同变形量,如焊缝不对称时,应先焊焊缝少的一侧,这样可以减少整个结构的焊接变形量。(　　)

43. 焊接对称焊缝时,可以不考虑焊接的顺序和方向。(　　)

44. 热校正法校正变形是建立在金属延伸的基础上,因而只有高塑性材料才能用此方法校正变形。(　　)

45. 火焰校正的效果,主要取决于火焰加热位置和加热温度,并与焊件加热后的冷却速度关系不大。(　　)

46. 全面质量管理是企业管理的中心环节。(　　)

47. 全面质量管理的对象是质量。(　　)

48. 产品质量是否合格是以检验水平来判断的。(　　)

49. 焊接施工是整个安装工程施工的一部分,其施工组织设计可单独编制,也可与其他专业合并编制,但施工组织设计的基本要求不一样。(　　)

50. 目前,建设部编制发行的《全国建筑安装工程统一劳动定额》中无焊接劳动定额的内容。(　　)

51. 气焊工工时定额是以1 m焊缝所消耗的原材料来计算的。(　　)

52. 层状撕裂与冷裂相同,它的产生与钢种强度级别无关,主要与钢中的夹杂量及分布形态有关。(　　)

53. 钛及钛合金焊接时出现的气孔,常在焊缝表面。(　　)

54. 气焊冶金反应时,MnO、SiO_2及其他元素的氧化物不熔于钢,一般都浮到熔池表面,有时来不及浮出时,就形成夹渣。(　　)

55. 气焊焊缝金属表面变黑并起氧化皮是一种过热缺陷。(　　)

56. 脉冲TIG焊时,增大脉冲幅比R_a和脉冲宽比R_b,焊缝不会产生咬边。(　　)

57. 焊缝金属的抗拉试验可以检查焊缝金属的强度、塑性,亦可检验所用的焊条和焊接工艺是否正确。(　　)

58. 时效试验与抗拉试验、冲击试验均属焊缝的机械性能试验的内容。(　　)

59. 利用水压试验既可检验焊接容器的气密性又可以作为焊接容器的强度试验。(　　)

60. 检验有无漏水、漏气和渗油、漏油等现象的试验叫密封性试验。(　　)

61. 凡是需要进行射线探伤的焊缝,气孔和夹渣都是不允许存在的缺陷。(　　)

62. 利用照相法进行射线探伤,底片上缺陷的形状和大小与真实缺陷是完全一样的。(　　)

63. 铸铁件、低合金钢件、钛及钛合金件、铝及铝合金件等都可以用磁粉探伤进行质量检验。(　　)

64. 磁粉探伤主要用来检查铁磁性材料焊缝近表面的缺陷。(　　)

65. 着色检验主要用于检验合金钢焊缝表面的缺陷。(　　)

66. 在工业超声波探伤中,大多数采用的频率范围是0.2~25 MHz。(　　)

67. 超声波探伤不容易探测出裂纹,而对气孔、夹渣却极容易探测。(　　)

68. 超声探伤主要适用于厚件。(　　)

69. 超声探伤的主要优点是可以在屏幕上清楚地把焊缝内部的缺陷显示出来。(　　)

70. 氧熔剂切割方法不适于切割不锈钢材料。(　　)

71. 氧气切割主要用于金属穿孔。(　　)

72. 气割时,割嘴后倾角应随钢板厚度的增加而增加。(　　)

73. 不锈钢和铸铁可以用氧-乙炔焰振动切割法切割。(　　)

74. 用组合式割嘴切割薄板时,应采用圆柱齿槽式嘴芯。(　　)

75. 等离子流速与电极上的电流密度成正比,即电极(或焊丝)越细,那么等离子流速越大。(　　)

76. 等离子弧的切割过程,实质是热切割过程。(　　)

77. 中电流等离子弧焊,焊接电流为 5~100 A,可焊接 0.5~3 mm 厚度的工件,多采用联合型等离子弧。(　　)

78. 采用等离子弧切割时,其切割速度慢。(　　)

79. 等离子切割法以水作为喷嘴和电极的冷却介质。(　　)

80. 数控自动气割机是由光学信号系统、电气控制系统和机械传动系统等部分组成的。(　　)

81. 计算机数控气割机是用小型电子计算机控制的气割设备。(　　)

82. 高速气割的气割速度可比普通气割提高 20%~30%,但切口表面粗糙。(　　)

83. 温度对 CO_2 激光器有很大影响,要提高输出功率,必须降低工作气体的温度。(　　)

84. 任何一种激光器的核心部分都是工作物质——用来产生光的受激辐射的物质。(　　)

85. 中压、泄压膜干式回火保险器,回火发生后能够切断氧气气源。(　　)

86. 焊接用的 CO_2 气体通常以液态装于瓶中,钢瓶外表漆成黑色,写黄色字样。(　　)

87. 在氧乙炔火焰粉末喷焊工艺中,只要选择相应性能的合金、粉末,就能使喷焊层具有需要的硬度值。(　　)

88. 喷焊与喷涂实质是一样的,仅仅是工艺形式不一样。(　　)

89. 纯铜气焊时要选择较大的火焰能率,但不需要预热。(　　)

90. 焊接黄铜时,常采用含 P、Mn、Si 等脱氧元素的丝 201 和丝 202 焊丝。(　　)

91. 黄铜焊接时熔池易产生白色烟雾,这是铜在高温下挥发所造成的。(　　)

92. 易熔共晶体的存在,是铝合金焊缝产生凝固裂纹的重要原因之一。(　　)

93. 灰铸铁补焊时,应在空气流畅的地方施焊。(　　)

94. 铸件焊接的关键在于解决白口和裂纹问题。(　　)

95. 气焊低碳钢和低合金钢时,火焰保持微碳化焰,是为了通过还原气氛脱氧和减小合金元素烧损。(　　)

96. 不锈复合钢板的坡口形式,应考虑过渡层的焊接特点,最常用的是 V 形坡口,其坡口应开在基层一侧。(　　)

97. 奥氏体不锈钢的焊接接头中,焊缝要比热影响区容易产生晶间腐蚀。(　　)

98. 等离子弧焊接时,弧长的波动对焊缝成型和熔透的影响很大。(　　)

99. 等离子即完全带正电的正离子和带负电的电子所组成的电离气体(　　)

100. 非转移弧能量和温度较高,一般用于较厚材料的焊接与切割。(　　)

101. 联合型弧不能用于微弧等离子焊接和粉末材料的喷焊。（　　）

102. 熔深实际上是一切电弧焊控制技术所要考虑的最终目标之一。（　　）

103. 焊补裂纹时,为防止裂纹蔓延,两端应钻直径为 10～15 mm 的止裂纹孔。（　　）

104. 气焊采用右焊法焊接比采用左焊法焊接,焊缝金属氧化严重。（　　）

105. 补焊钨金轴瓦的焊丝成分,原则上应选用与焊件相同成分的材料。（　　）

106. 靠挡铁定位的缺点是精度不高。（　　）

107. 多层焊焊缝的力学性能比单层焊好。（　　）

108. 金属的焊接性,既与金属材料本身的材质有关,也与焊接工艺条件有联系。（　　）

109. 对于固溶强化的焊缝金属,不应采用多层多道焊缝。（　　）

110. 超高强钢的焊接性很差,因此焊接时在焊缝区易出现热裂纹,热影响区易出现冷裂纹,但一般不会出现软化缺陷。（　　）

111. 超高强钢的焊接一般应在热轧状态下进行,焊后要进行调质处理。（　　）

112. 材料的冲击值越高,其焊接性越好。（　　）

113. 刚性对接裂纹试验主要用于测定焊缝的热裂纹敏感性,也可测定热影响区的冷裂纹敏感性。（　　）

114. 焊接性试验只用来选择正确的温度。（　　）

115. 碳当量的计算公式适用于一切金属材料。（　　）

116. 低合金钢焊后消除应力退火温度,一般应比基本金属的回火温度低 30～60℃。（　　）

117. 铬钼珠光体耐热钢焊接后热处理的方式是高温回火。（　　）

118. 焊后热处理(550～560℃)可以消除热应变时效对低碳钢及某些合金结构钢的影响,恢复其韧性。（　　）

119. 对于一些重要的焊接结构,焊接线能量过大,会增加焊接接头的抗冷裂性能。（　　）

120. 焊接结构由于刚性强,所以不容易产生脆性断裂。（　　）

121. 气焊时氧气侵入焊接区,完全是气体火焰保护不好所造成的。（　　）

122. 氢元素是在焊缝和热影响区中引起气孔和裂纹的主要因素之一。（　　）

123. 加强焊接区的保护也是减少焊缝金属含氢量的重要措施之一。（　　）

124. 低碳钢焊接时,碳的烧损多半是由于碳和氧气作用的结果。（　　）

125. 当母材是 X 结构而焊缝是 V 结构时,就非常不利于碳由母材向焊缝扩散。（　　）

126. 焊缝的粒状晶,相当于母材晶粒外延生长。所以,焊缝母材某些晶粒的尺寸可能等于焊缝粒状晶的尺寸。（　　）

127. 熔合区,是焊接接头中,焊缝向热影响区过渡的区域。（　　）

128. 焊接热影响区即是指焊接时焊缝两侧受热的区域。（　　）

129. 焊接接头热影响区的硬度越高,材料的冷裂性越好。（　　）

130. 热影响区,是焊接过程中,材料因受热影响而发生金相组织和力学性能变化的区域。（　　）

131. 在保证焊缝不产生裂纹的前提下,应尽量减小热影响区的宽度。（　　）

132. 结构的断裂形式只与所受的应力大小有关,而与应力的状态无关。（　　）

133. 焊缝余高在静载荷下对焊件受力影响最大。（　　）

134. 焊缝余高应适当,不能太高,也不能太低。（　　）

135. 从强度角度看,最理想的接头形式是搭接接头。（　　）

136. 对接接头焊缝的余高值越大,其疲劳强度越高。(　　)

137. 焊接接头在任何条件下,都应尽可能与母材有相同的强度。(　　)

138. 减小热影响区的宽度,不能提高焊接接头的性能。(　　)

139. 焊接熔池结晶后,焊缝杂质多聚集在焊缝边缘。(　　)

140. 焊接冶金反应结果生成 CO_2 这种反应是吸热的,会促使结晶速度更快。(　　)

141. 偏析对焊缝质量有很大影响,产生化学成分不均匀和裂纹、夹渣、气孔等。(　　)

142. 焊接时应力应变将影响马氏体转变;拉伸应力可促进马氏体转变。(　　)

143. 焊接的线能量数值的大小和焊接应力与变形无直接的关系。(　　)

144. 板厚增大时,冷却速度加快,高温停留时间减小。(　　)

145. 角焊缝比对接焊缝的冷却时间慢。(　　)

146. 角焊缝比对接焊缝的冷却速度快。(　　)

147. 铝及铝合金、铜及铜合金的焊接热影响区组织在焊接加热和冷却作用下有明显变化,而焊接接头性能无变化。(　　)

148. 金属的碳化物在焊缝的金属中会使缝焊金属强度、硬度降低,因此气焊一般都采用中性焰。(　　)

149. 氮是提高焊缝强度,降低其塑性和韧性的元素。(　　)

150. 在生产工艺、生产组成部分及车间平面布置方案都选定以后,即可着手进行焊接车间平面布置。(　　)

151. 沿样板内轮廓切割零件的外形和内形时,能将零件切割成直角。(　　)

152. 沿样板内轮廓切割零件的外形和内形时,不能将零件切割成直角。(　　)

153. 低合金耐热钢之所以具有较明显的淬硬性,这是由于其主要合金元素 Cr 和 Mo,都能显著提高钢的淬硬性。(　　)

154. 应力集中对塑性材料的强度无影响。(　　)。

155. 与被连接元件相串联的焊缝称为工作焊缝;与被连接元件相并联的焊缝称为联系焊缝。(　　)

156. 焊接接头静载强度计算时,只计算工作焊缝的强度,而不需要计算联系焊缝的强度。(　　)

157. 对接接头静载强度计算时,应考虑焊缝余高的影响。(　　)

158. 如果焊缝金属的许用应力与基本金属相等,则可不必进行对接接头的强度计算。(　　)

159. 用惯性矩法计算受弯矩的搭接接头时,其最大应力值将出现在离中性轴最远的地方。(　　)

160. 拉伸试验的目的是测定焊缝金属的强度和塑性,并可以发现断口上的某些缺陷。(　　)

161. 弯曲试验的目的就是为了检验焊接接头的塑性。(　　)

162. 由于 U 形缺口试样的缺口太钝,对缺口冲击韧度反应不敏感,故不能充分反映焊件上尖锐缺陷(如裂纹)破坏的特征。(　　)

163. 水压试验时,应装设两只量程相同,并经校验合格的压力表,压力表的量程应是试验压力的两倍。(　　)

164. 封闭焊缝拘束度较大,可产生高值残余应力,常会引起裂纹。(　　)

165. 等离子弧切割时电极的正接法是直流反接法。（　　）

166. 焊缝中的氢包括扩散氢和残余氢两部分，其中扩散氢容易导致延迟裂纹。（　　）

167. 水压试验在升压过程中要分段升压，中间应作暂短停压，并对容器进行检查。（　　）

168. 如果焊缝金属的许用应力与基本金属相等，则可不必进行对接接头的强度计算。（　　）

169. 吸尘罩抽风量的大小应根据有害物质的危害性、毒性及产生有害物质的速度和浓度来确定。（　　）

170. 等离子弧切割时，一般首先根据工件厚度和材料性质确定合理的切割功率。（　　）

171. 焊接工装夹具，应夹紧可靠，且刚性越大越好。（　　）

172. 焊条药皮成分中碳酸钙（$CaCO_3$）的作用是降低电弧电压，造气造渣。（　　）

173. 冲裁的特点是操作简单，生产效率低，不适用于大批零件的生产。（　　）

174. 由于对所研究的对象尚缺乏规律性的认识，试验研究必须通过试验积累数据并找出规律。（　　）

175. 在焊接装配图上一般不需特别表示焊缝，只在焊缝处标注焊缝符号即可。（　　）

176. 焊接接头冲击试验试样都是带有 V 形缺口的。（　　）

177. 着色法探伤时，涂刷渗透剂的次数不得少于 3 次。（　　）

178. 在进行接头静载强度计算时，为简化计算，可假设残余应力对接头强度没有影响。（　　）

179. 氧乙炔堆焊时，几乎所有形状的堆焊材料都可以用。（　　）

180. 镍基合金通常采用中性焰堆焊，但为了提高流动性，偶尔也采用碳化焰。（　　）

181. 采用火焰校正薄板的波浪变形时，要采用点状加热，加热的位置为波浪的最低点。（　　）

182. 气割工作点平面布置时应合理利用车间面积，工作位置不能被阻塞。（　　）

183. 某些大型气割设备，因占地面积大，在车间内应单独布置。（　　）

184. 吸尘罩是局部排风系统最关键的部件。（　　）

185. 6500 型数控气割机可同时切割宽度为 2.4 m，厚度为 5～100 mm 的两块钢板。（　　）

186. 激光切割时不需要刀具，属于非接触加工，故无机械加工变形。（　　）

187. 不遵守焊接工艺规程者不允许其进行焊接操作。（　　）

188. 焊接工艺规程必须保证操作者具有良好的、安全的劳动条件，尽量采用人工作业，尽可能采用较先进的工装。（　　）

189. CO_2 气体保护焊一般焊丝伸出长度在 5～15 mm 之间。（　　）

190. 计算机硬件只能通过软件起作用。（　　）

191. 对于企业内部一切变更，包括人员、设备、生产工艺、操作程序等的暂时性或永久性变化，都要进行健康、安全与环境管理。（　　）

192. 钢在进行正火处理后，比退火处理后的强度、硬度要低。（　　）

193. 在三相电星型连接中，两火线之间的电压为 380 V。（　　）

194. 当乙炔的压力低于正常压力时，安全阀即启动，把发生器内的气体排出一部分。（　　）

195. 窄而深的熔池易形成热裂纹。（　　）

196. 不易淬火钢焊接时的过热区由于晶粒粗大，故其塑性和韧性大为降低，是焊接热影响区性能最差的区域。（　　）

197. 气割质量检验主要检验切口表面质量以及切割件的外形尺寸。（　　）

198. 联系焊缝承担着传递全部载荷的作用，一旦断裂，结构立即失效。（　　）

199. 用消除应力退火（整体高温回火）的方法消除焊接残余应力时，冷却应快速进行。（　　）

200. 对于厚度超过 8 mm 的重要结构或淬硬倾向大的钢材，可采用水火校正法，以提高火焰校正速度。（　　）

201. 论文是讨论和研究某种问题的文章，是一个人从事某一专业的学识、技术和能力的基本反映，也是个人劳动成果、经验和智慧的升华。（　　）

202. 技术总结是一个人对自己所从事的某一专业（工种）或项目课题完成后的总结。（　　）

203. 进给量是指工件或刀具每旋转一周，刀具与工件之间沿进给方向相对移动的距离。（　　）

204. 钨极氩弧焊时，作为保护气体的氩气流量越大保护效果越好。（　　）

205. 热能是物体本身所具有的一种能量。（　　）

五、简 答 题

1. 焊工是否要经过安全操作考试后才能独立操作？

2. 焊接接头中产生应力集中的原因是什么？

3. 试述应力集中对疲劳断裂和脆性断裂的影响。

4. 如何减少焊缝应力集中？

5. 焊接接头产生应力集中有哪些原因？

6. 校正薄板的焊后变形有哪些方法？

7. 复杂结构件的焊缝合理安排次序有何作用？

8. 试述 T 字梁焊后变形的校正方法。

9. 决定火焰校正效果的主要因素有哪些？

10. 质量管理班组的基本任务是什么？

11. 气割工工时定额是怎样计算的？

12. 气焊、气割工制订工时定额有哪些方法？

13. 在产品上如何截取力学性能试验试样？

14. 为考核焊工的操作技能，试件焊后应进行哪些机械性能试验？

15. 对焊接接头进行金相分析的目的是什么。

16. 简述磁粉探伤的局限性。

17. 磁粉探伤的原理是什么？

18. 试述超声波探伤的特点。

19. 在焊缝超声波探伤中，把焊缝中缺陷分几类？怎样进行分类？

20. 超声波探伤仪主要由哪几部分组成？

21. 有的工厂先用超声波探伤对焊缝全长探测一遍，然后再在有缺陷处用射线探伤进行复检，试分析这是什么原因？

22. 用氧熔剂切割时，对熔剂有什么要求？

23. 氧-乙炔火焰金属粉末喷焊工艺有哪几种？

24. 对氧-乙炔火焰喷焊枪有何要求？

25. 试述锡青铜和铝青铜焊补时的主要问题。

26. 铝镁合金焊接时形成热裂纹的倾向为什么比纯铝大？

27. 铝及铝合金焊接时,防止烧穿的方法有哪些?

28. 碳化焰焊中碳钢易出现什么后果?

29. 异种钢(金属)焊接时,为何常采用堆焊过渡的焊接工艺?

30. 如何进行奥氏体不锈钢焊接接头的均匀化处理?

31. 如何检验焊后热处理规范的正确性?

32. 氢、氧、氮在焊接冶金反应过程中有什么危害?

33. 怎样正确选择焊缝余高?

34. 为什么对接接头的焊缝余高值不能太大?

35. 为什么说热影响区中的过热区是比较危险的一个区域?

36. 影响焊接接头力学性能的因素有哪些?

37. 焊缝结晶的特点是什么?

38. 在选择装配焊接车间平面布置方案时,必须考虑哪几个方面问题?

39. 氧气站平面布置有哪些要求?

40. 乙炔站平面布置有哪些要求?

41. 窄而深的焊缝有何缺点? 宽而浅的焊缝有何优点?

42. 金属结构装配时采用胎、卡具的目的是什么?

43. 为什么要重视焊接工装的管理? 它包括哪些内容?

44. 装配焊接夹具有哪些用途?

45. 在编制复杂气焊(割)件工艺规程的内容中,工艺纪律的内容有哪些?

46. 什么是编制复杂气焊(割)件的工艺规程?

47. 气焊冶金过程中发生的物理反应有哪些?

48. 试述不易淬火钢热影响区的组织和性能特点。

49. 什么是焊缝金属的合金化?

50. 合金化有什么作用?

51. 何谓激光喷气切割? 它有何应用价值?

52. 中碳调质钢的焊接性特点是什么?

53. 简述铅气焊工艺的主要特点。

54. 试比较各种金属材料气焊火焰性质。

55. 试述大厚度钢板气割的操作要点。

56. 为什么说焊接接头是一个不均匀体?

57. 冲击试验的目的是什么? 冲击试验的试样有哪几种?

58. 常用的气密性试验方法有哪些?

59. 试述防止和减少焊接变形的主要工艺措施。

60. 什么是结晶裂纹?

61. 气孔的类型有几种? 它们各有何特点?

62. 一步法和二步法喷焊工艺各有什么特点?

63. 试述喷涂的工艺过程。

64. 起重设备吊钩上缺陷为什么不能焊补?

65. 热固性塑料有何特点?

66. 塑料焊接理论有哪几种?

67. 冷校正法校正变形的机理是什么。

68. 等离子弧切割的原理是什么。

69. 什么是合金元素的过渡系数?

70. 电子束焊的原理是什么?

71. 如何提高搭接接头的连接强度?

72. 气焊冶金过程中发生的化学反应有哪些?

73. 结晶裂纹的影响因素有哪些?

74. 结晶裂纹的防止措施有哪些?

六、综 合 题

1. 在装焊夹具中对结构设计有何要求?

2. 执行复杂焊接结构的工艺规程应注意哪些问题?

3. 如何提高焊工(或班组)的工艺贯彻率?

4. 焊接工艺过程分析和设计有哪些内容?

5. 简述丁字梁采用反变形法加刚性法控制焊后变形。

6. 为什么铝镁合金在焊接中更容易产生气孔?

7. 为什么氩弧焊是焊接铝及铝合金较完善的方法?

8. 铝及铝合金焊接时,防止产生夹渣的方法有哪些?

9. 为保证压力容器产品质量应重视哪些检验?

10. 为什么要保证焊接接头质量?

11. 如何减少焊接接头的应力集中?

12. 在什么条件下应力集中对静载荷没有影响?

13. 向焊缝金属添加合金元素有哪几种方式? 气焊、气体保护焊是怎样添加合金元素的?

14. 影响气焊冶金过程的主要因素是什么?

15. 气焊时,促使熔池液体金属发生运动的主要原因有哪些? 熔池金属的运动对焊缝质量有何影响?

16. 试述氧气切割时,割口热影响区的组织变化。

17. 不易淬火钢热影响区的组织和性能是怎样的?

18. 试述铁锈对形成气孔的影响。

19. 焊接线能量对焊接接头的力学性能有何影响?

20. 为什么焊前预热可以减小焊接应力,防止产生裂纹?

21. 焊接区的温度是怎样分布的? 有何作用?

22. 金属熔焊有哪几个过程?

23. 气割切口常见的缺陷产生的原因是什么。

24. 氧熔剂切割工艺参数的选择要点是什么。

25. 试述着色检验的方法及其特点。

26. 试述焊缝的形状对焊接质量的影响。

27. 试述钎焊过程中熔解作用对钎焊接头的影响。

28. 装配焊接平面布置时有哪些要求？

29. 如何解决空气等离子切割时电极烧损氧化问题？

30. 氧-乙炔火焰喷涂层与基体结合有哪几种形式？

31. 已知一乙炔发生器集气室的容积是 13.5 L，为了保证设备和人身安全，试求需要多大直径的泄压膜？（注：泄压膜的泄压系数，一般取 6 cm²/L）

32. 两块板厚为 8 mm 的钢板对接，焊缝长度为 30 mm，材料为 Q235A 钢，试计算焊缝所能承受的剪切力（由许用应力表查得：Q235A 钢的抗剪许用应力为 9 800 N/cm²）？

33. 厚 12 mm、宽 600 mm 的对接接头，两端受 500 000 N 的拉力，材料为 Q345R 钢，试校核其焊缝强度（已知：Q345R 钢的抗拉许用应力为 20 100 N/cm²）。

34. 被称为透明塑料的有机玻璃的主要特点是什么？

35. 要使热塑性塑料焊接牢固应符合哪些条件？

气焊工(高级工)答案

一、填空题

1. 非自发	2. 0.5 mm 以下	3. 铸铁	4. 超声波探伤
5. 一次	6. 塑性	7. 熔剂	8. $-10\sim-196$
9. 不均匀	10. 较低	11. 物理	12. 焊透
13. 过渡	14. 晶界	15. 裂纹	16. 焊缝中心
17. 相变	18. 较小刚度(或较小拘束)	19. 使用功能	
20. 热	21. 焊缝	22. 火焰	23. 比较小
24. 收缩	25. 缩颈	26. 越小	27. N_2
28. 像质计(透度计)	29. 裂纹	30. 渗透探伤	31. 组织
32. 焊接工艺	33. 工作	34. 氧化铁	35. 相反
36. 焊缝中心	37. 热裂纹	38. 非磁性	39. 近表面
40. 过热区	41. 80	42. 180	43. 还原气氛和熔剂
44. CO	45. 过热区	46. 部分淬火区	47. 工艺合理性
48. 碳化物	49. 30	50. 变质处理	51. 铁素体 F
52. 还原	53. 烧穿	54. 薄板	55. 穿晶
56. 焊缝金属	57. 强度	58. 根部	59. 硫化物
60. 不完全重结晶区	61. 晶核	62. 降低冷却速度	63. 还原
64. 硬度	65. 化学清洗	66. 水封式	67. 回火
68. 平焊	69. 腐蚀	70. 焊缝裂纹	71. 锌
72. 塑性	73. 致密的氧化膜	74. 垂直度	75. 中性
76. 硅	77. 应力集中	78. 弧坑	79. 熔合区
80. 脆性	81. 弯曲	82. 外拘束试验	83. 工时定额
84. 气体	85. 检查及试焊	86. 热影响区	87. 产生裂纹
88. 1 100℃	89. 400~500℃	90. 对流	91. 接头
92. 金属组织	93. 锌	94. 气孔	95. 冷裂纹
96. 正火区(或相变重结晶区或细晶区)	97. 马氏体	98. 高能密度	
99. 弱碳化焰	100. 中性焰	101. 耐磨性	102. 脆性
103. 符号	104. 晶间	105. 碳	106. 太低
107. 不直	108. 大	109. 锯齿形	110. 低凹
111. 裂纹	112. 较低	113. 脆性	114. 延伸率
115. 爆炸	116. 过热	117. 厚件	118. 表面及近表面
119. 强度	120. 密封性	121. 振动	122. 时间

123. 热　　　　124. 氮　　　　125. 脱氧　　　　126. 基层

127. 金属材料　　128. 30～60　　129. 高温回火　　130. 氢

131. 熔合区　　　132. 偏析　　　133. 切割氧风线太小　134. 短、钝而粗

135. 工时定额　　136. 基本时间　137. 直接消耗于气割　138. 电阻

139. 中性焰或轻微碳化焰　　　140. 正火　　　　141. 氧化焰

142. 等温缓冷　　143. 中性焰　　144. 夹渣　　　　145. 面心立方

146. 奥氏体　　　147. 铬　　　　148. 大　　　　　149. 点状

150. 脆性　　　　151. 较小　　　152. 内部缺陷　　153. 组织及内部缺陷

154. 黑光　　　　155. 射线　　　156. 射线探伤　　157. 40

158. 平均电流　　159. 300　　　160. 气割　　　　161. Si

162. 合金　　　　163. 冷裂　　　164. 硅　　　　　165. 裂纹

166. 大　　　　　167. 排气罩　　168. 铸铁　　　　169. 白口

170. 低碳钢　　　171. 430 MPa　172. 4～5　　　173. 右向焊

174. 3 mm　　　175. 3 mm　　　176. 较低　　　177. 较高

178. 熔剂　　　　179. 大　　　　180. 弱碳化焰　　181. 喷嘴

182. 工件　　　　183. 陡降或垂降　184. 小孔效应　　185. 奥氏体＋碳化物

186. 脆性断裂　　187. 强度　　　188. 氧化　　　　189. 穿晶

190. 区域偏析　　191. 应力集中

二、单项选择题

1. A	2. D	3. C	4. B	5. C	6. D	7. A	8. A	9. B
10. B	11. A	12. B	13. B	14. D	15. B	16. D	17. D	18. A
19. C	20. C	21. C	22. B	23. A	24. D	25. C	26. D	27. B
28. C	29. B	30. D	31. A	32. A	33. D	34. A	35. D	36. D
37. C	38. A	39. A	40. B	41. C	42. A	43. B	44. B	45. B
46. A	47. B	48. C	49. C	50. C	51. A	52. B	53. B	54. C
55. D	56. B	57. C	58. B	59. A	60. B	61. B	62. C	63. C
64. B	65. B	66. B	67. B	68. B	69. D	70. C	71. D	72. D
73. C	74. B	75. D	76. B	77. B	78. A	79. D	80. A	81. D
82. A	83. A	84. B	85. B	86. D	87. A	88. D	89. C	90. B
91. B	92. D	93. D	94. D	95. B	96. A	97. C	98. B	99. A
100. D	101. C	102. A	103. B	104. A	105. D	106. B	107. C	108. D
109. A	110. B	111. D	112. A	113. B	114. C	115. B	116. A	117. B
118. A	119. C	120. B	121. A	122. C	123. A	124. B	125. D	126. B
127. C	128. A	129. A	130. B	131. C	132. B	133. A	134. B	135. A
136. B	137. C	138. B	139. B	140. B	141. A	142. A	143. A	144. A
145. B	146. C	147. B	148. A	149. B	150. A	151. A	152. C	153. A
154. D	155. B	156. B	157. B	158. B	159. A	160. C	161. B	162. A
163. D	164. C	165. A	166. B	167. A	168. D	169. B	170. C	171. D

172. D   173. D   174. A   175. A   176. C   177. D   178. D   179. B   180. C

181. B   182. B   183. C   184. D   185. A   186. C   187. B   188. A   189. A

190. C   191. C   192. A   193. B   194. B   195. B   196. B   197. D   198. A

199. A   200. B   201. A   202. C   203. B   204. D   205. A   206. D   207. B

208. B   209. B   210. B   211. B   212. B   213. D   214. C   215. A   216. A

217. A   218. C   219. B   220. C   221. D   222. D   223. B   224. D   225. C

226. C   227. D   228. A   229. B   230. B   231. D   232. C   233. B   234. D

235. D   236. A   237. A   238. B   239. B   240. C   241. C   242. A   243. C

244. A   245. B   246. A   247. B   248. B   249. B   250. B   251. C   252. D

253. A   254. C   255. C   256. B   257. D   258. C   259. C   260. B   261. C

262. C   263. C   264. C   265. D   266. C   267. A   268. A   269. C   270. B

271. A   272. D   273. B   274. D   275. A   276. A   277. B   278. A   279. D

280. C   281. D   282. B   283. B   284. B   285. A   286. A   287. B   288. A

289. C   290. A   291. C   292. A   293. A   294. B   295. D   296. C   297. B

298. B   299. D   300. D   301. B   302. C   303. A   304. A   305. C   306. C

307. D   308. C   309. A   310. B   311. D   312. B   313. B   314. D   315. D

316. C   317. C   318. D

三、多项选择题

1. ABCD   2. ABCD   3. ABCD   4. ABD   5. ABC   6. BCD   7. BC

8. AC   9. ABC   10. AD   11. ABCD   12. ACD   13. AB   14. BCD

15. ABC   16. ABD   17. ACD   18. ABCD   19. BC   20. ABCD   21. ABC

22. ACD   23. ABCD   24. ABCD   25. ABCD   26. ABCD   27. ABCD   28. ABCD

29. ABCD   30. ABCD   31. ACD   32. ABC   33. ACD   34. ABCD   35. BCD

36. BCD   37. AB   38. BCD   39. ABCD   40. ABCD   41. ACD   42. ABCD

43. ABCD   44. ABCD   45. ABC   46. ABC   47. BCD   48. AC   49. ABD

50. ACD   51. BC   52. BC   53. ABC   54. AC   55. ABCD   56. CD

57. BCD   58. ABC   59. BD   60. ABD   61. ABC   62. ABCD   63. DE

64. ABE   65. DE   66. ABCD   67. ABD   68. ACE   69. ABD   70. AB

71. ABC   72. ABC   73. ABC   74. AD   75. ABC   76. ABC   77. ABC

78. ACD   79. ABCD   80. BC   81. ABD   82. ACD   83. ACD   84. ABD

85. ABC   86. ABC   87. ABD   88. ABC   89. ACDE   90. ABD   91. AB

92. ACD   93. ACD   94. CE   95. DE   96. ABC   97. ACD   98. ACD

99. ACD   100. ABC   101. ACDE   102. ABC   103. ABC   104. ABD   105. ABCD

106. BE   107. CDE   108. ACD   109. AD   110. ABCDE   111. ABCD   112. ACD

113. ACD   114. ACD   115. ABC   116. ABC   117. ABC   118. ABC   119. ABCD

120. ACD   121. CD   122. BD   123. ABCD   124. AB   125. ABCD   126. ABC

四、判 断 题

1.√	2.×	3.×	4.√	5.×	6.×	7.×	8.√	9.×
10.√	11.×	12.×	13.√	14.×	15.√	16.√	17.×	18.√
19.×	20.×	21.√	22.×	23.√	24.√	25.√	26.×	27.√
28.×	29.√	30.×	31.×	32.√	33.√	34.√	35.√	36.√
37.√	38.√	39.√	40.×	41.√	42.√	43.√	44.√	45.√
46.√	47.√	48.×	49.√	50.√	51.√	52.√	53.√	54.√
55.√	56.√	57.√	58.√	59.√	60.√	61.√	62.√	63.×
64.√	65.×	66.×	67.×	68.√	69.√	70.√	71.√	72.×
73.√	74.√	75.√	76.√	77.√	78.√	79.√	80.√	81.√
82.×	83.√	84.√	85.×	86.√	87.√	88.√	89.√	90.√
91.×	92.√	93.√	94.√	95.√	96.√	97.√	98.√	99.√
100.×	101.×	102.√	103.√	104.×	105.√	106.√	107.×	108.√
109.√	110.√	111.√	112.√	113.√	114.√	115.√	116.√	117.√
118.√	119.√	120.√	121.√	122.√	123.√	124.√	125.√	126.√
127.√	128.√	129.√	130.√	131.√	132.√	133.√	134.√	135.√
136.×	137.√	138.√	139.√	140.√	141.√	142.√	143.√	144.√
145.√	146.√	147.√	148.√	149.√	150.√	151.√	152.√	153.√
154.√	155.√	156.√	157.×	158.√	159.√	160.√	161.√	162.√
163.√	164.√	165.√	166.√	167.√	168.√	169.√	170.√	171.√
172.√	173.×	174.√	175.√	176.√	177.√	178.√	179.√	180.√
181.√	182.√	183.√	184.√	185.√	186.√	187.√	188.√	189.√
190.√	191.√	192.√	193.√	194.√	195.√	196.√	197.√	198.×
199.×	200.×	201.√	202.√	203.√	204.×	205.√		

五、简 答 题

1. 答:按照安全规则,焊工必须经过安全操作考试合格后,才能允许他们独立操作,并且每过三年要复考一次。(5分)

2. 答:(1)焊接缺陷的存在,如气孔、夹渣、裂纹、未焊透等。其中裂纹和未焊透情况下应力集中更严重。(2分)

(2)焊缝成型差,如余高过高咬边等。(1分)

(3)设计不合理,如接头截面突变,焊缝布置不合理等。(2分)

3. 答:应力集中是结构产生疲劳和脆性断裂的主要原因之一,结构中应力集中较大的部位,往往是产生疲劳断裂和脆性断裂的裂源。脆性断裂一般从缺陷(如裂纹)处开始,因为在缺陷附近集中了较大的应力,所以减少应力集中是提高疲劳强度和防止脆性断裂的重要措施。(5分)

4. 答:减少焊接接头应力集中的主要措施是:

(1)尽量采用对接接头,对接接头的余高值不应太大,焊缝处应尽量用圆滑过渡。(1分)

(2)对丁字接头(十字接头)应该开坡口或采用深熔焊,以保证焊透。(1分)

(3)减少或消除焊接缺陷,如裂纹、未焊透、咬边等。(1分)

(4)不同厚度的钢板对接时,对厚板应进行削薄处理。(1分)

(5)焊缝不应过分密集,以保证有最小的距离。(0.5分)

(6)焊缝应尽量避免出现在结构的转弯处。(0.5分)

5. 答:(1)焊缝中的焊接缺陷。(1.5分)

(2)不合理的焊缝外形。(1.5分)

(3)结构设计不合理的焊接接头。(2分)

6. 答:薄板焊后产生的变形主要是波浪变形,所以,一般采取如下的校正方法:(2分)

(1)手工锤击冷作校正法。(1分)

(2)火焰校正法。(1分)

(3)机械校正法。(1分)

7. 答:合理安排焊接次序,尽量使大多数焊缝能在较小的刚度下焊接,使各条焊缝都有收缩的可能。尽量采用对称施焊,以利于分散应力,减小热裂纹的产生。(5分)

8. 答:T字梁焊后变形主要产生如图1所示的上拱弯曲变形,可以用火焰校正,校正部位在腹板凸起处,火焰采用中性焰,加热温度 600~800℃ ,用三角形火焰加热。(5分)

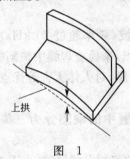

上拱

图 1

9. 答:决定火焰校正效果的因素主要是火焰加热位置和火焰能量。不同加热部位可以校正不同的变形。一般地说,热量越大,校正能力越强,当然首先要定出加热的位置。(5分)

10. 答:质量管理班组,是质量管理的群众基础,它由活动在生产第一线的管理人员和一些生产工人所组成。质量管理班组的基本任务是解决生产现场出现的各种质量(包括产品质量、产量、成本、安全、节约、文明生产、工作效率、工期、为用户服务等广义的质量概念)问题,克服薄弱环节,使生产过程中的各个工序协调进行,保证实现班组生产作业计划。(5分)

11. 答:对气割工来说,每气割某一厚度的钢材 1 m 长时所消耗的时间,称为工时定额。气割工在 1 h 或一个班所气割的长度称为产量定额。(5分)

12. 答:方法有:

(1)经验估工法。(1.5分)

(2)统计分析法。(1.5分)

(3)比较类推法。(1分)

(4)技术测定法等。(1分)

13. 答:因为机械性能试验属于破坏性试验,所以如果直接截取产品试样,将破坏整个产品,通常采取的办法是:若焊缝是直缝,则可以在产品上直接焊一块试板,产品焊缝的延伸就成为试验焊缝,焊后将试板切割下来,就能截取试样;若焊缝不是直缝,则无法在产品上焊接试板,这时只能另焊一块试板,但应该由焊接产品的同一焊工,用与产品相同的材料、厚度和焊接工艺进行焊接。(5分)

14. 答:焊接接头机械性能试验的拉伸试验、冲击试验和硬度试验值主要取决于所用的焊接材料和焊接工艺,受焊工操作技能的影响较小,所以考核焊工的操作技能,焊接试件可以不作这些试验。考核焊工的操作技能应将试件进行弯曲试验,因为焊工操作时产生的咬边、熔合区熔合不良、根部未焊透、内阻、层间夹杂等缺陷都将直接影响弯曲角度值。(5分)

15. 答:金相分析的目的是检验焊缝金属、热影响金属、母材金属的组织特征和内部缺陷(如裂纹、疏松、过烧、未熔合、未焊透等),为分析缺陷的性质及产生的原因,正确选择焊接工艺、热处理工艺及焊接材料提供可靠资料。(5分)

16. 答:(1)只能探测铁磁性材料。(1分)

(2)只能检查材料的表面及近表面缺陷。(1分)

(3)可发现分层,但分层与工件表面角度小于20°时就难以发现了。对于表面浅的划伤与锻造皱纹也很难发现。(3分)

17. 答:当被检工件被磁化后,表面和内表面缺陷在工件表面形成的漏磁吸附磁粉形成磁痕。(5分)

18. 答:超声波探伤是利用超声波(频率超过 20 kHz)能透入金属材料,由一界面进入另一界面时在界面上会发生反射的特点,来检查焊缝中缺陷的一种方法,超声波探伤具有适应范围广,灵敏度高,探测速度快,费用低廉,对人体无害等优点,但对工件表面要求平滑光洁,辨别缺陷性质的能力较差。(5分)

19. 答:焊缝超探中,一般把焊缝中的缺陷分为三类:点状缺陷;线状缺陷;面状缺陷。(2分)

在分类中,长度小于10 mm 的缺陷叫点状缺陷,小于10 mm 的缺陷以 5 mm 计;长度大于等于10 mm 的缺陷叫线状缺陷;将长度大于10 mm、高度大于3 mm 的缺陷叫面状缺陷。(3分)

20. 答:主要由同步电路、发射电路、接收电路、水平扫描电路、显示器、电源等组成。(5分)

21. 答:因为超声波探伤不需要底片、照相、洗印等一系列材料和设备,探伤周期短、成本低、设备简单,并且对人体无害,所以需先用超声探伤对整个焊缝全长探一遍。但当发现有缺陷时,对缺陷的性质判别能力较差,有时还会出现误判现象,所以需再用射线探伤对缺陷处进行复检,以便对缺陷进行定性。(5分)

22. 答:对熔剂的要求是:

(1)熔剂被氧化时要放出大量的热,并使割件达到能稳定地进行切割的温度。(2分)

(2)熔剂的氧化物要能与被切割金属的难熔氧化物进行激烈的相互作用,并在短时间内形成易爆、易于被切割氧流排除的熔渣。(3分)

23. 答:氧-乙炔火焰金属粉末喷焊工艺,根据喷粉及熔化的先后次序可分为两种基本操作工艺:喷焊一步法;喷焊二步法。(5分)

24. 答:喷焊枪和一般焊炬的主要区别在于附加了粉末输送装置。对喷焊枪的基本要求是火焰能稳定地燃烧,不易回火,能提供能量大的火焰,送粉装置开关操作灵活轻巧,开闭灵敏、可靠、吸粉力强、出粉量大,且不易阻塞。(5分)

25. 答:主要问题是锡、铝在焊补过程中的氧化。锡氧化后生成氧化锡(SnO_2),在焊缝中形成硬脆的夹杂物,并降低焊缝的抗腐蚀性。铝氧化后生成难熔的三氧化二铝,使熔渣发粘,容易产生气孔和夹渣,并妨碍焊缝金属和母材金属良好地熔合。(5分)

26. 答:铝镁合金焊接时,热裂纹的倾向比纯铝大,这是因为铝镁的共晶温度(451℃)比纯铝的熔点(660℃)低,结晶温度区域较宽,特别是含镁2%～3%的铝镁合金,热裂纹的倾向更大。在纯铝的焊接中只有在杂质、铁和硅的含量超过规定值,工件厚度较大时,才会形成热裂纹。(5分)

27. 答:铝及铝合金焊接时,防止烧穿的方法有:

(1)改进操作技术,工作时集中精力。(1分)

(2)调整焊点间距。(1分)

(3)工件对准,装夹好。(1分)

(4)保证气焊熔剂质量。(1分)

(5)控制熔池的温度不能太高。(1分)

28. 答:碳化焰中过剩的乙炔分解为碳和氢气,使焊缝增碳而具有高碳钢性质,不仅脆性增加,还易产生裂纹。(5分)

29. 答:异种钢(金属)焊接时,采用堆焊过渡层的焊接工艺,是为了获得优质的接头质量和性能。例如,奥氏体不锈钢和次稳定珠光体钢焊接时,在珠光体钢一侧堆焊过渡层是为了降低扩散层尺寸和减少产生裂纹的倾向;钢与铜及其合金焊接时,在钢或铜合金上堆焊过渡层的目的是为了预防渗透裂纹,改善接头的性能。(5分)

30. 答:焊后将奥氏体不锈钢接头加热至850～900℃,保温2 h后空冷,使铬充分扩散到晶界,以消除贫铬区。(5分)

31. 答:主要检查焊缝的硬度,一般热处理后硬度不超过母材硬度值加上100,且不大于300,硬度值若超过这个范围说明热处理规范不正确。(5分)

32. 答:氢能产生冷脆、冷裂纹、气孔等缺陷;氧能使焊缝机械性能下降,特别是使塑性和韧性严重下降,而且还能与碳化合形成一氧化碳气孔;氮使焊缝金属的强度提高,塑性降低,也是产生气孔的原因之一。(5分)

33. 答:焊缝余高太高,会引起应力集中,在动载和应力腐蚀的情况下易引起断裂,因此应磨平或加工成平滑过渡。(5分)

34. 答:对接接头焊缝的余高值不能太大,以避免引起过高的应力集中,因为应力集中系数随着余高值的增加而加大,所以国家标准规定焊缝的余高值应在0～3 mm之间,不得超高,对于承受动载荷的结构,为提高疲劳强度,焊缝的余高值应趋于零。(5分)

35. 答:过热区由于晶粒大,冲击韧性差,往往出现脆性化现象。粗晶区又在焊缝与母材的过渡地带,而在焊趾处常会由于咬边等缺陷导致应力集中,脆化加上应力集中,常使得过热区成为焊接接头中较易破坏的一个区域。(5分)

36. 答:焊接接头的机械性能决定于填充材料的化学成分熔合比,焊接层次和焊接线能量,热影响区的机械性能决定了焊接线能量,整个焊接接头的机械性能还与焊后是否进行热处理有关。(5分)

37. 答:(1)熔池温度高。(1.5分)

(2)体积小。(1分)

(3)存在时间短。(1分)

(4)在运动状态下结晶。(1.5分)

38. 答:必须考虑:工艺路线是否最短,最流畅;在总平面布置上,车间相互联系及运输是否合理;对于车间扩大等长远考虑能否适应。(5分)

39. 答:对于耗气量多的自动切割和大厚度切割的设备,需要多个氧气瓶并联集中供氧,常称其为氧气集中供气站,其平面布置要求如下:(2分)

(1)站内气瓶的数量,根据使用高峰确定。(1分)

(2)根据氧气瓶的数量,可分为若干组,轮流向集气管供气。(1分)

(3)氧气瓶和集气管接通。(1分)

40. 答:为防止乙炔站和氧气站的爆炸,乙炔站应与车间分开布置(1分)。对乙炔站的布置要求如下:

(1)按乙炔发生器使用的高峰值确定设备的容量和台数,一般为2～4台固定式乙炔发生器。(1分)

(2)应采用自然通风。(1分)

(3)采用水暖和气暖,室内温度不低于5℃。(1分)

(4)照明应利用通过玻璃窗反射的外部照明。(1分)

41. 答:窄而深的焊缝在结晶时杂质不易向上排出,而成长条状夹杂物分布于焊缝中间;焊缝宽而浅,杂质容易排集到焊缝上部或焊渣中,使焊缝的质量提高。(5分)

42. 答:金属结构装配作业时采用胎、卡具的主要目的是:

(1)减轻装配时零件的装置和定位方面的繁重操作。(1分)

(2)在大多数情况下可以免除装配时零件的画线。(1分)

(3)减少焊接时的变形。(1分)

(4)可将焊件安置在最便于焊接的位置,如角焊缝的船形焊。(1分)

(5)减少焊接过程中翻转焊件的时间。(1分)

43. 答:焊接工装的管理是工艺管理的重要环节之一,焊接工装质量的好坏,对保证焊接质量有着重要的作用,故必须加强对工装的管理(3分)。工装管理包括:新工装的验证定型、在用工装的定期检查和巡回检查、工装出库及入库检验等环节(2分)。

44. 答:(1)减少劳动量。(0.5分)

(2)提高劳动生产率。(0.5分)

(3)缩短生产周期。(0.5分)

(4)改善劳动条件。(0.5分)

(5)提高工作精度。(1分)

(6)提高产品质量。(1分)

(7)建立部件和整个制品的装配、焊接的合理强制顺序。(1分)

45. 答:工艺纪律的内容包括坚持按图样、工艺规程和技术标准组织生产,任何人不得擅自更改。技术文件中对质量起支配作用的工艺参数和要求,必须一丝不苟、严格执行。原始记录应存档备查,检查人员应认真地监督核对。(5分)

46. 答:所谓复杂焊件的焊接,一般指形状复杂、几何尺寸较大、焊缝分布密集且数量也多,使用要求高,施工条件以及被焊材料的可焊性不良等的焊件的焊接。对这样焊件的焊接要先编制复杂焊件工艺规程。(5分)

47. 答:气焊冶金过程中发生的物理反应有:

(1)熔池内气泡的生成与上浮。(1分)

(2)熔池内熔渣的生成与上浮。(1分)

(3)熔池金属的飞溅。(1分)

(4)合金元素的蒸发。(1分)

(5) 焊缝的合金化。(1分)

48. 答:不易淬火钢焊接热影响区一般分为熔合区、过热区、相变重结晶区和不完全重结晶区,各区域的组织、性能特点如下:(1分)

(1)熔合区又称半熔化区,该区的组织是过热组织,晶粒粗大,塑性、韧性很差。(1分)

(2)过热区的温度处于1 100℃以上至固相线以下。冷却后为晶粒粗大的过热组织,该区的塑性、韧性很差,与熔合区一样是焊接接头中的薄弱区域,该区易出现裂纹。(1分)

(3)相变重结晶区的温度在 $AC_3 \sim 1\ 100$℃之间,相当于正火处理,故又称为正火区。该区晶粒细小、均匀,故具有较高的强度、塑性和韧性,是焊接接头中综合性能最好的区域。(1分)

不完全重结晶区加热温度在 $AC_3 \sim AC_1$ 之间。冷却后获得细小的铁素体和珠光体,其余部分仍为原始组织,因此晶粒大小不均匀,力学性能也较差。(1分)

49. 答:为了满足焊接接头的使用要求,使焊缝金属具有符合技术要求的各种性能,弥补焊接过程中合金元素的氧化、蒸发和烧损,以及为精炼焊缝金属而去除其中的氢、氮、氧、硫、磷等有害杂质,常在焊接材料中加入一些合金元素。这种方法称为焊缝的合金化。(5分)

50. 答:合金化的作用是通过合金化可获得化学成分、金属组织和力学性能与母材金属相同或相近的焊缝金属。另外,也可以向焊缝金属中加入原来没有或含量很少的合金元素,以满足焊件对焊缝金属的特殊性能的要求。(5分)

51. 答:为了提高切割效率,可在切割时伴以喷吹氧气或压缩空气,这就是"激光喷气切割"。(3分)

这种激光喷气切割应用价值在于它具有使切口平整、光洁、切口宽度窄小,热影响区减小,并有利于带走气化的材料。(2分)

52. 答:中碳调质钢的焊接性特点表现在三方面:

(1)含碳量高,合金元素多,淬硬倾向大,易产生冷裂纹。(2分)

(2)焊缝结晶温度区间大,偏析倾向也较大,易产生热裂纹。(2分)

(3) 淬火区产生大量的脆而硬的马氏体。(1分)

53. 答:铅气焊工艺的主要特点是:

(1)焊接热源采用氢氧焰和氧乙炔焰。焊件厚度为8 mm 以下时,多采用氢氧焰,8 mm 以上时采用氧乙炔焰。(1分)

(2)焊前准备主要包括用专用刮刀对焊件的清理、焊件的装配以及焊丝的自制,焊丝应与母材同材质,其自制方法有剪条和浇铸两种。(1分)

(3)气焊火焰应选择中性焰或弱碳化焰以及过氢焰。(1分)

（4）操作技术包括平焊、横焊、立焊不同位置的多种技术,如对接立焊、挡模立焊、填丝搭接立焊及不填丝搭接立焊等。（1分）

（5）为防铅中毒应加强铅焊接时的劳动保护。（1分）

54. 答:常见金属材料气焊时火焰性质比较如下:

（1）热轧及正火钢:中性焰。（0.5分）

（2）调质钢:中性焰。（0.5分）

（3）耐热钢:中性焰。（0.5分）

（4）铸铁:中性焰或弱碳化焰。（0.5分）

（5）铜:纯铜和青铜为中性焰,黄铜为弱氧化焰。（0.5分）

（6）铝:中性焰或弱碳化焰。（0.5分）

（7）镁:中性焰。（0.5分）

（8）铅:中性焰、弱碳化焰以及过氢焰。（0.5分）

（9）锌:中性焰或轻微碳化焰。（0.5分）

（10）银:中性焰。（0.5分）

55. 答:大厚度钢板气割操作的要点如下:

（1）气割过程中,割嘴应始终保持与切口两侧钢件表面成垂直位置,而割嘴沿切割方向一般应采用垂直切割。（1分）

（2）切割速度应均匀一致,尽量减少后拖量。（1分）

（3）割嘴可作月牙形横向摆动,摆动的宽度和速度应均匀一致。（1分）

（4）若发生割不透时,应立即停止切割,以避免气涡及熔渣在切口中旋转,重新起割时,应从割件的另一端作为起割点。（1分）

（5）气割临结束时,应适当减慢切割速度,待切口完全割断后,再关闭切割氧阀。（1分）

56. 答:焊接接头由焊缝、熔合区、热影响区和母材金属所组成。焊缝金属由焊接填充材料及部分母材金属熔合结晶后形成,其组织和化学成分都不同于母材金属。热影响区受焊接热循环的影响,组织和性能都要发生变化,特别是熔合区的组织和性能变化更为明显,因此,焊接接头是一个成分、组织和性能都不一样的不均匀体。（5分）

57. 答:冲击试验的目的是测定焊接接头的冲击韧度和缺口敏感性,作为评定材料断裂韧度的一个指标。冲击试样有标准试样（10 mm×10 mm×55 mm）和小试样之分,又有 V 形缺口和 U 形缺口试样之分。（5分）

58. 答:常用的气密性试验方法有充气检查、沉水检查、氨气检查三种。（5分）

59. 答:防止和减少焊接变形的主要工艺措施是:

（1）预留余量法。（1分）

（2）反变形法。（1分）

（3）刚性固定法。（1分）

（4）选择合理的装焊顺序。（1分）

（5）合理选择焊接方法和工艺参数。（1分）

60. 答:焊接结晶过程中,在固相线温度附近,凝固的金属要收缩,若液态金属补充不足,致使金属沿晶界开裂称为结晶裂纹。（5分）

61. 答:气孔有三种类型:氢气孔、CO 气孔及氮气孔。（1分）

氢气孔可出现于焊缝表面,多存在于焊缝内部,其断面形状多为螺钉状,表面呈圆喇叭口形,且气孔四周有光滑的内壁。(2分)

CO 气孔多存在于焊缝内部,且沿结晶方向分布,有的如条虫状,表面光滑。(1分)

氮气孔多存在于焊缝外部表面,呈蜂窝状密集气孔。(1分)

62. 答:一步法是一种喷熔同时进行的工艺方法,即粉末喷射和熔化工序是交替进行的(1分)。二步法是一种先喷后熔的工艺方法,即粉末喷洒和熔化是分开进行的。(1分)

一步法对工件的热输入较二步法低,所以工件的变形小,对基体金属材料金相组织的影响小,并易获得所需熔敷合金层的厚度,粉末利用率也高(2分)。它主要适用于小面积、大截面零件。二步法喷焊工艺主要用于回转轴类工件及大面积工件的喷焊。(1分)

63. 答:喷涂的工艺过程如下:

(1)工件表面的准备。为确保涂层与基体金属材料的结合质量,对被焊工件表面应做如下预处理:脱脂、车削、磨削、喷砂。(1分)

(2)预热。为了去除喷涂表面吸附的水分,减小压应力和改善结合强度,在喷涂前应进行预热。(1分)

(3)喷涂过渡层。在预处理的工件表面上均匀地喷上一层镍铝包覆粉过渡层,厚度为0.1~0.15 mm,过渡层仅起结合作用。(1分)

(4)喷涂工作层。在过渡层表面上再喷涂工作层。(1分)

(5)喷涂层的加工。用于配合面的涂层必须进行加工,加工方法有车削和磨削两种。(1分)

64. 答:起重设备吊钩上出现缺陷,若进行焊补则会使制造吊钩材料的金相组织遭到破坏,从而使其机械性能大大下降。对吊钩进行焊补还会增加金属材料的脆性,使其抗拉强度大为下降。因此吊钩上的缺陷不能焊补。(5分)

65. 答:热固性塑料,在成型的过程中发生化学反应,由线型高分子结构变成体型高分子结构,因此,遇热不再熔融,也不溶于有机溶剂,如果温度过高,只能碳化。热固性塑料的特点是耐热性好,尺寸稳定性好,价廉,而本身的机械性能较差。(5分)

66. 答:目前有两种:扩散理论和粘弹接触理论。扩散理论认为,在焊接加工时,由于有剧烈的热运动,两个焊件的表层分子,相互扩散,表层消失,延长扩散时间,接合强度增加。粘弹理论认为,在焊接加工时,两个焊件的表面在焊接压力的作用下变形,分子间的吸力作用于接触的表面,其表面结构和焊接时间有依赖关系。(5分)

67. 答:冷校正法校正变形的机理是:利用外力使焊件产生与焊接变形方向相反的塑性变形,并使两者互相抵消,从而恢复或达到所要求的形状和尺寸。(5分)

68. 答:以高温高速的等离子弧为热源,将被割金属或非金属局部迅速熔化,同时利用压缩的高速气流的冲刷力吹掉已熔化的金属或非金属而形成切口。(5分)

69. 答:焊条中的各种合金元素在焊接时会被不同程度地烧损,在焊接时,焊材中的某一合金元素过渡到焊缝中去,数量与原始含量的百分比,称为合金元素的过渡系数。(5分)

70. 答:由电子枪发射的电子经强电场加速后,高速轰击焊件,将动能转化为热能,熔化焊件而形成焊接接头。(5分)

71. 答:提高搭接接头连接强度的措施是:

(1)在结构允许的前提下,尽量采用既有侧面角焊缝,又有正面角焊缝的搭接接头,以降低

应力集中,改善应力分布。(2分)

(2)在搭接焊缝处,增加塞焊焊缝和开槽焊缝。(1.5分)

(3)直缝单面搭接接头可采用锯齿缝搭接的形式。(1.5分)

72.答:气焊冶金过程中发生的化学反应是:氧化;脱氧;碳化;烧损;扩散。(5分)

73.答:其影响因素包括化学成分和工艺因素两方面。当焊缝金属中杂质元素 S、P 含量较高,易生成低熔点共晶,容易引起偏析,导致结晶裂纹的产生。当焊缝成型系数、焊接参数等工艺措施不当时,同样会导致结晶裂纹的产生。(5分)

74.答:防止结晶裂纹可采取下列措施:

(1)限制母材金属及焊丝中的 S、P 含量。(1分)

(2)选用超低碳焊丝。(1分)

(3)选择合理的焊缝成型系数。(1分)

(4)所选择的工艺参数能获得合理的熔合比。(1分)

(5)合理安排焊接顺序,以减小焊接应力等。(1分)

六、综 合 题

1.答:在装焊夹具中对结构设计有下列要求:

(1)装夹、拆卸要轻巧灵便不妨碍焊接操作和焊工观察。(2分)

(2)夹紧可靠,刚性适当。(1分)

(3)为了不损坏焊件表面质量,对于薄件和软质材料应限制其夹具压力,采取压头行程限位、面接触和加填铜、铝垫片等措施。(3分)

(4)应考虑受力、受热、导电或绝缘等要求熔化焊夹具主要承受焊接应力。(2分)

(5)大批量生产的焊件应采用按焊件形状设计的快速装卸专用夹具。(2分)

2.答:复杂构件焊接时容易产生复杂的焊接应力和变形,降低焊缝构件的稳定性和可靠性(1分)。复杂焊接结构件的焊接工艺规程除了应按一般焊接结构的工艺规程正确选用焊接材料、工艺方法、规范参数和施焊位置等外,还应着重考虑以下几个问题:(2分)

(1)选用的焊接工艺方法应便于操作。(1分)

(2)使焊缝处于方便操作的位置。(1分)

(3)减少应力集中。(1分)

(4)合理布置焊缝位置。(1分)

(5)合理安排焊接次序。(1分)

(6)零部件的布置应使其有可能分段装配焊接。(1分)

(7)易于保证热处理质量。(1分)

3.答:为了提高工艺贯彻率,严格工艺纪律,应加强对焊工的培训教育(1分)。首先,在加强对焊工的思想教育,使焊工了解到贯彻工艺的重要性和必要性,明确工艺规程对提高产品质量、降低不合格率的重要意义(3分);其次,要加强对焊工的工艺知识培训,使焊工了解本工序的工艺规程内容和要求,以及为什么要有这些要求,不执行这些要求对质量有什么严重影响等(3分);第三,应严格工艺纪律,对违反工艺纪律的要严肃教育,对因之造成事故的要严肃处理(2分)。工艺纪律检查,应同奖惩挂钩,这样可以促使焊工严格执行工艺纪律,认真贯彻工艺规程。(1分)

4. 答:焊接工艺过程分析和设计有以下内容:

(1)研究产品的各零件、部件的加工方法、工艺参数及相应的工艺措施。(3分)

(2)确定产品合理的生产过程。(2分)

(3)确定每一工序需用的生产设备,如果是非标准设备应提供它们的结构原理草图。(3分)

(4)确定各工序上需用工人的等级和数量,各辅助材料及动力的消耗量等。(2分)

5. 答:在生产实践中,经常反变形与刚性法联合使用。为了防止丁字梁焊接变形,常采用反变形法。而更为有效的是,将两根丁字梁"背靠背"地搁置,在二者之间放一条具有一定厚度的板条,然后用夹具夹紧。在夹具力的作用下,两根丁字梁的翼板不仅产生了角变形,而且由于两根丁字梁结合在一起,两根丁字梁相互得到刚性固定,焊后控制工件变形效果相当显著。(10分)

6. 答:铝镁合金,尤其是含镁量较高的铝镁合金焊接时,容易在焊缝中产生气孔。因为铝镁合金组织中含有一种镁-铝化合物(Al_3Mg_2),它的熔点较低,比含 $5\%\sim7\%$ 镁的铝基固液体的熔点要低 $100\sim150℃$。在由于焊接而被加热到 $500℃$ 的热影响区中,这种镁-铝化合物,就转变为熔融状态并易发生强烈氧化,如遇水,就会与之作用而产生氢:

$$Al_3Mg_2 + 2H_2O \longrightarrow 2MgO + 3Al + 2H_2$$

这时所形成的气体就力图逸出,在凝固速度较大而来不及逸出时就形成了气孔。(10分)

7. 答:(1)因为氩弧焊负极性时对氧化膜具有阴极破碎作用,能有效地去除熔池表面氧化铝薄膜,所以氩弧焊不用焊粉,从而避免了焊后残渣对接头的腐蚀。(4分)

(2)氩气流对焊接区域的冲刷作用,使焊接接头显著冷却,从而改善了接头的组织与性能,并减少焊接变形。(3分)

(3)氩弧焊保护效果好,电弧稳定,热量集中,成型好。(3分)

8. 答:(1)对于气焊,尤其是薄壁工件的气焊,宜用熔点较低、流动性较好的含氯化锂的气焊熔剂。(2分)

(2)对于碳弧焊,除尽量选用含有氯化锂的气焊熔剂外,还应避免碳极电流密度过大,碳极伸出焊把夹钳过长,以及避免碳极与熔池或与焊条接触等,以减少碳的微粒进入熔池形成夹渣。(3分)

(3)对于手工钨极氩弧焊,避免钨极电流密度过大,避免钨极与焊丝或熔池接触,避免冷的钨极直接在焊口上引弧等防止钨夹渣,以及焊接时焊丝熔端不要置于氩气保护层之外,以免焊丝熔化端氧化铝进入熔池产生夹渣。(3分)

(4)对于熔化极氩弧焊,应避免焊丝拉毛,铜导电嘴接触不良及其过热和沾污等,以防止铜夹渣。(2分)

9. 答:压力容器产品质量检验工作主要内容有:压力容器设备上常见的缺陷;检验缺陷时通常应采用的检验方法和科学手段;检验容器的方案;检验程序的排列;检验的类别、内容及重点应检查的部位;检验过程中发现的常见缺陷采用何种处理方法;修理时应该注意哪些重点等。(5分)

采取正确的检验与修理技术,能及时发现容器在使用过程中产生的新缺陷,也可查证容器上原有旧缺陷经使用后有无进一步的扩展和变化,由此找出其扩展或变化的规律,从而考证该容器继续使用的安全可靠性。以期做到在早期发现缺陷,在缺陷尚未危及容器的安全运行之

前,在其萌芽阶段就予以消除或针对性地采取安全措施。(5分)

10. 答:焊接接头质量的好坏,直接影响产品结构的使用性能与安全性。焊缝中存在缺陷,必然减小有效受力截面积。一处缺陷就相当于一个"缺口",将引起应力集中,因此焊接缺陷是造成低应力脆断的原因之一。如果锅炉或受压容器的焊接接头质量低劣,就可能发生泄漏甚至爆炸事故,将造成生命和财产的重大损失。(5分)

所以,一方面焊接工作者应尽力避免焊接缺陷的产生;另一方面必须在焊接生产过程中,加强焊接质量检验工作。检验人员不仅要严格检验产品保证产品和出厂质量,而且应该熟悉焊接缺陷产生的原因,采取措施进行预防。(5分)

11. 答:减少焊接接头的应力集中的措施是:

(1)尽量采用对接接头,对接接头的余高值不应太大,焊趾处应尽量圆滑过渡。(2分)

(2)对丁字接头(十字接头)应开坡口或采用深熔焊,以保证焊透。(2分)

(3)减少或消除焊接缺陷,如裂纹,未焊透,咬边等。(2分)

(4)不同厚度钢板对接时,对厚板应进行削薄处理。(1.5分)

(5)焊缝之间不应过分密集,以保证有最小的距离。(1.5分)

(6)焊缝应尽量避免布置在结构的转弯处。(1分)

12. 答:静载荷作用下的焊接结构具备下列条件时,即使存在应力集中和焊接残余应力,也不影响结构的强度。(3分)

(1)结构用塑性材料。即材料具有足够大的延伸率及断面收缩率,使用温度在脆性转变温度以上。(3分)

(2)结构的焊接接头具有一定的塑性。即具有和基本金属相接近的塑性指标。(2分)

(3)结构中存在的应力,其分布情况不妨碍在结构中发生的塑性变形。(2分)

13. 答:向焊缝金属添加合金元素有三种方式:

(1)通过焊丝或焊条芯。(2分)

(2)通过药皮或焊剂。(2分)

(3)通过药芯丝。(2分)

气焊、气体保护焊均采用合金丝过渡合金元素(2分)。这种方式合金烧损少,焊缝成分均匀;但生产成本较高,焊芯品种繁多,供应较困难(2分)。

14. 答:影响气焊冶金过程的主要因素是:基本金属与焊丝金属的化学成分,焊药的化学成分,氧-乙炔焰的化学成分,基本金属表面的清洁情况、焊接的方法等。(10分)

15. 答:气焊时,使熔池金属发生运动的原因主要有三方面:

(1)液体金属密度差所产生的自由对流运动。(2分)

(2)液体金属表面张力差所引起的强迫对流运动。(2分)

(3)气体火焰的气流吹力所产生的搅拌运动。(2分)

熔池中正是由于存在着强烈的搅拌运动和对流运动,使母材和填充金属的成分能够很好地混合,形成成分均匀的焊缝金属,同时,熔池的运动也有利于有害气体和非金属夹杂物的外逸,消除焊接缺陷,提高焊缝质量。(4分)

16. 答:氧气切割时,割口热影响区可分为三个区域:第一区为增碳层,其组织主要是高碳马氏体,当钢材含碳量为0.15%时,增碳层中的平均含碳量为2%;第二区为组织完全转变的低碳马氏体,并含有一些回火马氏体、残余奥氏体和贝氏体,厚度约为0.3~0.5 mm;第三区

为部分珠光体转变成的岛状马氏体。(10分)

17. 答:不易淬火钢焊接热影响区可分为过热区、止火区、不完全重结晶区等。(2分)

(1)过热区。加热温度范围在晶粒开始急剧长大的温度和固相线之间,其冷却后的组织与材料有关,一般含魏氏组织和贝氏体组织。由于存在魏氏组织,故其塑性和韧性大大降低,是焊接热影响区性能最差的区域。(3分)

(2)正火区。又称细晶区或相变重结晶区,加热温度范围在 AC_3 和 Tks 之间。其组织为铁素体加珠光体。由于该区晶粒细小均匀,故既有较高的强度,又具有较好的塑性和韧性,是焊接接头综合性能最好的区域。(2.5分)

(3)不完全重结晶区。又称相变区,加热温度范围在 $AC_1 \sim AC_3$ 之间,组织为一些细小的铁素体分布在粗大的铁素体周围的珠光体。所以该区组织的晶粒大小极不均匀,并保留原始组织中的带状特性,机械性能也不均匀,强度有所下降。(2.5分)

18. 答:铁锈是含有多量 Fe_2O_3 的结晶水的混合物 $mFe_2O_3 \cdot nH_2O$(约为 $Fe_2O_3 = 83.28\%$,$FeO = 5.7\%$,$H_2O = 10.70\%$),对熔池金属一方面有氧化作用,另一方面又逸出大量的氢。由于氧化作用,在结晶时就会促使生成一氧化碳气孔。分解出的氢又增加了生产氢气孔的倾向。所以铁锈对两种气孔均有敏感性。(10分)

19. 答:焊接线能量对焊接接头机械性能的影响,有两个方面:

(1)对热影响区金属性能的影响。线能量增大时,热影响区尺寸也增大,过热段的晶粒尺寸粗大,韧性显著降低;近缝区的金属因冷却缓慢而降低硬度。线能量过大或过小都会引起塑性和韧性的下降。(3分)

当焊接电流减小或冷却速度增大时,线能量减小,在金属硬度强度提高的同时,韧性变差。若线能量过小,冷却速度增大,则热影响区可能产生淬硬组织或冷裂。(3分)

(2)对焊缝金属的影响。当用过大的线能量焊大截面的焊道时,焊缝金属的冲击韧性差。特别是低温冲击韧性更差。这是冷却速度太慢,焊缝的一次结晶粗大,区域偏析较严重的缘故。(4分)

20. 答:焊接应力产生的原因是由于各部分不均匀的加热和冷却而引起的,可以认为各部分加热越不均匀,即温差越大,产生的焊接应力也越大,也就越容易产生裂纹,焊前预热可以降低焊接接头上各部分的温度差,使焊接区热量分布比较均匀,同时又减慢焊缝冷却速度,注意焊接接头的金相组织,使得焊缝和热影响区的硬度和脆性降低,塑性提高,因此,可以减少焊接应力,减小产生裂纹的敏感性。这是防止焊接裂纹的有效措施之一。尤其对低合金高强钢的焊接,是防止产生焊接裂纹最主要的有效措施之一。(10分)

21. 答:焊接时如果火焰不移动,那么焊接区的温度分布则是以焰心与热源中心的同心圆等温线,中心温度超过母材的熔点,周围因热传导,温度急剧下降。焊接过程中火焰是移动的,随着热源的移动,圆形等温线沿焊接方向被拉长,因此焊接区的温度分布实际上呈椭圆形。(5分)

根据温度场的分布可以判断焊件上哪些地方熔化,哪些地方可能产生相变;焊件上产生内应力和变形的趋势和塑性变形区的范围,热影响区的宽度等。控制调节温度场对提高焊接质量起着重要的作用。(5分)

22. 答:金属熔焊,一般都要经过如下过程:加热—熔化—冶金反应—结晶—固态相变—形成接头(2分)。可见熔焊的过程是很复杂的,它归纳为三个既互相交错进行且彼此联系着的局部过程(2分)。

(1)焊接热过程。(2分)

(2)焊接化学冶金过程。(2分)

(3)焊接时金属的结晶和相变过程。(2分)

23. 答:气割切口时,几种常见缺陷产生的原因如下:

(1)切口过宽,表面粗糙,往往是由于切割氧压力过大所致。(2分)

(2)氧化铁熔渣粘附,往往是由于切割氧气压力过小所致。(2分)

(3)切面棱角熔化,由于预热火焰能率过大所致。(2分)

(4)切口表面不齐,由于预热火焰能率过小所致。(2分)

(5)切口后拖量大,由于切割速度太快所致。(2分)

24. 答:氧熔剂切割工艺参数的选择要点是:

(1)预热火焰能率要比气割同样厚度的碳钢时高15%~25%。(2分)

(2)起割点的预热温度应达到或接近金属的熔点。切割铜及其合金时,应进行整体预热。(3分)

(3)割嘴后倾角为5°~10°。(2分)

(4)割嘴至割件表面的距离,随割件的材质不同而不同。当切割不锈钢时为15~20 mm;切割铸铁或铜合金时为30~50 mm。(3分)

25. 答:着色检验的方法是:在工件表面涂上着色剂,使之渗入内部。而后将工件表面擦干净并涂上显像剂,由于毛细现象,渗入缺陷的着色剂就渗到显像剂中来,呈现出缺陷的逆象。(6分)

着色检验的特点是:操作简单,成本低廉,但要求工件表面清洁度高,且只能探测表面缺陷。(4分)

26. 答:焊缝的形状可以分为两大类:一类是窄而深的焊缝,此时柱状晶从两边向熔池中心成长,使焊缝中心最后凝固形成,存在严重的中心偏析,此处杂质最多,是极易形成裂纹的脆弱面;另一类是宽而浅的焊缝,柱状晶从底部向上生长,使最后凝固时的杂质堆向焊缝表面,对防止生成裂纹比较有利。(10分)

27. 答:熔解作用对钎焊接头的影响分两个方面(2分)。有利的影响是:钎焊时,如果母材表层适当熔于钎料,表面会产生"清理"作用,使母材以纯净的表面与钎料直接接触,有利于提高润湿性,其次,溶解于钎料中的母材能起合金化作用,提高接头的强度(4分)。

不利的影响:如熔入钎料中的母材能与钎料形成化合物,则会降低钎缝的强度和塑性,甚至使钎缝产生腐蚀(4分)。

28. 答:装配焊接车间的生产组成部分,应根据已编工艺规程(过程卡)的工作顺序和工作位置数量的资料进行平面布置,其要求是:(2分)

(1)应合理利用车间面积,工作位置不能阻塞,以便保证工人正常的劳动条件,以免发生事故。(3分)

(2)避免在制产品的装配及焊接部件往返运输。(2分)

(3)靠墙布置的设备应便于维修、保养。(2分)

(4)应符合安全、防火技术规定。(1分)

29. 答:采用压缩空气作为等离子切割的工作气体所带来的最大问题是电极消耗的增加

(2分)。空气是氧化性气体,极易使电极受到损耗,从而使电极的寿命大大缩短,对空气等离子切割技术的应用造成威胁(2分)。为此主要从两个途径去解决:

(1)采用双层气流,即在电极附近通入氩气进行保护。(2分)

(2)采用新型电极材料。但在切割厚板时,由于电流较大,电极和喷嘴的消耗仍然比较大,切割成本增加,同时切割速度也较慢,所以一般空气等离子弧切割大多用于切割 30 mm 以下的钢板。(3分)

为了便于现场作业,空气等离子弧切割的割炬的冷却系统均采用风冷,即利用廉价的压缩空气来冷却喷嘴和电机。(1分)

30. 答:氧-乙炔火焰喷涂层与基体结合有以下四种形式:

(1)机械结合:高温、高速的金属微粒撞击基体表面便产生变形,经冷却后,咬住基体面上的凸点。(3分)

(2)微焊接:高温、高速的金属微粒撞击基体表面,使基体表面凸点升温而和高温颗粒熔合在一起。(2分)

(3)金属键结合:高温颗粒撞在极其干净的基体表面上产生变形,并与表面密贴在一起,便产生金属键作用。(3分)

(4)微扩散焊接:喷涂金属与基体表面密贴,在界面上可能产生微小扩散,使喷涂层与基体结合力增加。(2分)

31. 解:泄压膜的面积:

$$S=fV$$

式中　V——集气室的容积(L);

　　　　f——集气室的泄压系数,一般取 6 cm²/L;

得:　　　　　　　　$S=6\times13.5=81(cm^2)=8\ 100(mm^2)$

泄压膜的直径:　　　　　　　$D=\sqrt{\dfrac{4S}{\pi}}$

因此,$D=\sqrt{\dfrac{4\times8\ 100}{\pi}}=102(mm)$

答:需要直径为 102 mm 的泄压膜。(10分)

32. 解:根据对接接头的受剪切强度计算公式:

$$L=\frac{Q}{L\delta_1}\geqslant[L']$$

得:$Q\geqslant L\delta_1[L']$

式中 Q 为焊缝所能承受的剪切力。已知条件:$L=30\ mm=3\ cm$,$\delta_1=8\ mm=0.8\ cm$,$[L']=9\ 800\ N/cm^2$。

所以 $Q\geqslant3\times0.8\times9\ 800=23\ 520(N)$。

答:焊缝所能承受的剪切力为 23 520 N。(10分)

33. 解:根据对接接头的受拉强度计算公式:

$$\sigma=\frac{P}{L\delta_1}\leqslant[\sigma_t]$$

已知条件:$P=500\ 000\ N$,$L=600\ mm=60\ cm$,$\delta_1=12\ mm=1.2\ cm$,$[\sigma_t]=20\ 100\ N/cm^2$。

得:

$$\sigma=\frac{500\ 000}{60\times1.2}=6\ 944.4(N/cm^2)$$

因为 $6\ 944.4\ N/cm^2<20\ 100\ N/cm^2$,所以焊缝强度足够。

答:该对接接头焊缝满足需要,结构是安全的。(10分)

34. 答:有机玻璃是以聚甲基丙烯酸甲酯经合成聚合反应所得的一种热塑性塑料。有机玻璃最突出的特性是光学性能好,它的透光率达92%,紫外线透光率达73%。有机玻璃机械强度高,成型加工性和耐老化性均较好,但表面硬度低,耐热性较差。通常采用注射、挤出、浇铸等塑料成型技术,将有机玻璃加工成板、棒、管、片以及各种工程制件。(6分)

有机玻璃的可加工性能好,可以通过冲、刨、锯、磨、粘接、焊接或在热水中软化弯曲等二次加工方法制成各种形状的产品。(4分)

35. 答:应符合以下条件:

(1)被焊塑料必须是同一种材料。若两者是异种材料一般都不容易焊好。(2分)

(2)被焊零件应清洗干净。(1分)

(3)目前用得最普遍的塑料焊接技术仍是热空气焊接(1分)。这种方法用于多种热塑性塑料焊接,效果较好(2分)。如果采用惰性气体来代替空气,则效果更好,因为这样可以防止塑料氧化(2分)。加热过程中,塑料的变软变粘的情况也较理想,可使焊缝强度达到最高(2分)。

气焊工(初级工)技能操作考核框架

一、框架说明

1. 依据《国家职业标准》^注，以及中国北车确定的"岗位个性服从于职业共性"的原则，提出气焊工(初级工)技能操作考核框架(以下简称:技能考核框架)。

2. 本职业等级技能操作考核评分采用百分制。即:满分为 100 分，60 分为及格，低于60 分为不及格。

3. 实施"技能考核框架"时，考核制件(活动)命题可以选用本企业的加工件(活动项目)，也可以结合实际另外组织命题。

4. 实施"技能考核框架"时，考核的时间和场地条件等应依据《国家职业标准》，并结合企业实际确定。

5. 实施"技能考核框架"时，其"职业功能"的分类按以下要求确定:

(1)"气焊"、"气割"、"钎焊"、"碳弧气刨"属于本职业等级技能操作的核心职业活动，其"项目代码"为"E"。

(2)按照《国家职业标准》有关技能操作工作要求和鉴定比重要求，本职业等级技能操作考核时，应从"职业功能"一至四项中任选其一进行考核。

6. 实施"技能考核框架"时，其"鉴定项目"和"选考数量"按以下要求确定:

(1)按照《国家职业标准》有关技能操作工作要求和鉴定比重要求，本职业等级技能操作考核制件(活动)的"鉴定项目"均属于本职业等级技能操作的核心职业活动"E"，其考核配分比例应为 100 分。

(2)依据中国北车确定的"核心职业活动选取 2/3，并向上保留整数"的规定，以及上述"第5 条(2)"要求，"E"类"鉴定项目"的选取应先确定某一项"职业功能"，然后选取其对应的全部"鉴定项目"的 2/3，并向上保留整数。

(3)依据中国北车确定的"确定'选考数量'时，所涉及'鉴定要素'的数量占比，应不低于对应'鉴定项目'范围内'鉴定要素'总数的 60%，并向上取整"的规定，考核制件(活动)的鉴定要素的"选考数量"应按以下要求确定:

在"E"类"鉴定项目"中，在已选的鉴定项目所包含的全部鉴定要素中，至少选取总数的60%项，并向上保留整数。

举例分析:

按照上述"第 5 条"要求，实施技能考核时，在"气焊"、"气割"、"钎焊"、"碳弧气刨"4 项职业功能中可以任选其一进行考核，如从中选择职业功能"气割"进行考核。

按照上述"第 6 条"要求，若命题时按最少数量选取，即:在"E"类鉴定项目中选取了"钢管的手工切割"、"低碳钢板的手工直线切割"2 项。则:

此考核制件所涉及的"鉴定项目"总数为 2 项，具体包括:"钢管的手工切割"、"低碳钢板的手工直线切割"。

此考核制件所涉及的鉴定要素"选考数量"相应为9项,具体包括:"钢管的手工切割"、"低碳钢板的手工直线切割"2个鉴定项目所包括的全部14个鉴定要素中的9项。

7. 本职业等级技能操作需要两人及以上共同作业的,可由鉴定组织机构根据"必要、辅助"的原则,结合实际情况确定协助人员的数量。在整个操作过程中,协助人员只能起必要、简单的辅助作用。否则,每违反一次,至少扣减应考者的技能考核总成绩10分,直至取消其考试资格。

8. 实施"技能考核框架"时,应同时对应考者在质量、安全、工艺纪律、文明生产等方面行为进行考核。对于在技能操作考核过程中出现的违章作业现象,每违反一项(次)至少扣减技能考核总成绩10分,直至取消其考试资格。

注:按照中国北车规定,各《职业技能操作考核框架》的编制依据现行的《国家职业标准》或现行的《行业职业标准》或现行的《中国北车职业标准》的顺序执行。

二、气焊工(初级工)技能操作鉴定要素细目表

职业功能	鉴定项目				鉴定要素		
	项目代码	名　称	鉴定比重(%)	选考方式	要素代码	名　称	重要程度
气焊	E	管径 $\phi<60$ mm 低碳钢管的对接水平转动和垂直固定气焊	100	至少选择2项	001	能进行管径 $\phi<60$ mm 低碳钢管气焊所用设备、工具、夹具的安全检查	Z
					002	能进行焊件及焊丝的清理	Z
					003	能调整可燃气体和助燃气体的比值,将火焰类别调整到适应被焊材料	Y
					004	能根据工件厚度和焊接位置确定坡口尺寸和接头间隙	Y
					005	能确定定位焊焊点的位置,并能进行定位焊	Y
					006	能根据焊接工艺文件的要求选择工艺参数,起焊、焊接和焊接收尾	X
					007	能根据焊接工艺文件要求对管径 $\phi<60$ mm 低碳钢管的对接气焊焊缝外观质量进行自检	X
		低碳钢板板对接平位和 T 形角接头平位的气焊			001	能进行对接平位和 T 形接头平位的气焊所用设备、工具、夹具的安全检查	Z
					002	能进行焊件及焊丝的清理	Z
					003	能调整可燃气体和助燃气体的比值,将火焰类别调整到适应被焊材料	Y
					004	能根据工件厚度和焊接位置确定坡口尺寸和接头间隙	Y
					005	能确定定位焊焊点的位置,并能进行定位焊	Y
					006	能根据焊接工艺文件的要求选择工艺参数,起焊、焊接和焊接收尾	X
					007	能根据焊接工艺文件要求对低碳钢薄板的水平对接气焊焊缝外观质量进行自检	X
		小直径 I 级钢筋的气压焊			001	能进行小直径 I 级钢筋的气压焊所用设备、工具、夹具的安全检查	Z
					002	能根据钢筋的材质选择火焰类别	Y
					003	能将钢筋端面切平,并与钢筋轴线垂直	Y

续上表

职业功能	鉴定项目				鉴定要素		
	项目代码	名　称	鉴定比重（%）	选考方式	要素代码	名　称	重要程度
气焊		小直径Ⅰ级钢筋的气压焊			004	能进行钢筋的焊前清理	Y
					005	能将钢筋装于焊接夹具,对钢筋加热、加压成型	X
					006	能根据焊接工艺文件要求对钢筋气压焊焊缝外观质量进行自检	X
钎焊	E	低碳钢板搭接手工火焰钎焊		全选	001	能进行低碳钢板搭接手工火焰钎焊所用设备、工具、夹具的安全检查	Z
					002	能进行低碳钢板焊件的清理、装配和固定	Y
					003	能选择低碳钢板搭接手工火焰钎焊接头间隙	Y
					004	能根据焊接工艺文件选择低碳钢板手工火焰钎焊的钎料和钎剂	Y
					005	能选择低碳钢板搭接的手工火焰钎焊工艺参数	X
					006	能用火焰设备、工具进行低碳钢板搭接的手工火焰钎焊	X
					007	能进行低碳钢板搭接手工火焰钎焊钎缝的清洗	Y
					008	能根据工艺文件要求对低碳钢板搭接的手工火焰钎焊钎缝外观质量进行自检	Y
		不锈钢板搭接手工火焰钎焊			001	能进行不锈钢板搭接手工火焰钎焊所用设备、工具、夹具的安全检查	X
					002	能进行不锈钢板焊件的清理、装配和固定	Y
					003	能选择不锈钢板搭接手工火焰钎焊接头间隙	X
					004	能根据焊接工艺文件选择不锈钢板手工火焰钎焊的钎料和钎剂	X
					005	能选择不锈钢板搭接的手工火焰钎焊工艺参数	X
					006	能用火焰设备、工具进行不锈钢板搭接的手工火焰钎焊	X
					007	能进行不锈钢板搭接手工火焰钎焊钎缝的清洗	X
					008	能根据焊接工艺文件要求对不锈钢板搭接手工火焰钎焊钎缝外观质量进行自检	Y
气割		钢管的手工切割		至少选择2项	001	能进行气割所用设备、工具、夹具的安全检查	Z
					002	能连接氧气瓶、乙炔瓶、氧气压力表、乙炔(或液化石油气)减压表、割炬、割嘴、氧气胶管、乙炔胶管	Y
					003	能清理待割件表面的油、锈,并划线	Y
					004	能调整火焰以适应切割	X
					005	能调节切割气压力	X
					006	能把钢管切割为两节的手工切割	X
					007	能对手工气割割缝质量进行自检	Y
		低碳钢板的手工直线切割			001	能进行气割所用设备、工具、夹具的安全检查	Z
					002	能连接氧气瓶、乙炔瓶、氧气压力表、乙炔(或液化石油气)减压表、割炬、割嘴、氧气胶管、乙炔胶管	Y
					003	能清理待割件表面的油、锈,并划线	Y

气 焊 工

续上表

职业功能	鉴定项目				鉴定要素		
	项目代码	名　称	鉴定比重（%）	选考方式	要素代码	名　称	重要程度
气割	E	低碳钢板的手工直线切割		至少选择2项	004	能调整火焰以适应切割	X
					005	能调节切割气压力	X
					006	能把钢管切割为两节的手工切割	X
					007	能对手工气割割缝质量进行自检	Y
		低碳钢板的手工折线、圆弧线切割或开坡口			001	能进行气割所用设备、工具、夹具的安全检查	Y
					002	能连接氧气瓶、乙炔瓶、氧气压力表、乙炔（或液化石油气）减压表、割炬、割嘴、氧气胶管、乙炔胶管	Y
					003	能清理待割件表面的油、锈，并划线	Y
					004	能调整火焰以适应切割	Y
					005	能调节切割气压力	Y
					006	能在钢板上进行手工折线、圆弧线切割或开坡口	Y
					007	能据焊接工艺文件要求对手工气割割缝或坡口表面质量进行自检	Y
碳弧气刨		低碳钢板或低合金钢板的手工碳弧气刨		全选	001	能进行碳弧气刨所用设备、工具的安全检查	Z
					002	能连接及调整碳弧气刨设备	Y
					003	能根据工艺文件选择碳弧气刨工艺参数	X
					004	能根据工艺文件要求用碳弧气刨刨削 U 形坡口，并达到两个工件对接焊接口的要求	Y
					005	能用碳弧气刨清除焊缝缺陷	X
					006	能根据焊接工艺文件要求对碳弧气刨外观质量进行自检	Y
		不锈钢板的手工碳弧气刨			001	能进行碳弧气刨所用设备、工具的安全检查	Z
					002	能连接及调整碳弧气刨设备	Y
					003	能根据工艺文件选择碳弧气刨工艺参数	Y
					004	能根据工艺文件要求用碳弧气刨刨削 U 形坡口，并达到两个工件对接焊接坡口的要求	X
					005	能用碳弧气刨清除焊缝缺陷	X
					006	能根据焊接工艺文件要求对碳弧气刨外观质量进行自检	Y

注：重要程度中 X 表示核心要素，Y 表示一般要素，Z 表示辅助要素。下同。

气焊工(初级工)技能操作
考核样题与分析

职业名称：＿＿＿＿＿＿＿＿＿＿＿

考核等级：＿＿＿＿＿＿＿＿＿＿＿

存档编号：＿＿＿＿＿＿＿＿＿＿＿

考核站名称：＿＿＿＿＿＿＿＿＿＿＿

鉴定责任人：＿＿＿＿＿＿＿＿＿＿＿

命题责任人：＿＿＿＿＿＿＿＿＿＿＿

主管负责人：＿＿＿＿＿＿＿＿＿＿＿

中国北车股份有限公司劳动工资部制

职业技能鉴定技能操作考核制件图示或内容

考核制件一：

焊接方法：气割；

考核内容：钢管的手工切割。

考核制件二：

焊接方法：气割；

考核内容：低碳钢板的手工直线气割。

技术要求：

(1)必须穿戴劳动保护用品；

(2)必备的工具、用具准备齐全；

(3)焊前将施焊处的油污、氧化膜清理干净，焊丝除锈；

(4)按操作规程操作；

(5)严格按规定位置进行气割，不得随意变更；

(6)结束后，工件表面要清理干净，并保持原始状态，不允许返修及修磨；

(7)符合安全、文明生产要求。

考试规则：

(1)操作时任意更改焊件位置则试件作废；

(2)原始表面被破坏，按不及格处理。

职业名称	气焊工
考核等级	初级工
试题名称	气焊工初级工技能操作考核试题
材质等信息：所有板材 Q235	

职业技能鉴定技能操作考核准备单

职业名称	气焊工
考核等级	初级工
试题名称	气焊工初级工技能操作考核试题

一、材料准备

1. 焊件材料

焊件1:材质:钢管 ϕ133-20♯;规格:ϕ133×10×300(管径×壁厚×长),数量:1节。

焊件2:材质:钢板 10-Q235;规格:10×200×500(厚×宽×长),数量:1块。

2. 填充材料

无

二、设备、工、量、卡具准备清单

1、设备准备

①以下所需设备由鉴定站准备。

序号	名称	规格	数量	备注
1	氧气瓶、乙炔瓶		各1	
2	氧气胶管、乙炔胶管		各1	
3	氧气减压器、乙炔减压器	QD—1型、QD—20型	各1	
4	工作台(架)		1	

②、氧气瓶、乙炔瓶、胶管、减压器、焊接工作台(架)配套要齐全,工作布局要合理。

2. 工、量具准备

①以下所需工、量具由鉴定站准备。

序号	名称	规格	数量	备注
1	射吸式焊炬	G01—100型2号割嘴	1	
2	钢丝钳	200 mm	1	
3	活动扳手	250 mm	1	
4	钢丝刷		1	
5	砂布	60～80号	1	

②其他辅助工具可根据鉴定站条件,通知个人准备;检验量具为检验专用。

三、考场准备

1. 相应的公用设备、工具

①割炬或切割气体;

②工作台;

③角磨机。

2. 相应的场地及安全防范措施

①护目眼镜；

②防护口罩。

3. 其他准备

（1）操作程序说明：

①完成准备工作；

②检查割炬的射吸情况是否正常；

③正式施焊；

④做到工完料净场地清。

（2）考试规定说明：

①如操作违章，将停止考试；

②考试采用 100 分制，然后按鉴定比重进行折算；

③考试方式说明：实际操作，以操作过程与结果按评分标准进行评分；

④测量技能说明：本项目主要测量考生对气割的掌握程度。

（3）考试时限：60 分钟。

四、考核内容及要求

1. 考核内容

按职业技能鉴定技能操作考核制件图示或内容制作。

2. 考核时限

应满足国家职业技能标准中的要求，本试题为 60 分钟。

3. 考核评分（表）

职业名称	气焊工		考核等级		初级工	
试题名称	气焊工初级工技能操作考核试题		考核时限		60 分钟	
鉴定项目	考核内容	配分	评分标准		扣分说明	得分
钢管的手工切割	能进行钢管手工气割所用设备、工具、夹具的安全检查	5	视不符合程度扣 1～5 分			
	能进行钢管手工气割割嘴的清理	5	视不符合程度扣 1～5 分			
	能进行钢管手工气割的火焰的调节	5	视不符合程度扣 1～5 分			
	能进行钢管手工气割的起头预热、中途接缝控制	15	视不符合程度扣 1～15 分			
	能按工艺文件要求割出符合钢管手工气割的割缝	20	根据达到标准的程度视不符合程度扣 1～20 分			
低碳钢板的手工直线气割	能进行钢板平位接头手工气割所用设备、工具、夹具的安全检查	5	视不符合程度扣 1～5 分			
	能进行钢板平位接头、直线手工气割割嘴的清理	5	视不符合程度扣 1～5 分			
	能进行钢板平位接头、直线手工气割的火焰的调节	5	视不符合程度扣 1～5 分			
	能进行钢板平位接头、直线手工气割的起头预热、中途接缝控制	15	视不符合程度扣 1～15 分			
	能割出符合钢板平位接头、直线手工气割焊接工艺文件要求的割缝	20	根据达到标准的程度视不符合程度扣 1～20 分			

续上表

鉴定项目	考核内容	配分	评分标准	扣分说明	得分
综合项目	考核时限	不限	每超时5分钟,扣10分		
	工艺纪律	不限	依据企业有关工艺纪律规定执行,每违反一次扣10分		
综合项目	劳动保护	不限	依据企业有关劳动保护管理规定执行,每违反一次扣10分		
	文明生产	不限	依据企业有关文明生产管理规定执行,每违反一次扣10分		
	安全生产	不限	依据企业有关安全生产管理规定执行,每违反一次扣10分		

4. 技术要求

①考前准备:试件切割处两侧各 10～20 mm 范围清除油污、锈蚀等。

②焊割操作:将装配好的试件放置或固定在工作台或操作架上,试件一经实施焊接不得任意更换或改变制件的位置。

③接头质量:按标准的质量等级进行缺陷质量等级评定。

④操作完毕后,工件表面处于原始状态(可清理表面药皮、焊痘,不允许修磨焊缝表面),关闭焊枪和气瓶的瓶阀,工具摆放整齐,场地清理干净。

5. 考试规则

①本次考试时间为 60 分钟(不包括料件准备时间和考核试件中间休息时间),每种考核制件考试时间为 30 分钟(每种考核制件完成后允许中间休息一定时间),每超时 5 分钟扣 10 分。

②违反工艺纪律、安全操作、文明生产、劳动保护等,每次扣除 10 分。

③有重大安全事故、考试作弊者取消其考试资格,判零分。

职业技能鉴定技能考核制件(内容)分析

职业名称	气焊工
考核等级	初级工
试题名称	气焊工初级工技能操作考核试题
职业标准依据	焊工国家职业标准

试题中鉴定项目及鉴定要素的分析与确定

分析事项 / 鉴定项目分类	基本技能"D"	专业技能"E"	相关技能"F"	合计	数量与占比说明
鉴定项目总数	0	3	0	3	鉴定项目总数,系指按照"职业功能一至四项任选其一"要求选定两项职业功能后所选职业功能范围内的鉴定项目总数
选取的鉴定项目数量	0	2	0	2	
选取的鉴定项目数量占比(%)	0	67	0	67	
对应选取鉴定项目所包含的鉴定要素总数	0	14	0	14	
选取的鉴定要素数量	0	10	0	10	
选取的鉴定要素数量占比(%)	0	71	0	71	

所选取鉴定项目及相应鉴定要素分解与说明

鉴定项目类别	鉴定项目名称	国家职业标准规定比重(%)	《框架》中鉴定要素名称	本命题中具体鉴定要素分解	配分	评分标准	考核难点说明
E	钢管的手工切割	100	能进行钢管手工气割所用设备、工具、夹具的安全检查	能进行钢管手工气割所用设备、工具、夹具的安全检查	5	视不符合程度扣1～5分	
			能进行钢管手工气割割嘴的清理	能进行钢管手工气割割嘴的清理	5	视不符合程度扣1～5分	
			能进行钢管手工气割的火焰的调节	能进行钢管手工气割的火焰的调节	5	视不符合程度扣1～5分	
			能进行钢管手工气割的起头预热、中途接缝控制	能进行钢管手工气割的起头预热、中途接缝控制	15	视不符合程度扣1～15分	难点
			能按工艺文件要求割出符合钢管手工气割的割缝	能按工艺文件要求割出符合钢管手工气割的割缝	20	根据达到标准的程度视不符合程度扣1～20分	
			能进行钢板平位接头手工气割所用设备、工具、夹具的安全检查	能进行钢板平位接头手工气割所用设备、工具、夹具的安全检查	5	视不符合程度扣1～5分	
			能进行钢板平位接头、直线手工气割割嘴的清理	能进行钢板平位接头、直线手工气割割嘴的清理	5	视不符合程度扣1～5分	
			能进行钢板平位接头、直线手工气割的火焰的调节	能进行钢板平位接头、直线手工气割的火焰的调节	5	视不符合程度扣1～5分	
			能进行钢板平位接头、直线手工气割的起头预热、中途接缝控制	能进行钢板平位接头、直线手工气割的起头预热、中途接缝控制	15	视不符合程度扣1～15分	难点
			能割出符合钢板平位接头、直线手工气割焊接工艺文件要求的割缝	能割出符合钢板平位接头、直线手工气割焊接工艺文件要求的割缝	20	根据达到标准的程度视不符合程度扣1～20分	

鉴定项目类别	鉴定项目名称	国家职业标准规定比重(%)	《框架》中鉴定要素名称	本命题中具体鉴定要素分解	配分	评分标准	考核难点说明
质量、安全、工艺纪律、文明生产等综合考核项目				考核时限	不限	每超过 5 分钟,扣 10 分	
				工艺纪律	不限	依据企业有关工艺纪律规定执行,每违反一次扣 10 分	
				劳动保护	不限	依据企业有关劳动保护管理规定执行,每违反一次扣 10 分	
				文明生产	不限	依据企业有关文明生产管理规定执行,每违反一次扣 10 分	
				安全生产	不限	依据企业有关安全生产管理规定执行,每违反一次扣 10 分	

气焊工(中级工)技能操作考核框架

一、框架说明

1. 依据《国家职业标准》^注，以及中国北车确定的"岗位个性服从于职业共性"的原则，提出气焊工(中级工)技能操作考核框架(以下简称:技能考核框架)。

2. 本职业等级技能操作考核评分采用百分制。即:满分为 100 分,60 分为及格,低于 60 分为不及格。

3. 实施"技能考核框架"时,考核制件(活动)命题可以选用本企业的加工件(活动项目),也可以结合实际另外组织命题。

4. 实施"技能考核框架"时,考核的时间和场地条件等应依据《国家职业标准》,并结合企业实际确定。

5. 实施"技能考核框架"时,其"职业功能"的分类按以下要求确定:

(1)"气焊"、"气割"、"钎焊"、"等离子切割"、"激光切割"属于本职业等级技能操作的核心职业活动,其"项目代码"为"E"。

(2)按照《国家职业标准》有关技能操作工作要求和鉴定比重要求,本职业等级技能操作考核时,应从"职业功能"一至五项中任选其二进行考核。

6. 实施"技能考核框架"时,其"鉴定项目"和"选考数量"按以下要求确定:

(1)按照《国家职业标准》有关技能操作工作要求和鉴定比重要求,本职业等级技能操作考核制件(活动)的"鉴定项目"均属于本职业等级技能操作的核心职业活动"E",其考核配分比例应为 100 分。

(2)依据中国北车确定的"核心职业活动选取 2/3,并向上保留整数"的规定,以及上述"第 5 条(2)"要求,"E"类"鉴定项目"的选取应先确定两项"职业功能",然后选取其对应的全部"鉴定项目"的 2/3,并向上保留整数。

(3)依据中国北车确定的"确定'选考数量'时,所涉及'鉴定要素'的数量占比,应不低于对应'鉴定项目'范围内'鉴定要素'总数的 60%,并向上取整"的规定,考核制件(活动)的鉴定要素的"选考数量"应按以下要求确定:

在"E"类"鉴定项目"中,在已选的鉴定项目所包含的全部鉴定要素中,至少选取总数的 60%项,并向上保留整数。

举例分析:

按照上述"第 5 条"要求,实施技能考核时,在"气焊"、"气割"、"钎焊"、"等离子切割"、"激光切割"五项职业功能中,可以任选其二进行考核,如从中选择职业功能"气焊"、"气割"进行考核。

按照上述"第 6 条"要求,若命题时按最少数量选取,即:在"E"类鉴定项目中选取了"管径 $\phi < 60$ mm 低碳钢管的对接水平固定和斜 45°固定气焊"、"厚度 $\delta \geq 6$ mm 低碳钢板或低合金钢板对接立位或横位的单面焊双面成型气焊"、"厚度 $\delta \geq 50$ mm 低碳钢的气割"、"直径 $\phi \geq$

100 mm低碳钢棒料的气割"等 4 项。则：

　　此考核所涉及的"鉴定项目"总数为 4 项,具体包括:"管径 $\phi < 60$ mm 低碳钢管的对接水平固定和斜 45°固定气焊"、"厚度 $\delta \geqslant 6$ mm 低碳钢板或低合金钢板对接立位或横位的单面焊双面成型"、"厚度 $\delta \geqslant 50$ mm 低碳钢的气割"、"直径 $\phi \geqslant 100$ mm 低碳钢棒料的气割"。

　　此考核制件所涉及的鉴定要素"选考数量"相应为 14 项,具体包括:"管径 $\phi < 60$ mm 低碳钢管的对接水平固定和斜 45°固定气焊"、"厚度 $\delta \geqslant 6$ mm 低碳钢板或低合金钢板对接立位或横位的单面焊双面成型"等 2 个鉴定项目所包含的全部 12 个鉴定要素中的 8 项,"厚度 $\delta \geqslant 50$ mm低碳钢的气割"、"直径 $\phi \geqslant 100$ mm 低碳钢棒料的气割"等 2 个鉴定项目所包含的全部 10 个鉴定要素中的 6 项。

　　7. 本职业等级技能操作需要两人及以上共同作业的,可由鉴定组织机构根据"必要、辅助"的原则,结合实际情况确定协助人员的数量。在整个操作过程中,协助人员只能起必要、简单的辅助作用。否则,每违反一次,至少扣减应考者的技能考核总成绩 10 分,直至取消其考试资格。

　　8. 实施"技能考核框架"时,应同时对应考者在质量、安全、工艺纪律、文明生产等方面行为进行考核。对于在技能操作考核过程中出现的违章作业现象,每违反一项(次)至少扣减技能考核总成绩 10 分,直至取消其考试资格。

　　注:按照中国北车规定,各《职业技能操作考核框架》的编制依据现行的《国家职业标准》或现行的《行业职业标准》或现行的《中国北车职业标准》的顺序执行。

二、气焊工(中级工)技能操作鉴定要素细目表

职业功能	鉴定项目				鉴定要素		
	项目代码	名　称	鉴定比重（%）	选考方式	要素代码	名　　称	重要程度
气焊	E	管径 $\phi < 60$ mm 低碳钢管的对接水平固定和斜 45°固定气焊	50	至少选择 2 项	001	能根据图样制备管径 $\phi < 60$ mm 低碳钢管的坡口	Y
					002	能根据工艺文件确定可燃气体、助燃气体和焊炬,以满足低碳钢管气焊要求	X
					003	能根据焊接工艺文件要求调整火焰类别,以适应低碳钢管的气焊	X
					004	能根据管径 $\phi < 60$ mm 低碳钢管厚度确定焊接的层数	Y
					005	能根据管径 $\phi < 60$ mm 低碳钢管气焊工艺文件要求起焊、焊接和收尾	Y
					006	能对管径 $\phi < 60$ mm 低碳钢管气焊焊缝的外观质量进行自检	Y
		管径 $\phi < 60$ mm 低合金钢管的对接水平固定或垂直固定气焊			001	能根据图纸制备管径 $\phi < 60$ mm 低合金钢管的坡口	Y
					002	能根据工艺文件确定可燃气体、助燃气体和焊炬	Y
					003	能根据焊接工艺文件要求调整火焰类别	X
					004	能根据低合金钢管厚度确定焊接的层数	Y
					005	能根据管径 $\phi < 60$ mm 低合金钢管气焊工艺文件的要求起焊、焊接和收尾	X
					006	能对管径 $\phi < 60$ mm 低合金钢管气焊焊缝的外观质量进行自检	Y

职业功能	鉴定项目				鉴定要素		
	项目代码	名　　称	鉴定比重（%）	选考方式	要素代码	名　　称	重要程度
气焊		厚度 δ≥6 mm 低碳钢板或低合金钢板对接立位或横位的单面焊双面成型			001	能根据工艺文件确定对口间隙，满足钢板对接立位或横位的焊接要求	Y
					002	能根据立位或横位及时调整焊矩角度	Y
					003	能根据工艺文件的要求确定焊接工艺参数	Y
					004	能进行立位或横位的起焊、焊接和收尾	X
					005	能达到根部的良好成型、填充焊中坡口两侧的熔合、完成盖面焊缝的厚度、宽度及外观成型，无弧坑、气孔、夹渣、裂纹等缺陷	X
					006	能根据工艺文件对中等厚度低碳钢板或低合金钢板对接立位或横位焊缝外观质量进行自检	Y
钎焊	E	铝管搭接接头的手工火焰钎焊	50	全选	001	能进行铝板手工火焰钎焊前的清洗和表面处理	Y
					002	能进行铝板手工火焰钎焊前的装配和固定	Y
					003	能采用夹具调整钎焊接头间隙	Y
					004	能根据工艺文件选择钎剂、钎料	Y
					005	能选择铝板手工火焰钎焊钎剂、钎剂的施加方法	X
					006	能选择火焰类别，以适应铝板的钎焊	Y
					007	能用火焰设备、工具进行铝板搭接的手工火焰钎焊	Y
					008	能进行铝板手工火焰钎焊钎缝的清洗	Y
					009	能根据焊接工艺文件要求对铝板搭接接头手工火焰钎焊钎缝外观质量进行自检	Y
		铝板搭接接头的手工火焰钎焊			001	能进行铝管手工火焰钎焊前的清洗和表面处理	Y
					002	能进行铝管手工火焰钎焊前的装配和固定	Y
					003	能采用夹具调整钎焊接头间隙	Y
					004	能根据工艺文件选择钎剂、钎料	X
					005	能选择铝管手工火焰钎焊钎剂、钎剂的施加方法	X
					006	能选择火焰类别，以适应铝管的钎焊	Y
					007	能用火焰设备、工具进行铝管搭接的手工火焰钎焊	Y
					008	能进行铝管手工火焰钎焊钎缝的清洗	Y
					009	能根据焊接工艺文件要求对铝管搭接接头手工火焰钎焊钎缝外观质量进行自检	Y
等离子切割		不锈钢板的空气等离子切割		全选	001	能进行等离子切割设备的组装和调整	Y
					002	能依据不锈钢材料的材质和厚度选择空气等离子切割参数	X
					003	能进行直线、曲线和各种封闭孔的空气等离子切割	X
					004	能根据工艺文件对割缝外观质量进行自检	Y
		低合金钢板的空气等离子切割			001	能进行等离子切割设备的组装和调整	Y
					002	能依据被切割材料的材质和厚度选择空气等离子切割参数	X
					003	能进行直线、曲线和各种封闭孔的空气等离子切割	X
					004	能根据工艺文件对割缝外观质量进行自检	Y

职业功能	鉴定项目				鉴定要素		
	项目代码	名　称	鉴定比重（%）	选考方式	要素代码	名　称	重要程度
激光切割		不锈钢板的激光切割		全选	001	能根据板厚选择割嘴型号、气体流量	Y
					002	能根据工艺文件选择激光切割的工艺参数	X
					003	能进行直线、曲线的激光切割	X
					004	能根据工艺文件对割缝外观质量进行自检	Y
		铝板的激光切割			001	能根据板厚选择割嘴型号、气体流量	Y
					002	能根据工艺文件选择激光切割的工艺参数	X
					003	能进行直线、曲线的激光切割	X
					004	能根据工艺文件对割缝外观质量进行自检	Y
气割	E	厚度 $\delta \geqslant 50$ mm 低碳钢的气割		至少选择两项	001	能根据厚度选择割炬的型号、调整气体的流量	Y
					002	能根据低碳钢的厚度确定火焰能率	X
					003	能通过调整割炬角度气割厚度 $\delta \geqslant 50$ mm 的低碳钢板	X
					004	能进行直线、曲线的气割	X
					005	能根据工艺文件对割缝外观质量进行自检	Y
		直径 $\phi \geqslant 100$ mm 低碳钢棒料的气割			001	能根据厚度选择割炬的型号、调整气体的流量	Y
					002	能根据低碳钢的厚度确定火焰能率	X
					003	能通低碳钢棒料过调整割炬角度气割直径 $\phi \geqslant 100$ mm 的低碳钢棒料	X
					004	能进行低碳钢棒料切断的气割	X
					005	能根据工艺文件对割缝外观质量进行自检	Y
		厚度 $\delta \geqslant 50$ mm 低碳钢法兰的气割			001	能根据厚度选择割炬的型号、调整气体的流量	Y
					002	能根据低碳钢的厚度确定火焰能率	X
					003	能通过调整割炬角度气割厚度 $\delta \geqslant 50$ mm 的低碳钢板	X
					004	能进行法兰环内外控的气割	X
					005	能根据工艺文件对割缝外观质量进行自检	Y

气焊工(中级工)技能操作
考核样题与分析

职业名称：_____

考核等级：_____

存档编号：_____

考核站名称：_____

鉴定责任人：_____

命题责任人：_____

主管负责人：_____

中国北车股份有限公司劳动工资部制

职业技能鉴定技能操作考核制件图示

考核制件一:

焊接方法:气焊;

考核内容:管径 ϕ <60 mm 低碳钢管的对接水平固定和斜 45°固定。

考核制件二:

焊接方法:气焊;

考核内容:厚度 δ ≥6 mm 低碳钢板或低合金钢板对接立位或横位的单面焊双面成型。

考核制件三:

焊接方法:气割;

考核内容:厚度 δ ≥50 mm 低碳钢的气割。

考核制件四:

焊接方法:气割;

考核内容:直径 ϕ ≥100 mm 低碳钢棒料的气割。

技术要求:

(1)必须穿戴劳动保护用品;

(2)必备的工具、用具准备齐全;

(3)焊前将施焊处的油污、氧化膜清理干净,焊丝除锈;

(4)按操作规程操作;

(5)单面焊双面成型;

(6)严格按规定位置进行焊接,不得随意变更;

(7)焊接结束后,焊缝表面要清理干净,并保持焊缝原始状态,不允许补焊、返修及修磨;

(8)符合安全、文明生产要求。

考试规则:

(1)焊缝出现裂纹、未熔合按不及格论;

(2)焊接操作时任意更改焊件位置则试件作废;

(3)焊缝原始表面被破坏。

职业名称	气焊工
考核等级	中级工
试题名称	气焊工中级工技能操作考核试题
材质等信息:Q235/20#	

职业技能鉴定技能操作考核准备单

职业名称	气焊工
考核等级	中级工
试题名称	气焊工中级工技能操作考核试题

一、材料准备

1. 焊件材料

焊件 1# 材质:钢板 20;规格:$\phi60×5×125$(直径×壁厚×长);数量:2 节。

焊件 2# 材质:钢板 6-Q235;规格:$6×300×300$(厚×宽×长);数量:2 块。

焊件 3# 材质:钢板 60-Q235;规格:$60×300×500$(厚×宽×长);数量:1 块。

焊件 4# 材质:棒料 100-S304;规格:$\phi100×300$(直径×长);数量:2 节。

2. 填充材料

焊丝 ER50-6,$\phi3$。

二、设备、工、量、卡具准备清单

1. 设备准备

①以下所需设备由鉴定站准备。

序号	名称	规格	数量	备注
1	氧气瓶、乙炔瓶		各1	
2	氧气胶管、乙炔胶管		各1	
3	氧气减压器、乙炔减压器	QD—1 型、QD—20 型	各1	
4	焊接工作台(架)		1	

②氧气瓶、乙炔瓶、胶管、减压器、焊接工作台(架)配套要齐全,工作布局要合理。

2. 工、量具准备

①以下所需工、量具由鉴定站准备。

序号	名称	规格	数量	备注
1	射吸式焊炬	H01-6 型 2 号焊嘴	1	
2	钢丝钳	200 mm	1	
3	活动扳手	250 mm	1	
4	钢丝刷		1	
5	砂布	60~80 号	1	
6	焊接检验尺		1	

②其他辅助工具可根据鉴定站条件,通知个人准备;检验量具为检验专用。

三、考场准备

1. 相应的公用设备、工具

①焊炬、割炬、焊丝、焊接或切割气体;

②工作台;

③角磨机。

2. 相应的场地及安全防范措施

①护目眼镜;

②防护口罩;

③保护屏风。

3. 其他准备

(1)操作程序说明:

①完成准备工作;

②检查焊炬的射吸情况是否正常;

③试件组对及定位焊;

④正式施焊;

⑤做到工完料净场地清。

(2)考试规定说明:

①如操作违章,将停止考试;

②考试采用 100 分制,然后按鉴定比重进行折算;

③考试方式说明:实际操作;以操作过程与结果按评分标准进行评分;

④测量技能说明:本项目主要测量考生对板板对接气焊、气割及等离子气割的掌握程度。

四、考核内容及要求

1. 考核内容

按职业技能鉴定技能操作考核制件图示或内容制作。

2. 考核时限

应满足国家职业技能标准中的要求,本试题为 120 分钟。

3. 考核评分(表)

职业名称	气焊工		考核等级		中级工	
试题名称	气焊工中级工技能操作考核试题		考核时限		120 分钟	
鉴定项目	考核内容	配分	评分标准		扣分说明	得分
管径 φ<60 mm 低碳钢管的对接水平固定和斜 45°固定气焊	能进行管管对接接头气焊所用设备、工具、夹具的安全检查	3	视不符合程度扣 1~3 分			
	能预留焊件的反变形	2	预留反变形不合理扣 1~2 分			
	能根据焊接工艺文件选择管管对接接头气焊的工艺参数	2	视不符合程度扣 1~2 分			
	能根据焊接工艺文件选择管管对接接头气焊的送丝方式	3	视不符合程度扣 1~3 分			
	能焊接符合根部透度要求的管管对接接头打底焊道,清理中间焊道以及成形良好的盖面焊缝	5	视不符合程度扣 1~5 分			
	能焊出符合管管对接接头气焊焊接工艺文件要求的对接焊缝	5	视不符合程度扣 1~5 分			
	能根据工艺文件对管管对接接头气焊焊缝外观质量进行自检	5	视不符合程度扣 1~5 分			

鉴定项目	考核内容	配分	评分标准	扣分说明	得分
厚度 $\delta \geqslant$ 6 mm低碳钢板或低合金钢板对接立位的单面焊双面成型	能进行板板对接接头气焊所用设备、工具、夹具的安全检查	3	视不符合程度扣1～3分		
	能预留焊件的反变形	2	预留反变形不合理扣1～2分		
	能根据焊接工艺文件选择钢板对接立位气焊的工艺参数	2	视不符合程度扣1～2分		
	能根据焊接工艺文件选择钢板对接立焊的送丝方式	3	视不符合程度扣1～2分		
	能焊接符合根部透度要求的钢板对接打底焊道,清理中间焊道以及成形良好的盖面焊缝	5	视不符合程度扣1～2分		
	能焊出符合板板对接接头气焊焊接工艺文件要求的对接焊缝	5	视不符合程度扣1～2分		
	能根据工艺文件对对接立焊钢板焊缝外观质量进行自检	5	视不符合程度扣1～2分		
厚度 $\delta \geqslant$ 50 mm 低碳钢的气割	能进行钢板平位手工气割所用设备、工具、夹具的安全检查	3	视不符合程度扣1～3分		
	能进行钢板平位手工气割割嘴的清理	2	视不符合程度扣1～2分		
	能进行钢板平位手工气割的火焰的调节	5	视不符合程度扣1～5分		
	能进行钢板平位手工气割的起头预热、中途接缝控制	5	视不符合程度扣1～5分		
	能割出符合钢板平位手工气割焊接工艺文件要求的割缝	10	根据达到标准的程度视不符合程度扣1～10分		
直径 $\phi \geqslant$ 100 mm 低碳钢棒料的气割	能进行棒料的手工气割所用设备、工具、夹具的安全检查	3	视不符合程度扣1～3分		
	能进行棒料手工气割割嘴的清理	2	视不符合程度扣1～2分		
	能进行钢板平位棒料手工气割的火焰的调节	5	视不符合程度扣1～5分		
	能进行钢板平位棒料手工气割的起头预热、中途接缝控制	5	视不符合程度扣1～5分		
	能割出符合钢板平位棒料手工气割接工艺文件要求的割缝	10	根据达到标准的程度视不符合程度扣1～10分		
综合项目	考核时限	不限	每超时5分钟,扣10分		
	工艺纪律	不限	依据企业有关工艺纪律规定执行,每违反一次扣10分		
	劳动保护	不限	依据企业有关劳动保护管理规定执行,每违反一次扣10分		
	文明生产	不限	依据企业有关文明生产管理定执行,每违反一次扣10分		
	安全生产	不限	依据企业有关安全生产管理规定执行,每违反一次扣10分		

4. 技术要求

①焊前准备:试件焊接、切割处两侧各 10～20 mm 范围清除油污、锈蚀等。

②焊割操作:将装配好的试件放置或固定在工作台或操作架上,试件一经实施焊接不得任

意更换或改变制件的位置。

③接头质量:按标准的质量等级进行缺陷质量等级评定。

④操作完毕后,工件表面处于原始状态(可清理表面药皮、焊痘,不允许修磨焊缝表面),关闭焊枪和气瓶的瓶阀,工具摆放整齐,场地清理干净。

5. 考试规则

①本次考试时间为 120 分钟(不包括料件准备时间和考核试件中间休息时间),每种考核制件考试时间为 30 分钟(每种考核制件完成后允许中间休息一定时间),每超时 5 分钟扣10 分。

②违反工艺纪律、安全操作、文明生产、劳动保护等,每次扣除 10 分。

③有重大安全事故、考试作弊者取消其考试资格,判零分。

职业技能鉴定技能考核制件(内容)分析

职业名称	气焊工
考核等级	中级工
试题名称	气焊工中级工技能操作考核试题
职业标准依据	焊工国家职业标准

试题中鉴定项目及鉴定要素的分析与确定

鉴定项目分类 / 分析事项	基本技能"D"	专业技能"E"	相关技能"F"	合计	数量与占比说明
鉴定项目总数	0	6	0	6	
选取的鉴定项目数量	0	4	0	4	
选取的鉴定项目数量占比(%)	0	67	0	67	鉴定项目总数,系指按照"职业功能一至五项任选其二"要求选定两项职业功能后所选职业功能范围内的鉴定项目总数
对应选取鉴定项目所包含的鉴定要素总数	0	33	0	33	
选取的鉴定要素数量	0	24	0	24	
选取的鉴定要素数量占比(%)	0	72	0	72	

所选取鉴定项目及相应鉴定要素分解与说明

鉴定项目类别	鉴定项目名称	国家职业标准规定比重(%)	《框架》中鉴定要素名称	本命题中具体鉴定要素分解	配分	评分标准	考核难点说明
E	管径ϕ<60 mm低碳钢管的对接水平固定和斜45°固定气焊	50	能进行管管对接接头气焊所用设备、工具、夹具的安全检查	能进行管管对接接头气焊所用设备、工具、夹具的安全检查	3	视不符合程度扣1~3分	
			能预留焊件的反变形	能预留焊件的反变形	2	预留反变形不合理扣1~2分	
			能根据焊接工艺文件选择管管对接接头气焊的工艺参数	能根据焊接工艺文件选择管管对接接头气焊的工艺参数	2	视不符合程度扣1~2分	
			能根据焊接工艺文件选择管管对接接头气焊的送丝方式	能根据焊接工艺文件选择管管对接接头气焊的送丝方式	3	视不符合程度扣1~3分	难点
			能焊接符合根部透度要求的管管对接接头打底焊道,清理中间焊道以及成形良好的盖面焊缝	能焊接符合根部透度要求的管管对接接头打底焊道,清理中间焊道以及成形良好的盖面焊缝	5	视不符合程度扣1~5分	难点
			能焊出符合管管对接接头气焊焊接工艺文件要求的对接焊缝	能焊出符合管管对接接头气焊焊接工艺文件要求的对接焊缝	5	视不符合程度扣1~5分	
			能根据工艺文件对管管对接接头气焊焊缝外观质量进行自检	能根据工艺文件对管管对接接头气焊焊缝外观质量进行自检	5	视不符合程度扣1~5分	

鉴定项目类别	鉴定项目名称	国家职业标准规定比重(%)	《框架》中鉴定要素名称	本命题中具体鉴定要素分解	配分	评分标准	考核难点说明
E	厚度δ≥6 mm低碳钢板或低合金钢板对接立位的单面焊双面成型	50	能进行管管对接接头气焊所用设备、工具、夹具的安全检查	能进行管管对接接头气焊所用设备、工具、夹具的安全检查	3	视不符合程度扣1～3分	
			能预留焊件的反变形	能预留焊件的反变形	2	预留反变形不合理扣1～2分	
			能根据焊接工艺文件选择管管对接接头气焊的工艺参数	能根据焊接工艺文件选择管管对接接头气焊的工艺参数	2	视不符合程度扣1～2分	
			能根据焊接工艺文件选择管管对接接头气焊的送丝方式	能根据焊接工艺文件选择管管对接接头气焊的送丝方式	3	视不符合程度扣1～3分	难点
			能焊接符合根部透度要求的钢板对接打底焊道,清理中间焊道以及成形良好的盖面焊缝	能焊接符合根部透度要求的钢板对接打底焊道,清理中间焊道以及成形良好的盖面焊缝	5	视不符合程度扣1～5分	难点
			能焊出符合板板对接接头气焊焊接工艺文件要求的对接焊缝	能焊出符合板板对接接头气焊焊接工艺文件要求的对接焊缝	5	视不符合程度扣1～5分	
			能根据工艺文件对立焊钢板对接焊缝外观质量进行自检	能根据工艺文件对立焊钢板对接焊缝外观质量进行自检	5	视不符合程度扣1～5分	
	厚度δ≥50 mm低碳钢的气割		能进行钢板平位手工气割所用设备、工具、夹具的安全检查	能进行钢板平位手工气割所用设备、工具、夹具的安全检查	3	视不符合程度扣1～3分	
			能进行钢板平位手工气割割嘴的清理	能进行钢板平位手工气割割嘴的清理	2	视不符合程度扣1～2分	
			能进行钢板平位手工气割的火焰的调节	能进行钢板平位手工气割的火焰的调节	5	视不符合程度扣1～5分	难点
			能进行钢板平位手工气割的起头预热、中途接缝控制	能进行钢板平位手工气割的起头预热、中途接缝控制	5	视不符合程度扣1～5分	难点
			能割出符合钢板平位手工割焊接工艺文件要求的割缝	能割出符合钢板平位手工割焊接工艺文件要求的割缝	10	根据达到标准的程度视不符合程度扣1～10	
	直径φ≥100 mm低碳钢棒的气割		能进行棒料的手工气割所用设备、工具、夹具的安全检查	能进行棒料的手工气割所用设备、工具、夹具的安全检查	3	视不符合程度扣1～3分	
			能进行棒料手工气割割嘴的清理	能进行棒料手工气割割嘴的清理	2	视不符合程度扣1～2分	
			能进行钢板平位棒料手工气割的火焰的调节	能进行钢板平位棒料手工气割的火焰的调节	5	视不符合程度扣1～5分	
			能进行钢板平位棒料手工气割的起头预热、中途接缝控制	能进行钢板平位棒料手工气割的起头预热、中途接缝控制	5	视不符合程度扣1～5分	难点
			能割出符合钢板平位棒料手工割焊接工艺文件要求的割缝	能割出符合钢板平位棒料手工气割焊接工艺文件要求的割缝	10	根据达到标准的程度视不符合程度扣1～10	

鉴定项目类别	鉴定项目名称	国家职业标准规定比重(%)	《框架》中鉴定要素名称	本命题中具体鉴定要素分解	配分	评分标准	考核难点说明
				考核时限	不限	每超时5分钟,扣10分	
				工艺纪律	不限	依据企业有关工艺纪律规定执行,每违反一次扣10分	
	质量、安全、工艺纪律、文明生产等综合考核项目			劳动保护	不限	依据企业有关劳动保护管理规定执行,每违反一次扣10分	
				文明生产	不限	依据企业有关文明生产管理定执行,每违反一次扣10分	
				安全生产	不限	依据企业有关安全生产管理规定执行,每违反一次扣10分	

气焊工(高级工)技能操作考核框架

一、框架说明

1. 依据《国家职业标准》[注]，以及中国北车确定的"岗位个性服从于职业共性"的原则，提出气焊工(高级工)技能操作考核框架(以下简称：技能考核框架)。

2. 本职业等级技能操作考核评分采用百分制。即：满分为 100 分，60 分为及格，低于 60 分为不及格。

3. 实施"技能考核框架"时，考核制件(活动)命题可以选用本企业的加工件(活动项目)，也可以结合实际另外组织命题。

4. 实施"技能考核框架"时，考核的时间和场地条件等应依据《国家职业标准》，并结合企业实际确定。

5. 实施"技能考核框架"时，其"职业功能"的分类按以下要求确定：

(1)"气焊"、"气割"、"等离子切割"属于本职业等级技能操作的核心职业活动，其"项目代码"为"E"。

(2)按照《国家职业标准》有关技能操作工作要求和鉴定比重要求，本职业等级技能操作考核时，应从"职业功能"一至三项中任选其二进行考核。

6. 实施"技能考核框架"时，其"鉴定项目"和"选考数量"按以下要求确定：

(1)按照《国家职业标准》有关技能操作工作要求和鉴定比重要求，本职业等级技能操作考核制件(活动)的"鉴定项目"均属于本职业等级技能操作的核心职业活动"E"，其考核配分比例应为 100 分。

(2)依据中国北车确定的"核心职业活动选取 2/3，并向上保留整数"的规定，以及上述"第5 条(2)"要求，"E"类"鉴定项目"的选取应先确定两项"职业功能"，然后选取其对应的全部"鉴定项目"的 2/3，并向上保留整数。

(3)依据中国北车确定的"确定'选考数量'时，所涉及'鉴定要素'的数量占比，应不低于对应'鉴定项目'范围内'鉴定要素'总数的 60％，并向上取整"的规定，考核制件(活动)的鉴定要素的"选考数量"应按以下要求确定：

在"E"类"鉴定项目"中，在已选的鉴定项目所包含的全部鉴定要素中，至少选取总数的 60％项，并向上保留整数。

举例分析：

按照上述"第 5 条(2)"要求，实施技能考核时，在"气焊"、"气割"、"等离子切割"三项职业功能中，可以任选其二进行考核，如从中选择职业功能"气焊"、"气割"进行考核。

按照上述"第 6 条"要求，若命题时按最少数量选取，即：在"E"类鉴定项目中选取了"管径 $\phi \leqslant 60$ mm 低碳钢管或低合金钢管垂直固定、水平固定或斜 45°固定加排管障碍的单面焊双面成型气焊"、"管径 $\phi \leqslant 60$ mm 铝管对接水平固定、垂直固定或斜 45°固定的气焊"、"厚度 $\delta \geqslant$

6 mm低碳钢板或低合金钢板对接仰焊的单面焊双面成型"、"厚度 $\delta \geqslant 100$ mm 低合金钢的气割"、"厚度 $\delta \geqslant 5 \times 10$ mm 多层低合金钢的气割"5 项。则：

此考核所涉及的"鉴定项目"总数为 5 项,具体包括："管径 $\phi \leqslant 60$ mm 低碳钢管或低合金钢管垂直固定、水平固定或斜 45°固定加排管障碍的单面焊双面成型气焊"、"管径 $\phi \leqslant 60$ mm 铝管对接水平固定、垂直固定或斜 45°固定的气焊"、"厚度 $\delta \geqslant 6$ mm 低碳钢板或低合金钢板对接仰焊的单面焊双面成型"、"厚度 $\delta \geqslant 100$ mm 低合金钢的气割"、"厚度 $\delta \geqslant 5 \times 10$ mm 多层低合金钢的气割"。

此考核制件所涉及的鉴定要素"选考数量"相应为 21 项,具体包括："管径 $\phi \leqslant 60$ mm 低碳钢管或低合金钢管垂直固定、水平固定或斜 45°固定加排管障碍的单面焊双面成型气焊"、"管径 $\phi \leqslant 60$ mm 铝管对接水平固定、垂直固定或斜 45°固定的气焊"、"厚度 $\delta \geqslant 6$ mm 低碳钢板或低合金钢板对接仰焊的单面焊双面成型"3 个鉴定项目所包含的全部 25 个鉴定要素中的 15 项,"厚度 $\delta \geqslant 100$ mm 低合金钢的气割"、"厚度 $\delta \geqslant 5 \times 10$ mm 多层低合金钢的气割"2 个鉴定项目所包含的全部 10 个鉴定要素中的 6 项。

7. 本职业等级技能操作需要两人及以上共同作业的,可由鉴定组织机构根据"必要、辅助"的原则,结合实际情况确定协助人员的数量。在整个操作过程中,协助人员只能起必要、简单的辅助作用。否则,每违反一次,至少扣减应考者的技能考核总成绩 10 分,直至取消其考试资格。

8. 实施"技能考核框架"时,应同时对应考者在质量、安全、工艺纪律、文明生产等方面行为进行考核。对于在技能操作考核过程中出现的违章作业现象,每违反一项(次)至少扣减技能考核总成绩 10 分,直至取消其考试资格。

注:按照中国北车规定,各《职业技能操作考核框架》的编制依据现行的《国家职业标准》或现行的《行业职业标准》或现行的《中国北车职业标准》的顺序执行。

二、气焊工(高级工)技能操作鉴定要素细目表

职业功能	鉴定项目				鉴定要素		
	项目代码	名　称	鉴定比重(%)	选考方式	要素代码	名　称	重要程度
气焊	E	管径 $\phi \leqslant 60$ mm 低碳钢管或低合金钢管垂直固定、水平固定或斜 45°固定加排管障碍的单面焊双面成型气焊	18	必选	001	能进行小径低碳钢管或低合金钢管对接加障碍打底层的焊接	X
					002	能根据工艺文件的工艺参数要求,进行小径低碳钢管或低合金钢管对接加障碍的起焊、焊接和收尾操作	X
					003	能根据工艺匹配好火焰能率、焊炬角度、熔池停留时间	X
					004	能根据钢管厚度和障碍形状确定焊接的层数	Y
					005	能达到管径 $\phi \leqslant 60$ mm 低碳钢管或低合金钢管打底焊道的良好成型、填充焊中坡口两侧的熔合、完成盖面焊缝的厚度、宽度	X
					006	能根据工艺文件对小径低碳钢或低合金钢管对接火焰焊焊缝外观质量进行自检	Y

续上表

职业功能	鉴定项目				鉴定要素		
	项目代码	名　称	鉴定比重（%）	选考方式	要素代码	名　称	重要程度
气焊	E	厚度 δ≥6 mm 低碳钢板或低合金钢板对接仰焊的单面焊双面成型	32	至少选择两项	001	能根据工艺文件确定对口间隙，满足钢板对接仰焊的焊接要求	Y
					002	能根据仰焊部位及时调整焊炬角度	Y
					003	能根据工艺文件的要求确定焊接工艺参数	X
					004	能进行仰焊的起焊、焊接和收尾	Y
					005	能达到根部的良好成型、填充焊中坡口两侧的熔合、完成盖面焊缝的厚度、宽度及外观成型，无弧坑、气孔、夹渣、裂纹等缺陷	X
					006	能根据工艺文件对中等厚度低碳钢板或低合金钢板对接仰焊焊缝外观质量进行自检	Y
		管径 φ≤60 mm 铝管对接水平固定、垂直固定或斜45°倾斜固定的焊接			001	能选用专门的铝管打磨工具对试件进行打磨清理	Y
					002	能选择铝管对接的焊接工艺参数	Y
					003	能根据工艺文件控制层间温度	X
					004	能根据铝管厚度确定焊接的层数	Y
					005	对管径 φ≤60 mm 铝管对接，能焊接成型良好的打底焊道、熔合良好的填充焊道、厚度、宽度及外观成型符合工艺文件要求的盖面焊缝	X
					006	能根据工艺文件对小径铝管对接焊缝外观质量进行自检	Y
		铸铁的气焊			001	能进行铸铁件焊接区域的清理	Y
					002	能根据铸铁的材质选择气焊焊丝和熔剂	X
					003	能根据铸铁的材质选择火焰类别	X
					004	能选择合适的火焰能率	Y
					005	能根据工艺文件选择预热温度	X
					006	能进行铸铁的气焊	X
					007	能根据工艺文件，对铸铁气焊焊缝的外观质量进行自检	Y
气割		厚度 δ≥100 mm 低合金钢的气割	50	全选	001	能根据厚度选择割炬的型号、调整气体的流量	Y
					002	能根据低碳钢的厚度确定火焰能率	Y
					003	能通过调整割炬角度气割厚度 δ≥100mm 的低合金钢板	X
					004	能进行直线、曲线的气割	Y
					005	能根据工艺文件对割缝外观质量进行自检	Y
		厚度 δ≥5×10 mm 多层低合金钢的气割			001	能根据厚度选择割炬的型号、调整气体的流量	X
					002	能根据低碳钢的厚度确定火焰能率	X
					003	能通过调整割炬角度气割厚度多层的低合金板	Y
					004	能进行直线、曲线的气割	Y
					005	能根据工艺文件对割缝外观质量进行自检	Y

续上表

职业功能	鉴定项目				鉴定要素		
	项目代码	名　称	鉴定比重（%）	选考方式	要素代码	名　称	重要程度
等离子切割	E	厚度 δ≥50 mm 不锈钢板的空气等离子切割		至少选择两项	001	能进行等离子切割设备的组装和调整	X
					002	能依据不锈钢材料的材质和厚度选择空气等离子切割参数	X
					003	能进行直线、曲线和各种封闭孔的空气等离子切割	Y
					004	能根据工艺文件对割缝外观质量进行自检	Y
		铝板的空气等离子切割			001	能进行等离子切割设备的组装和调整	X
					002	能依据铝材料的材质和厚度选择空气等离子切割参数	X
					003	能进行直线、曲线和各种封闭孔的空气等离子切割	Y
					004	能根据工艺文件对割缝外观质量进行自检	Y
		不锈钢薄板的等离子弧焊接			001	能使用等离子焊接设备、工器具、卡具	Y
					002	能制备不同焊接位置的坡口	Y
					003	能掌握穿透型焊接法和熔透型焊接法，选择工艺参数，完成单面焊双面成型	X
					004	能采取工艺措施调整改善不锈钢薄板焊接接头的组织和性能，降低残余变形，减少焊接缺陷	Y
					005	能按照工艺文件规定，对不锈钢薄板焊缝外观质量进行自检	Y

气焊工(高级工)技能操作考核
样题与分析

职 业 名 称：＿＿＿＿＿＿＿＿＿＿

考 核 等 级：＿＿＿＿＿＿＿＿＿＿

存 档 编 号：＿＿＿＿＿＿＿＿＿＿

考核站名称：＿＿＿＿＿＿＿＿＿＿

鉴定责任人：＿＿＿＿＿＿＿＿＿＿

命题责任人：＿＿＿＿＿＿＿＿＿＿

主管负责人：＿＿＿＿＿＿＿＿＿＿

中国北车股份有限公司劳动工资部制

职业技能鉴定技能操作考核制件图示

考核制件一：

焊接方法：气焊；

考核内容：管径 $\phi \leqslant 60$ mm 低碳钢管或低合金钢管垂直固定、水平固定或斜 45°固定加排管障碍的单面焊双面成型气焊。

考核制件二：

焊接方法：气焊；

考核内容：厚度 $\delta \geqslant 6$ mm 低碳钢板或低合金钢板对接仰焊的单面焊双面成型。

考核制件三：

焊接方法：气焊；

考核内容：管径 $\phi \leqslant 60$ mm 铝管对接水平固定、垂直固定或斜 45°固定的气焊。

考核制件四：

焊接方法：气割；

考核内容：厚度 $\delta \geqslant 10 \times 5$ mm 多层低合金钢的气割。

考核制件五：

焊接方法：气割；

考核内容：厚度 $\delta \geqslant 100$ mm 低合金钢的气割。

技术要求：

(1)必须穿戴劳动保护用品；

(2)必备的工具、用具准备齐全；

(3)焊前将施焊处的油污、氧化膜清理干净，焊丝除锈；

(4)按操作规程操作；

(5)单面焊双面成型；

(6)严格按规定位置进行焊接，不得随意变更；

(7)焊接结束后，焊缝表面要清理干净，并保持焊缝原始状态，不允许补焊、返修及修磨；

(8)符合安全、文明生产要求。

考试规则：

(1)焊缝出现裂纹、未熔合按不及格论；

(2)焊接操作时任意更改焊件位置则试件作废；

(3)焊缝原始表面被破坏。

职业名称	气焊工
考核等级	高级工
试题名称	气焊工高级工技能操作考核试题

材质等信息：20# /Q345/铝管 5052

职业技能鉴定技能操作考核准备单

职业名称	气焊工
考核等级	高级工
试题名称	气焊工高级工技能操作考核试题

一、材料准备

1. 焊件材料

焊件 1：材质：钢管 20#；规格：$\phi 60 \times 5 \times 125$（厚×宽×长）；数量：2 节。

焊件 2：材质：钢板 8-Q345；规格：$8 \times 300 \times 125$（厚×宽×长），数量：2 块。

焊件 3：材质：铝管 5052；规格：$\phi 60 \times 5 \times 125$（厚×宽×长），数量：2 节。

焊件 4：材质：钢板 10-Q345；规格：$10 \times 300 \times 500$（厚×宽×长），数量：5 块。

焊件 5：材质：钢板 150-Q345；规格：$150 \times 300 \times 300$（厚×宽×长），数量：1 块。

2. 填充材料

焊丝 ER50-6，$\phi 3$；铝焊丝 ER5356，$\phi 3$。

二、设备、工、量、卡具准备清单

1. 设备准备

① 以下所需设备由鉴定站准备。

序号	名称	规格	数量	备注
1	氧气瓶、乙炔瓶		各1	
2	氧气胶管、乙炔胶管		各1	
3	氧气减压器、乙炔减压器	QD—1 型、QD—20 型	各1	
4	焊接工作台（架）		1	

② 氧气瓶、乙炔瓶、胶管、减压器、碳弧气刨设备、空气压缩机、焊接工作台（架）配套要齐全，工作布局要合理。

2. 工、量具准备

① 以下所需工、量具由鉴定站准备。

序号	名称	规格	数量	备注
1	射吸式焊炬	H01—10 型 2 号焊嘴	1	
2	钢丝钳	200 mm	1	
3	活动扳手	250 mm	1	
4	钢丝刷		1	
5	砂布	60～80 号	1	
6	焊接检验尺		1	

② 其他辅助工具可根据鉴定站条件，通知个人准备；检验量具为检验专用。

三、考场准备

1. 相应的公用设备、工具

① 焊炬、割炬、焊丝、焊接或切割气体；

② 工作台；

③ 角磨机。

2. 相应的场地及安全防范措施

① 护目眼镜；

② 防护口罩；

③ 保护屏风。

3. 其他准备

(1)操作程序说明：

① 完成准备工作；

② 检查焊炬的射吸情况是否正常；

③ 试件组对及定位焊；

④ 正式施焊；

⑤ 做到工完料净场地清。

(2)考试规定说明：

① 如操作违章，将停止考试；

② 考试采用 100 分制，然后按鉴定比重进行折算；

③ 考试方式说明：实际操作；以操作过程与结果按评分标准进行评分；

④ 测量技能说明：本项目主要测量考生对板板对接气焊、气割及等离子气割的掌握程度。

(3)考试时限：150 分钟

四、考核内容及要求

1. 考核内容

按职业技能鉴定技能操作考核制件图示或内容制作。

2. 考核时限

应满足国家职业技能标准中的要求，本试题为 150 分钟。

3. 考核评分(表)

职业名称	气焊工		考核等级	高级工	
试题名称	气焊工中级工技能操作考核试题		考核时限	150 分钟	
鉴定项目	考核内容	配分	评分标准	扣分说明	得分
管径 $\phi \leqslant 60$ mm 低碳钢管或低合金钢管垂直固定、水平固定或斜 45°固定加排管障碍的单面焊双面成型气焊	能进行管管对接接头气焊所用设备、工具、夹具的安全检查	2	视不符合程度扣 1~2 分		
	能预留焊件的反变形	2	预留反变形不合理扣 1~2 分		
	能根据焊接工艺文件选择管管对接接头气焊的工艺参数	2	视不符合程度扣 1~2 分		

鉴定项目	考核内容	配分	评分标准	扣分说明	得分
管径 $\phi\leqslant60$ mm 低碳钢管或低合金钢管垂直固定、水平固定或斜45°固定加排管障碍的单面焊双面成型气焊	能根据焊接工艺文件选择管管对接接头气焊的送丝方式	2	视不符合程度扣1～2分		
	能焊接符合根部透度要求的管管对接接头打底焊道,清理中间焊道以及成形良好的盖面焊缝	5	视不符合程度扣1～5分		
	能焊出符合管管对接接头气焊焊接工艺文件要求的对接焊缝	3	视不符合程度扣1～3分		
	能根据工艺文件对管管对接接头气焊焊缝外观质量进行自检	2	视不符合程度扣1～2分		
厚度 $\delta\geqslant6$ mm 低碳钢板或低合金钢板对接仰位的单面焊双面成型	能进行板板对接接头气焊所用设备、工具、夹具的安全检查	2	视不符合程度扣1～2分		
	能预留焊件的反变形	2	预留反变形不合理扣1～2分		
	能根据焊接工艺文件选择钢板对接仰位气焊的工艺参数	2	视不符合程度扣1～2分		
	能根据焊接工艺文件选择钢板对接仰焊的送丝方式	2	视不符合程度扣1～2分		
	能焊接符合根部透度要求的钢板对接打底焊道,清理中间焊道以及成形良好的盖面焊缝	3	视不符合程度扣1～3分		
	能焊出符合板板对接接头气焊焊接工艺文件要求的对接焊缝	3	视不符合程度扣1～3分		
	能根据工艺文件对对接仰焊钢板焊缝外观质量进行自检	2	视不符合程度扣1～2分		
管径 $\phi\leqslant60$ mm 铝管对接水平固定、垂直固定或斜45°固定的气焊	能进行管管对接接头气焊所用设备、工具、夹具的安全检查	2	视不符合程度扣1～2分		
	能预留焊件的反变形	2	预留反变形不合理扣1～2分		
	能根据焊接工艺文件选择管管对接接头气焊的工艺参数	2	视不符合程度扣1～2分		
	能根据焊接工艺文件选择管管对接接头气焊的送丝方式	2	视不符合程度扣1～2分		
	能焊接符合根部透度要求的管管对接接头打底焊道,清理中间焊道以及成形良好的盖面焊缝	3	视不符合程度扣1～3分		
	能焊出符合管管对接接头气焊焊接工艺文件要求的对接焊缝	3	视不符合程度扣1～3分		
	能根据工艺文件对管管对接接头气焊焊缝外观质量进行自检	2	视不符合程度扣1～2分		

鉴定项目	考核内容	配分	评分标准	扣分说明	得分
厚度 δ≥5×10 mm 多层低合金钢的气割	能进行钢板平位接头手工气割所用设备、工具、夹具的安全检查	3	视不符合程度扣1~3分		
	能进行钢板平位手工气割割嘴的清理	2	视不符合程度扣1~2分		
	能进行钢板平位手工气割的火焰的调节	5	视不符合程度扣1~5分		
	能进行钢板平位手工气割的起头预热、中途接缝控制	10	视不符合程度扣1~10分		
	能割出符合钢板平位手工气割焊接工艺文件要求的割缝	5	根据达到标准的程度视不符合程度扣1~5分		
厚度 δ≥100 mm 低合金钢板的气割	能进行钢板平位接头手工气割所用设备、工具、夹具的安全检查	3	视不符合程度扣1~3分		
	能进行钢板平位手工气割割嘴的清理	2	视不符合程度扣1~2分		
	能进行钢板平位手工气割的火焰的调节	5	视不符合程度扣1~5分		
	能进行钢板平位手工气割的起头预热、中途接缝控制	10	视不符合程度扣1~10分		
	能割出符合钢板平位手工气割焊接工艺文件要求的割缝	5	根据达到标准的程度视不符合程度扣1~5分		
综合项目	考核时限	不限	每超时5分钟,扣10分		
	工艺纪律	不限	依据企业有关工艺纪律规定执行,每违反一次扣10分		
	劳动保护	不限	依据企业有关劳动保护管理规定执行,每违反一次扣10分		
	文明生产	不限	依据企业有关文明生产管理规定执行,每违反一次扣10分		
	安全生产	不限	依据企业有关安全生产管理规定执行,每违反一次扣10分		

4. 技术要求

① 焊前准备:试件焊接、切割处两侧各10~20 mm范围清除油污、锈蚀等。

② 焊割操作:将装配好的试件放置或固定在工作台或操作架上,试件一经实施焊接不得任意更换或改变制件的位置。

③ 接头质量:按标准的质量等级进行缺陷质量等级评定。

④ 操作完毕后,工件表面处于原始状态(可清理表面药皮、焊痘,不允许修磨焊缝表面),关闭焊枪和气瓶的瓶阀,工具摆放整齐,场地清理干净。

5. 考试规则

① 本次考试时间为150分钟(不包括料件准备时间和考核试件中间休息时间),每种考核制件考试时间为30分钟(每种考核制件完成后允许中间休息一定时间),每超时5分钟扣10分。

② 违反工艺纪律、安全操作、文明生产、劳动保护等,每次扣除10分。

③ 有重大安全事故、考试作弊者取消其考试资格,判零分。

职业技能鉴定技能考核制件(内容)分析

职业名称	气焊工
考核等级	高级工
试题名称	气焊工高级工技能操作考核试题
职业标准依据	焊工国家职业标准

试题中鉴定项目及鉴定要素的分析与确定

鉴定项目分类 / 分析事项	基本技能"D"	专业技能"E"	相关技能"F"	合计	数量与占比说明
鉴定项目总数	0	6	0	6	
选取的鉴定项目数量	0	5	0	5	
选取的鉴定项目数量占比(%)	0	83	0	83	鉴定项目总数,系指按照"职业功能一至三项任选其二"要求选定两项职业功能后所选职业功能范围内的鉴定项目总数
对应选取鉴定项目所包含的鉴定要素总数	0	35	0	35	
选取的鉴定要素数量	0	31	0	31	
选取的鉴定要素数量占比(%)	0	88	0	88	

所选取鉴定项目及相应鉴定要素分解与说明

鉴定项目类别	鉴定项目名称	国家职业标准规定比重(%)	《框架》中鉴定要素名称	本命题中具体鉴定要素分解	配分	评分标准	考核难点说明
E	管径 $\phi \leqslant$ 60 mm 低碳钢管或低合金钢管垂直固定、水平固定或斜45°固定加排管障碍的单面焊双面成型气焊	18	能进行管管对接接头气焊所用设备、工具、夹具的安全检查	能进行管管对接接头气焊所用设备、工具、夹具的安全检查	2	视不符合程度扣1~2分	
			能预留焊件的反变形	能预留焊件的反变形	2	预留反变形不合理扣1~2分	
			能根据焊接工艺文件选择管管对接接头气焊的工艺参数	能根据焊接工艺文件选择管管对接接头气焊的工艺参数	2	视不符合程度扣1~2分	
			能根据焊接工艺文件选择管管对接接头气焊的送丝方式	能根据焊接工艺文件选择管管对接接头气焊的送丝方式	2	视不符合程度扣1~2分	难点
			能焊接符合根部透度要求的管管对接接头打底焊道,清理中间焊道以及成形良好的盖面焊缝	能焊接符合根部透度要求的管管对接接头打底焊道,清理中间焊道以及成形良好的盖面焊缝	5	视不符合程度扣1~5分	难点
			能焊出符合管管对接接头气焊焊接工艺文件要求的对接焊缝	能焊出符合管管对接接头气焊焊接工艺文件要求的对接焊缝	3	视不符合程度扣1~3分	
			能根据工艺文件对管管对接接头气焊焊缝对观质量进行自检	能根据工艺文件对管管对接接头气焊焊缝外观质量进行自检	2	视不符合程度扣1~2分	

鉴定项目类别	鉴定项目名称	国家职业标准规定比重(%)	《框架》中鉴定要素名称	本命题中具体鉴定要素分解	配分	评分标准	考核难点说明
E	厚度 δ≤6 mm 低碳钢板或低合金钢板对接仰位的单面焊双面成型	32	能进行板板对接接头气焊所用设备、工具、夹具的安全检查	能进行板板对接接头气焊所用设备、工具、夹具的安全检查	2	视不符合程度扣1~2分	
			能预留焊件的反变形	能预留焊件的反变形	2	预留反变形不合理扣1~2分	
			能根据焊接工艺文件选择钢板对接仰位气焊的工艺参数	能根据焊接工艺文件选择钢板对接仰位气焊的工艺参数	2	视不符合程度扣1~2分	
			能根据焊接工艺文件选择钢板对接仰焊的送丝方式	能根据焊接工艺文件选择钢板对接仰焊的送丝方式	2	视不符合程度扣1~2分	难点
			能焊接符合根部透度要求的钢板对接打底焊道,清理中间焊道以及成形良好的盖面焊缝	能焊接符合根部透度要求的钢板对接打底焊道,清理中间焊道以及成形良好的盖面焊缝	3	视不符合程度扣1~3分	难点
			能焊出符合板板对接接头气焊焊接工艺文件要求的对接焊缝	能焊出符合板板对接接头气焊焊接工艺文件要求的对接焊缝	3	视不符合程度扣1~3分	
			能根据工艺文件对对接仰焊钢板焊缝外观质量进行自检	能根据工艺文件对对接仰焊钢板焊缝外观质量进行自检	2	视不符合程度扣1~2分	
	管径 φ≤60 mm铝管对接水平固定、垂直固定或斜45°固定气焊		能进行管管对接接头气焊所用设备、工具、夹具的安全检查	能进行管管对接接头气焊所用设备、工具、夹具的安全检查	2	视不符合程度扣1~2分	
			能预留焊件的反变形	能预留焊件的反变形	2	预留反变形不合理扣1~2分	
			能根据焊接工艺文件选择管管对接接头气焊的工艺参数	能根据焊接工艺文件选择管管对接接头气焊的工艺参数	2	视不符合程度扣1~2分	
			能根据焊接工艺文件选择管管对接接头气焊的送丝方式	能根据焊接工艺文件选择管管对接接头气焊的送丝方式	2	视不符合程度扣1~2分	难点
			能焊接符合根部透度要求的管管对接接头打底焊道,清理中间焊道以及成形良好的盖面焊缝	能焊接符合根部透度要求的管管对接接头打底焊道,清理中间焊道以及成形良好的盖面焊缝	3	视不符合程度扣1~3分	难点
			能焊出符合管管对接接头气焊焊接工艺文件要求的对接焊缝	能焊出符合管管对接接头气焊焊接工艺文件要求的对接焊缝	3	视不符合程度扣1~3分	
			能根据工艺文件对管管对接接头气焊焊缝外观质量进行自检	能根据工艺文件对管管对接接头气焊焊缝外观质量进行自检	2	视不符合程度扣1~2分	

鉴定项目类别	鉴定项目名称	国家职业标准规定比重(%)	《框架》中鉴定要素名称	本命题中具体鉴定要素分解	配分	评分标准	考核难点说明
E	厚度 δ≥5×10 mm 多层低合金钢的气割	50	能进行钢板平位接头手工气割所用设备、工具、夹具的安全检查	能进行钢板平位接头手工气割所用设备、工具、夹具的安全检查	3	视不符合程度扣1~3分	
			能进行钢板平位手工气割割嘴的清理	能进行钢板平位手工气割割嘴的清理	2	视不符合程度扣1~2分	
			能进行钢板平位手工气割的火焰的调节	能进行钢板平位手工气割的火焰的调节	5	视不符合程度扣1~5分	难点
			能进行钢板平位手工气割的起头预热、中途接缝控制	能进行钢板平位手工气割的起头预热、中途接缝控制	10	视不符合程度扣1~10分	难点
			能割出符合钢板平位手工气割焊接工艺文件要求的割缝	能割出符合钢板平位手工气割焊接工艺文件要求的割缝	5	根据达到标准的程度视不符合程度扣1~5分	
	厚度 δ≥100 mm低合金钢板的气割		能进行钢板平位接头手工气割所用设备、工具、夹具的安全检查	能进行钢板平位接头手工气割所用设备、工具、夹具的安全检查	3	视不符合程度扣1~3分	
			能进行钢板平位手工气割割嘴的清理	能进行钢板平位手工气割割嘴的清理	2	视不符合程度扣1~2分	
			能进行钢板平位手工气割的火焰的调节	能进行钢板平位手工气割的火焰的调节	5	视不符合程度扣1~5分	难点
			能进行钢板平位手工气割的起头预热、中途接缝控制	能进行钢板平位手工气割的起头预热、中途接缝控制	10	视不符合程度扣1~10分	难点
			能割出符合钢板平位手工气割焊接工艺文件要求的割缝	能割出符合钢板平位手工气割焊接工艺文件要求的割缝	5	根据达到标准的程度视不符合程度扣1~5分	
质量、安全、工艺纪律、文明生产等综合考核项目				考核时限	不限	每超时5分钟,扣10分	
				工艺纪律	不限	依据企业有关工艺纪律规定执行,每违反一次扣10分	
				劳动保护	不限	依据企业有关劳动保护管理规定执行,每违反一次扣10分	
				文明生产	不限	依据企业有关文明生产管理规定执行,每违反一次扣10分	
				安全生产	不限	依据企业有关安全生产管理规定执行,每违反一次扣10分	